高等学校建筑工程专业系列教材

结 构 力 学

（上册）

重 庆 建 筑 大 学	张来仪		主编
哈 尔 滨 建 筑 大 学	景 瑞		
重 庆 建 筑 大 学	张来仪	赵更新	
哈 尔 滨 建 筑 大 学	景 瑞	孙佩英	编
南 京 建 筑 工 程 学 院	刘郁馨		
苏州城市建设环境保护学院	朱靖华		
西 安 建 筑 科 技 大 学	刘 铮		主审

中国建筑工业出版社

图书在版编目（CIP）数据

结构力学. 上/张来仪，景瑞主编. —北京：中国
建筑工业出版社，1997.1（2007.2 重印）
（高等学校建筑工程专业系列教材）
ISBN 978－7－112－02986－0

Ⅰ. 结⋯　Ⅱ. ①张⋯②景⋯　Ⅲ. 结构力学—高
等学校—教材　Ⅳ. 0342

中国版本图书馆 CIP 数据核字（2006）第 082084 号

　　本教材是根据国家教育委员会 1995 年批准修定的《结构力学课程教
学基本要求》（多学时）所规定的内容，由重庆建筑大学、哈尔滨建筑大
学、南京建筑工程学院、苏州城市建设环境保护学院联合编写的，分上、
下两册出版。

　　上册内容包括：绪论、平面体系的几何组成分析、静定梁和静定刚
架、三铰拱与悬索结构、静定桁架、虚功原理和结构的位移计算、力法、
位移法、力矩分配法和近似法、影响线及其应用。各章均有思考题和习
题，书末附有部分习题答案。

　　本书可作为高等院校建筑工程、交通土建工程、水利工程等专业本科
生的教材，也可供土建类其他各专业及有关工程技术人员参考。

高等学校建筑工程专业系列教材

结　构　力　学

（上　册）

重 庆 建 筑 大 学　张来仪　主编
哈 尔 滨 建 筑 大 学　景　瑞

重 庆 建 筑 大 学　张来仪　赵更新
哈 尔 滨 建 筑 大 学　景　瑞　孙佩英　编
南 京 建 筑 工 程 学 院　刘郁馨
苏州城市建设环境保护学院　朱靖华

西 安 建 筑 科 技 大 学　刘　铮　主审

*

中国建筑工业出版社出版、发行（北京西郊百万庄）

各地新华书店、建筑书店经销

北京圣夫亚美印刷有限公司印刷

*

开本：787×1092 毫米　1/16　印张：20　字数：486 千字
1997 年 6 月第一版　2011 年 7 月第十四次印刷
定价：**34. 00** 元
────────────────────
ISBN 978-7-112-02986-0
（20859）

高等学校建筑工程专业力学系列教材

编写委员会成员名单

前　言

本教材是根据国家教育委员会1995年批准修正的《结构力学课程教学基本要求》(多学时)所规定的内容,由重庆建筑大学、哈尔滨建筑大学、南京建筑工程学院、苏州城市建设环境保护学院联合编写的。适用于四年制建筑工程、交通土建工程、水利工程等专业本科生的教材,也可供土建类其他各专业及有关工程技术人员参考使用。

本书分上、下两册出版。上册包括绪论、平面体系的几何组成分析、静定结构的内力分析及位移计算、超静定结构的计算、影响线等。下册包括矩阵位移法、结构动力学、结构稳定计算、结构的极限荷载、结构非线性分析概论、结构力学的拓广及其在土建工程中的应用等。其中冠有 * 号的内容可供选学,不同专业可根据专业的需要酌情取舍。每章均有思考题,以活跃思维、启发思考,加深对基本概念的认识。

本书反映了参编四院校多年积累的教学经验,并注意吸取其他各兄弟院校教材的优点,力图保持结构力学基本理论的系统性和贯彻理论联系实际、由浅入深、方便教学等原则。同时考虑到现代科学技术的发展,适当介绍了一部分新内容。并注意培养学生独立思考、分析问题及解决问题的能力。当前,结构力学教学内容更新的重点是电子计算机在结构力学中的应用。为此,在选定编写内容时,减少了适用于手算的技巧方法,提高了对电算的要求。为了培养学生初步具有编写和使用结构计算程序的能力,与矩阵位移法紧密结合,编入了刚架静力分析的源程序。

参加本书编写的有:重庆建筑大学张来仪(第一章、第九章、第十四章)、赵更新(第八章、第十五章),哈尔滨建筑大学景瑞(第七章、第十二章)、孙佩英(第六章、第十章),南京建筑工程学院刘郁馨(第三章、第四章、第五章、第十三章),苏州城市建设环境保护学院朱靖华(第二章、第十一章)。本书主编:重庆建筑大学张来仪、哈尔滨建筑大学景瑞。

为了使读者对结构力学的发展和在土建工程中的应用有所了解,特邀请中国工程院院士、哈尔滨建筑大学王光远教授撰写"结构力学的拓广及其在土建工程中的应用",作为本书的第十六章,供读者参考。

本书由西安建筑科技大学刘铮教授审阅,并提出了许多宝贵的意见,编者曾据此加以修改,对此,我们表示衷心的感谢。

由于编者水平有限,书中难免有不妥之处,恳请读者批评指正。

目　　录

第一章 绪 论

第一节 结构力学的研究对象与任务

建筑物中支承荷载而起骨架作用的部分称为结构。房屋建筑中的屋架、梁、板、柱、框架、基础等组成的体系，称为房屋结构。水工建筑物中的闸门、水坝、水池，公路铁路上的桥梁、涵洞、隧道、挡土墙等都是结构的例子。

结构是由若干相互联系的构件组成的整体。按其构件的几何性质可分为以下三种：

一、杆件结构

这类结构是由若干杆件按照一定的方式联结起来组合而成的体系。杆件的几何特征是横截面高、宽两个方向的尺寸要比杆长小得多。例如房屋结构中的钢筋混凝土框架或钢框架（图1-1），南京长江大桥等大跨度钢桁架桥，以及钢或钢筋混凝土电视塔等。

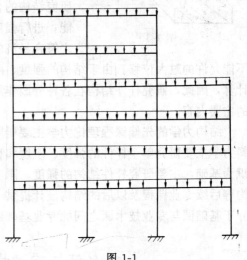

图 1-1

二、薄壁结构

这类结构由薄壁构件组成。它的厚度要比长度和宽度小得多。如楼板、薄壳屋面（图1-2a）、水池（图1-2b）、拱坝、薄膜结构等。

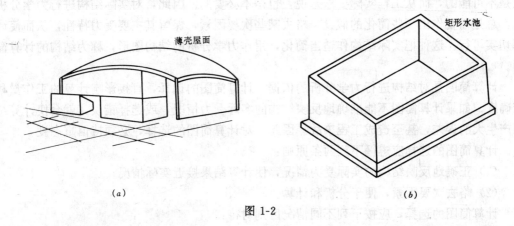

薄壳屋面

矩形水池

(a)   (b)

图 1-2

三、实体结构

这类结构本身可看作是一个实体构件或由若干实体构件组成。它的几何特征是呈块状的，长、宽、高三个方向的尺寸大体相近，且内部大多为实体。例如挡土墙（图1-3）、重力坝、动力机器的底座或基础等。

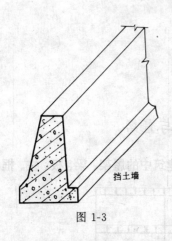

图 1-3 挡土墙

根据目前国内学科的划分方法，本门课程的主要研究对象是杆件结构。因而通常所说的结构力学，指的就是杆件结构力学。对于薄壁结构和实体结构的受力分析将在弹性力学中进行研究。

一个合理的结构必须是既安全地承担荷载又最经济地使用材料。结构力学是围绕荷载与结构的承载能力进行研究的。具体任务是研究结构的组成规律和合理形式，以及结构在外因作用下的强度、刚度和稳定性的计算原理和计算方法。研究组成规律的目的在于保证结构各部分不致发生相对运动；研究结构的合理形式是为了有效地利用材料，充分发挥其性能；进行强度和稳定性计算的目的在于保证结构的安全并使之符合经济的要求；计算刚度的目的在于保证结构不致产生不能允许的过大位移。由于结构的强度、刚度和稳定性的计算都离不开结构的内力和位移计算，因此，研究杆件结构在各种外因作用下内力和位移的计算原理和方法便成为本课程的主要内容。

结构力学的先修课程理论力学主要研究物体机械运动的基本规律和力学一般原理；材料力学主要研究单个杆件的强度、刚度和稳定性。结构力学则以理论力学和材料力学的知识为基础，主要研究杆件结构的强度、刚度和稳定性，从而为钢筋混凝土结构、钢、木结构等后续专业课程及以后的结构设计提供一般的计算原理与分析方法。因此，结构力学是介于基础课与专业技术课之间的专业基础课，或称做技术基础课。

第二节 结构的计算简图

在结构设计中，如果完全按照结构的真实情况进行精确的力学分析，是非常复杂的，甚至是不可能的，而从工程实际要求来说，也是不必要的。因此，对实际结构进行力学分析时，总是需要作出一些简化的假设，略去某些次要因素，保留其主要受力特性，从而使计算切实可行。这种把实际结构作适当简化，用作力学分析的结构图形，称为结构的计算简图。

计算简图是对结构进行力学分析的依据。计算简图的选择，直接影响计算的工作量和精确度。如果计算简图不能准确地反映结构的实际受力情况，或选择错误，就会使计算结果产生大的误差，甚至造成工程事故。因此，对计算简图的选择，必须持慎重态度。

计算简图的选择应遵循下列两条原则：

（1）正确地反映结构的实际受力情况，使计算结果接近实际情况；

（2）略去次要因素，便于分析和计算。

计算简图的选择，应按下列不同情况区别对待：

（1）结构的重要性　对重要的结构应采用比较精确的计算简图，以提高计算结果的可靠性。

（2）不同的设计阶段　在初步设计阶段，可以采用比较粗略的计算简图；而在技术设计阶段则应采用比较精确的计算简图。

（3）计算问题的性质　对结构作动力计算或稳定性计算时，由于计算比较复杂，可以采用比较简单的计算简图；而在作结构的静力计算时，则应采用比较精确的计算简图。

（4）计算工具的不同　手算时计算简图应力求简单；用电子计算机计算，则可采用较为精确的计算简图。

合理的计算简图，是既要恰当地反映实际结构的受力情况，又要使计算简化。为此，必须对实际结构进行简化处理。这种简化通常包括以下六个方面。

一、结构体系的简化

严格说来，工程中的实际结构都是空间结构，各部分相互联结成为一个空间整体，以承受各个方向可能出现的荷载。但在多数情况下，常可以忽略一些次要的空间约束而将实际结构分解为平面结构，使计算得以简化，这种简化称为结构体系的简化。本教材主要讨论平面结构的计算问题。

二、杆件的简化

杆件有直杆与曲杆，每根杆可以用其轴线表示。杆件之间的联结处用结点表示，结点位于各杆轴线的交点处，杆长用结点间的距离表示。

三、材料性质的简化

建筑工程中常用的建筑材料有钢、铁、混凝土、砖、石、木材等。在结构分析中，为了简化计算，对于组成各构件的材料一般都假设是连续的、均匀的、各向同性的、完全弹性或弹塑性的。

四、结点的简化

结构中各杆件相联结的地方称为结点。根据结构的受力特点和结点的构造情况，在计算简图中通常将其简化为以下三种：

1. 铰结点

铰结点的特点是各杆件可以绕结点自由转动。因此，铰结点只传递轴力和剪力，不传递弯矩。理想的铰结点在实际结构中是很难实现的，只有木屋架的结点比较接近。图1-4a、b分别表示一个木屋架的结点和它的计算简图。当结构的几何构造及外部荷载符合一定条件时，结点刚性对结构受力状态的影响属于次要因素，这时为了简化和反映结构受力特点，也将结构的结点看作铰结点。如图1-5a示一钢桁架的结点，虽然各杆件是用铆钉铆在联结板上牢固地连在一起，但为了简化和反映结点荷载作用下桁架的受力特点，在计算简图中也取作铰结点如图1-5b所示，其变形图如图1-5c所示。

2. 刚结点

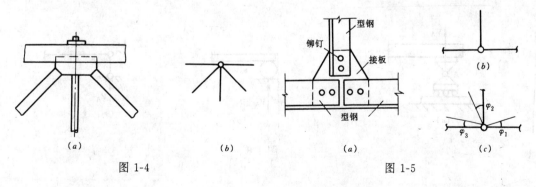

图 1-4　　　　　　　　　　　　图 1-5

图 1-6a 为一钢筋混凝土框架中一结点的构造图,梁和柱用混凝土浇成整体,钢筋的布置也使各杆端能抵抗弯矩。计算中这种结点常视为刚结点,取如图 1-6b 所示的计算简图。刚

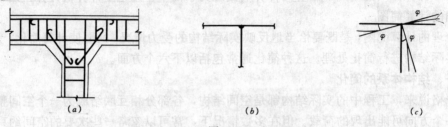

图 1-6

结点的特征是:当结构变形时,结点处各杆轴之间的夹角保持不变。因此刚结点既可传递**轴力和剪力**,也可传递弯矩。其变形图如图 1-6c 所示。

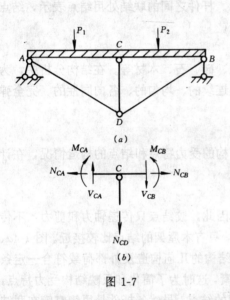

图 1-7

3. 组合结点

图 1-7a 所示为一加劲梁的计算简图,在横向荷载作用于加劲梁时,AB 杆以受弯为主,其他杆件主要承受轴力,且 AB 杆的抗弯刚度比其余各杆大得多。为了表现这种受力特点,结点 C 即取为一组合结点,又称为半铰,该结点的受力图如图 1-7b 所示。

五、支座的简化

将结构支承于基础或其它支承物时的联结装置叫做支座。它的作用是限制结构沿某一个或几个方向的运动,并因此产生相应的约束反力。平面结构的支座主要有以下几种类型:

1. 可动铰支座

桥梁结构中常用的辊轴支座(图 1-8a)和滚动支座(图 1-8b),均属可动铰支座。这种支座的特点是:它既容许结构绕铰 A 转动,又容许结构沿支承面方向移动,但 A 点不能沿垂直支承面的方向移动。因此,在忽略摩擦力的前提下,反力 V_A 将通过铰 A 的中心,并垂直于支承面,在计算简图中常用垂直于支承面的链杆表示,如图 1-8c 所示。

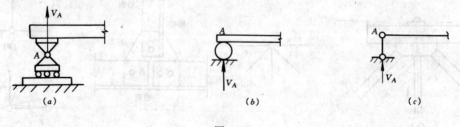

图 1-8

2. 固定铰支座

这种支座的构造简图如图 1-9a 所示。它使结构能绕铰 A 转动，但不能作水平和竖向移动。支座的反力 R_A 将通过铰 A 的中心，但其大小和方向都是未知的，通常可用其水平和竖直方向的分反力 H_A 和 V_A 表示。这种支座的计算简图可用交于 A 点的两根链杆来表示，如图 1-9b、c 所示。

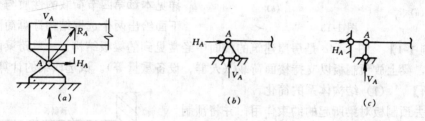

图 1-9

3. 固定支座

这种支座不容许结构在该处发生任何转动和移动，如图 1-10a 所示。能提供三个反力 H_A、V_A、M_A。计算简图如图 1-10b 所示。

4. 定向支座

图 1-11a 表示一定向支座。这种支座允许结构沿支承面方向移动，但不能产生垂直于支承面的移动，也不能转动，提供两个反力 V_A 及 M_A。在计算简图中用两根互相平行且垂直于支承面的链杆表示（图 1-11b）。

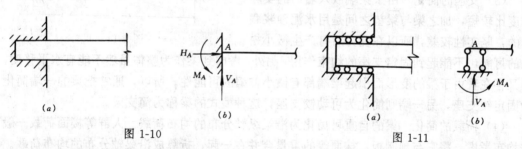

图 1-10   图 1-11

以上四种支座是针对平面结构简化而得的，若为空间结构，则可简化为可动球形铰支座（图 1-12a）、可动圆柱形铰支座（图 1-12b）、固定球形铰支座（图 1-12c）和固定支座（图 1-12d），各支座提供的反力如图 1-12a、b、c、d 所示。

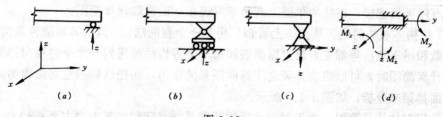

图 1-12

应指出，上述支座都假定支座本身是不变形的，因此它们总称为刚性支座。如果在结构计算中，需要考虑支座本身的变形时，则这种支座称为弹性支座。弹性支座又分为线弹

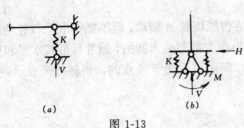

图 1-13

性支座（图 1-13a）和转动弹性支座（图 1-13b）。K 分别表示弹性支座产生单位位移或单位转角时所产生的反力或力矩，称为弹性刚度系数，可由实验确定。

六、荷载的简化

详见本章第四节荷载的性质与分类。

下面给出两个选取结构计算简图的例子。

【例 1-1】 图 1-14a 是房屋建筑的楼面中经常见到的梁板结构。一单跨梁两端支承在砖墙上，梁上放预制板以支持楼面荷载（人群、设备重量等）。试选取梁的计算简图。

【解】 （1）结构体系的简化

略去预制板对梁所起的约束作用。并将预制板传给梁的荷载和梁垫反力简化到梁轴所在竖向平面内，以梁的纵轴线代表实际的梁如图 1-14b 所示。

（2）梁的跨度 梁与梁垫间接触面上的压力分布是很复杂的，当接触面的长度不大时，可取梁两端与梁垫接触面中心的间距作为梁的计算跨度 l，如图 1-14b 所示。为了简化计算，有时也取 $l = 1.05 l_0$ 作为计算跨度，其中 l_0 为梁的净跨度。

（3）支座的简化 由于梁端嵌入墙内的实际长度比较短，加之梁与梁垫之间是用水泥砂浆联结的，坚实性较差，所以在受力后有产生微小松

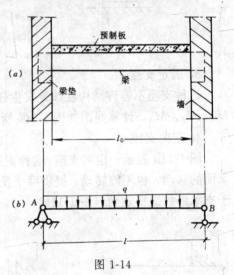

图 1-14

动的可能，不能起到固定支座的约束作用。另外，考虑到梁作为整体虽然不能有水平移动，但又存在着由于梁的变形而引起梁端部有微小伸缩的可能性。所以，通常把梁的一端简化为固定铰支座，另一端则简化为可动铰支座，这种型式的梁称为简支梁。

（4）荷载的简化 梁的自重可简化为沿梁纵轴分布的均布荷载。人群等楼面荷载一般按均布考虑，将它与预制板、抹面等的重量合并在一起，折算成沿梁轴分布的均布荷载。

经过以上简化，即可得到如图 1-14b 所示的计算简图。

【例 1-2】 图 1-15a 示一钢筋混凝土厂房结构，屋架和柱都是预制的。柱子下端插入基础的杯口内，然后用细石混凝土填实。屋架与柱的联结是通过将屋架端部和柱顶的预埋钢板进行焊接而实现的。屋架在横向平面内与柱组成排架（图 1-15b），各个排架之间，在屋架上有屋面板连接，在柱的牛腿上有吊车梁连接，试选取计算简图。

（1）结构体系的简化 从整体上看该厂房是一个空间结构。但从其荷载传递情况来看，屋面荷载和吊车轮压等都主要通过屋面板和吊车梁等构件传递到一个个的横向排架上，故在选择计算简图时，可以略去排架之间纵向联系的作用，而把这样的空间结构简化为一系列的平面排架来分析，如图 1-15b 所示。

（2）屋架的计算简图 由于屋架承受的荷载是结点荷载，其内力主要是轴力，各杆一般来说比较细长，抗弯刚度较小，由变形引起的弯曲应力不大，故各结点可当作铰结点。屋架端部与柱顶的联结是在吊装就位后焊结在一起的，因此屋架端部与柱顶不能发生相对线

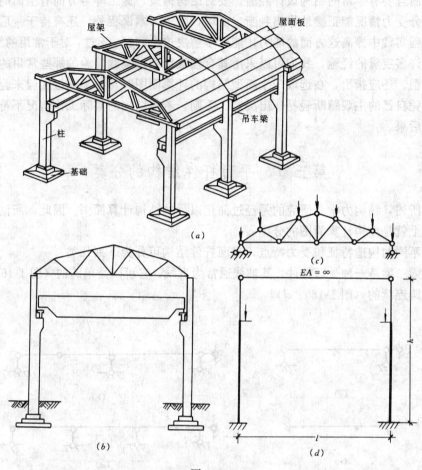

图 1-15

位移，但仍有可能发生微小的转动。这时，可把柱与屋架的联结看作铰结点，在竖向荷载作用下，可将屋架单独取出来进行计算，其两端支座分别为固定铰支座和可动铰支座，计算简图见图 1-15c 所示的铰结桁架。

（3）排架柱的计算简图　由于上下两柱段的截面大小不同，因此上下柱应分别用一条通过各自截面形心的连线来表示。排架的计算跨度 l 可取下柱两轴线之间的距离。柱高 H 为基础面到屋架下弦之间的距离。柱子与基础的联结应视为固定支座。由于屋架的刚度很大，相应变形很小，因此认为两柱顶之间的距离在受荷载前后没有变化，即可用 $EA=\infty$ 的链杆来代替该屋架。经过上述简化后，可得图 1-15d 所示的计算简图，这种类型的计算简图称为排架。

上面所举的两个例子，都是可以分解为平面结构的空间结构。但是应当注意，并不是所有的空间结构都是可以分解为平面结构来计算的。例如在大会议厅和体育场馆建筑中采用较多的屋顶空间网架结构、输电线路上的铁塔、电视塔、起重机塔架等各种结构，它们或者根本不是由平面结构组成的；或者虽是由平面结构组成，但它们的工作状况主要是空间性质的, 故对这样的一类结构, 必须按空间结构的特点进行计算。

如何选取合适的计算简图, 是结构设计中十分重要而又复杂的问题。不仅要掌握选取的原则, 而且要有丰富的结构设计经验。要对结构构造、施工等各方面有全面的了解, 对结构各部分受力情况能正确地作出判断。所以, 除学习本课程外, 还有待于今后学习专业课和在工程实践中提高这方面的能力才能逐步解决这个问题。不过, 对于常用的结构型式, 已积累了许多宝贵的经验, 我们可以采用其合理性已经过实践检验的那些常用的比较成熟的计算简图。还应指出, 在选取一个新型结构的计算简图时, 必须通过实验来验证。而决不容许单凭自己的主观臆断轻易作出决定。否则, 若与结构的实际工作情况不符, 将会导致严重的后果。

第三节　平面杆件结构的分类

如上所述, 结构力学所研究的是经过简化以后的结构计算简图。因此, 所谓结构的分类, 实际上就是结构计算简图的分类。

按照不同的构造特征和受力特点, 平面杆件结构可分为下列几类:

(1) 梁　梁是一种受弯杆件, 其轴线通常为直线。它可以是单跨的 (图 1-16a、c), 也可以是多跨连续的 (图 1-16b、d)。

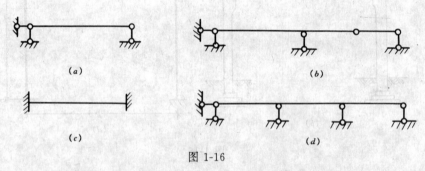

图 1-16

(2) 拱　拱的轴线通常为曲线, 它的特点是: 在竖向荷载作用下要产生水平反力。水平反力的存在将使拱内弯矩远小于跨度、荷载及支承情况相同的梁的弯矩 (图 1-17)。

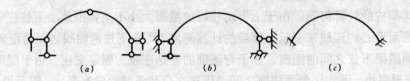

图 1-17

(3) 桁架　桁架是由若干杆件在每杆两端用理想铰联结而成的结构 (图 1-18)。其各杆的轴线一般都是直线, 当只受到作用于结点的荷载时, 各杆只产生轴力。

(4) 刚架　刚架是由梁和柱等直杆全部或部分由刚结点组合而成的结构 (图 1-19)。刚架中各杆件常同时承受弯矩、剪力及轴力, 但多以弯矩为主要内力。

(5) 组合结构　由只承受轴向力的链杆和主要承受弯矩的梁或刚架杆件组合形成的结

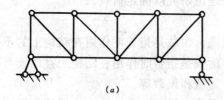 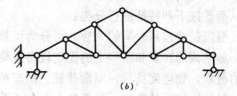

(a) (b)

图 1-18

构，称为组合结构（图1-20）。在工业厂房中，当吊车梁的跨度较大（12m以上时），常采用组合结构，工程界称为桁架式吊车梁。

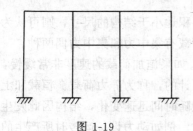 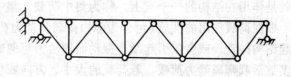

图 1-19 图 1-20

（6）悬索结构　如图1-21所示，它由受拉性能强的柔性缆索作为主要受力构件。主要用于桥梁工程和房屋屋盖结构中。

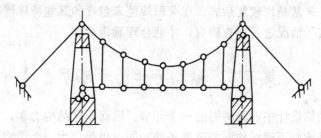

图 1-21

按照所用计算方法的特点，结构可分为静定结构和超静定结构。若一结构在承受任意荷载时，所有支座反力和任一截面上的内力都可由静力平衡条件求出其确定值，则此结构称为静定结构（图1-16a、b）。反之，若上述的反力和内力不能仅靠静力平衡条件确定，还必须补充变形条件才能求得，则此结构称为超静定结构（图1-16c、d）。

第四节　荷载的性质与分类

荷载通常是指作用在结构上的外力。例如：结构自重、水压力、土压力、风压力以及人群及货物的重量、吊车轮压等。此外，还有其他因素可以使结构产生内力和变形，如温度变化、地基沉陷、构件制造误差、材料收缩等。从广义上说，这些因素也可看作荷载。

合理地确定荷载，是结构设计中非常重要的工作。如果估计过大，所设计的结构尺寸将偏大，造成浪费；如将荷载估计过小，则所设计的结构不够安全。在结构设计中所要考虑的各种荷载，国家都有具体规定，设计时可查阅《结构荷载规范》和《抗震设计规范》等。

对于特殊的结构，必要时还要进行专门的实验和理论研究以确定荷载。

荷载按下列特征进行分类：

根据荷载作用时间的久暂，可分为恒载和活载。恒载是指长期作用在结构上的不变荷载，如结构的自重和结构上的固定设备重量等。活载是指暂时作用在结构上且位置可以变动的荷载，如楼面荷载、屋面荷载、吊车荷载、雪载和风载等。

对结构进行计算时，恒载和大部分活载（如雪载、风载）在结构上作用的位置可以认为是固定的，这种荷载称为固定荷载。有些活载，如桥梁上的列车荷载、吊车梁上的吊车荷载等，它们在结构上的位置是移动的，这种荷载称为移动荷载。

根据荷载的分布情况，可分为集中荷载和分布荷载。分布荷载可又分为均匀分布荷载、线性分布荷载（如三角形或梯形分布荷载）等。

荷载一般总是要分布在一定的面积上的，若分布面积远小于结构的尺寸，则可认为此荷载是作用在结构的一个点上，称为集中荷载。集中荷载有集中力和集中力偶两种。

根据荷载作用的性质，可分为静力荷载和动力荷载。如果施加荷载的速度非常缓慢，不引起结构振动，或者仅引起微小振动而惯性力可忽略不计的，称为静力荷载。恒载和上述大多数活载都属静力荷载。若荷载的大小、方向或位置随时间迅速变化，结构因此发生振动，在计算时必须考虑惯性力的影响，则称为动力荷载。例如动力设备运转时所产生的偏心力，汽锤冲击力、地震力、炸药爆炸时所产生的汽浪冲击力、海浪对于海洋工程结构的冲击力、高耸建筑物上的风力等都是动力荷载。

荷载的确定，常常是比较复杂的。在荷载规范未包含的某些特殊情况下，设计者需要深入现场，结合实际情况进行调查研究，才能合理确定荷载。

第五节　结构力学的学习方法

结构分析是结构设计中非常关键的一个环节。因而学好结构力学，掌握杆件结构的计算原理与方法，是学好工程结构课的重要条件，同时也是作为一个结构工程师所必须具备的基础知识。因此读者在学习本门课程时，务必要充分重视和加倍努力，树立信心，以顽强的毅力克服学习中可能遇到的各种困难，一定要学好它，也一定能学好它。

在学习中必须贯彻理论与实际相结合的原则。要注意结构力学的理论是怎样服务于工程实际的。要留心观察实际结构，了解它们的构造，分析它们的受力特点，并考虑怎样用所学的理论和方法解决其力学分析问题。只有联系实际学习理论，才能做到用所学知识去解决实际问题。

结构力学的特点是，不但理论概念性比较强，而且方法技巧性要求高。理论概念需要通过练习来加深理解，方法技巧则需要通过多做来熟练掌握。因此，在学习本门课程的过程中，不但要注意搞清基本概念，而且更为重要的是要认真做好和多做练习题，这是学好结构力学的重要环节。但要注意以下两点：

（1）做题前一定要看书复习，搞清概念及解题思路，抓住方法的本质、要点。按照例题照搬照套，急于完成作业而不经过自己的思考，不会有好的效果。

（2）作业要条理清晰、整洁、严谨。要培养对所得计算结果进行合理校核的能力。发现错误，要及时总结，找出原因，这样才能吸取教训，逐步提高。

自从电子计算机诞生以后，结构分析进入了一个崭新的历史阶段。在人类已经掌握先进技术的今天，历史赋予力学研究者的主要任务，不再是计算手段，而是要开拓新领域，研究新问题，探求新的机理。因此，结构力学也和其他学科一样，发展进程日益加速。这就要求学生在校学习期间，注意培养自学和独立思考能力，以便在毕业走上工作岗位后，能通过自学不断地吸收新知识，研究新问题，拓宽知识面，充分发挥自己的才能。

　　结构力学原来是作为验算结构设计方案的工具而起作用的，计算对象是某一已被选定的结构。随着科学技术的发展，结构力学所要解决的问题，也在不断地充实和更新。例如，自从优化设计方法创立以来，结构计算和结构设计方案的优选融合于一个整体，浑然难分。又如，历来的结构力学所要解决的问题，通常是已知结构本身的几何与物理参数，以及结构所受的外部作用，待求的是结构的反应。然而现在提出了相反的问题，这就是：根据外因和反应，寻求结构自身的几何与物理性质。因此，当前正面临着科学技术迅速发展的历史新阶段，要求人们用发展的观点来学习结构力学，通过本门课程的学习，培养自己的分析、计算、自学和表达能力。

第二章　平面体系的几何组成分析

第一节　几何组成分析的基本概念

杆件结构是由若干杆件按一定方式互相联结而组成的体系。对体系的几何组成进行分析，称为几何组成分析。进行这种分析的目的在于：

（1）判断某一体系是否几何不变，以决定它能否作为结构；

（2）研究几何不变体系的组成规则，以保证所设计的结构能承受荷载并维持平衡；

（3）根据体系的几何组成，确定结构是静定还是超静定的，以便选择相应的计算方法。

为了便于对体系进行几何组成分析，先讨论下面几个基本概念。

一、几何不变体系和几何可变体系

结构受荷载作用时，产生的变形一般是微小的。在几何组成分析中，我们不考虑这种由于材料的应变所产生的变形。这样，杆件体系可以分为两类：

几何不变体系——在不考虑材料应变的条件下，能保持其几何形状和位置不变的体系（图 2-1a）。

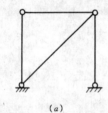 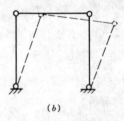

(a)　　　　　(b)

图 2-1

几何可变体系——在不考虑材料应变的条件下，其几何形状和位置可以改变的体系（图 2-1b）。

只有几何不变体系才能够作为结构。

二、自由度

平面体系的自由度，是指该体系运动时，可以独立改变的几何参变数的数目，也就是确定体系的位置所需的独立坐标的数目。

在平面内，确定一点 A 的位置需要 x、y 两个独立坐标（图 2-2a）；或者说，点 A 有两种独立运动方式（沿 x 轴方向的水平移动和沿 y 轴方向的垂直运动），因此，平面内的一个点有两个自由度。

图 2-2b 所示为平面内一个刚片（即平面刚体）运动到位置 AB 时的情形。可通过先确定刚片上一个点 A（由 x 和 y 两个独立坐标），再确定刚片绕点 A 的转动（由独立坐标 θ），来完全确定该刚片的位置。由此可见，平面内的一个刚片有三个自由度。

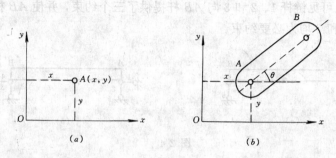

图 2-2

一般来说，如果确定一个体系的位置需要 n 个独立坐标，或者说，该体系有 n 个独立的运动方式，我们就称这个体系有 n 个自由度。

一般工程结构都是几何不变体系，其自由度为零。凡是自由度大于零的体系都是几何可变体系。

三、约束

限制体系的运动以减少体系自由度的装置称为约束。在体系几何组成中常用的有链杆、铰和刚结这三类约束。

刚片 AB 无约束时有三个自由度。在图 2-3a 中，刚片 AB 由链杆 AC 与基础相连。这时，刚片 AB 只能绕 A 点转动和左右移动，上下移动的自由度被限制了，即链杆 AC 使刚片的自由度由 3 减为 2。因此，我们说，一个链杆相当于一个约束。

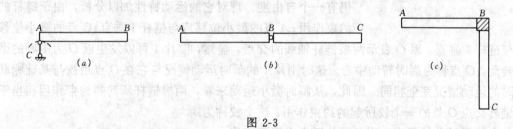

图 2-3

在图 2-3b 中，刚片 AB 和 BC 用铰 B 联接。两个独立的刚片在平面内共有 6 个自由度，联结以后，自由度减为 4。因为我们可先用三个坐标确定刚片 AB 的位置，然后再用一个转角就可确定刚片 BC 的位置。由此可见，一个联结两个刚片的平面铰（称为单铰）使自由度减少两个，所以一个单铰相当于两个约束。

图 2-3c 所示为两个刚片 AB 和 BC 在 B 点联结而成的一个整体，其中，结点 B 是刚结点。原来，两个独立的刚片在平面内共有 6 个自由度，刚性联结成整体后，只有三个自由度。所以一个联结两个刚片的刚性联结（简称为单刚结）相当于三个约束。

从以上分析可以看出：一个单铰的约束作用相当于两根链杆；一个单刚结的约束作用则相当于三根链杆。

四、必要约束与多余约束

必要约束——为保持体系几何不变必须具有的约束。

多余约束——撤去之后体系仍能保持几何不变的约束。

例如，平面内杆 AB 有三个自由度。如果用支座链杆 1、2 和 3 与基础相连（图 2-4a），杆 AB 即被固定。可见链杆 1、2 和 3 向 AB 杆提供了三个约束，并使 AB 杆减少了三个自由度。链杆 1、2 和 3 均为必要约束。

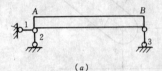 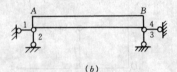

(a)　　　　　　　　　　　　　(b)

图 2-4

如果用四根支座链杆将杆 AB 与基础相连，如图 2-4b 所示，这时体系的自由度为零。若撤去 2 杆或 3 杆，自由度便增加 1，并使体系几何可变，因此，2 杆和 3 杆均为必要约束。若撤去 1 杆或 4 杆，体系的自由度仍为零。因此，1 杆和 4 杆中的任何一根均为多余约束。

一个体系中如果有多余约束存在，那么应当分清楚：哪些约束是多余的，哪些约束是必要的。只有必要约束才对体系的自由度有影响，而多余约束则对体系的自由度没有影响。

应该指出，多余约束仅在几何组成的角度上看是多余的，大多数情况下，在结构的使用功能上还是需要的。

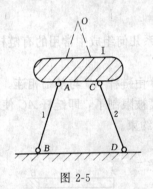

图 2-5

五、瞬铰

瞬铰（也称虚铰）是一类特殊的约束。

考虑图 2-5 所示体系。刚片 I 在平面上本来有三个自由度，用两根不共线链杆 1 和 2 把它与基础相联结，则此体系仍有一个自由度。现对它的运动特性加以分析。由于链杆的约束作用，A 点的微小位移应与链杆 1 垂直；C 点的微小位移应与链杆 2 垂直。以 O 表示两根链杆轴线的交点，显然，刚片 I 可以发生以 O 为中心的微小转动。O 点称为瞬时转动中心。这时刚片 I 的瞬时运动情况与它在 O 点用铰与基础相联结时的运动情况完全相同。因此，从瞬时微小运动来看，两根链杆所起的约束作用相当于在链杆交点 O 处的一个铰所起的约束作用。这个铰称为瞬铰。在体系运动过程中，瞬铰的位置也在不断变化。

六、瞬变体系

在图 2-6 中我们看到，约束点 A 的两根链杆 I 和 II 假如共线，从微小运动的角度来看，这是一个几何可变体系。

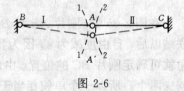

图 2-6

在初始阶段，链杆 I 和 II 共线，A 点既可绕 B 点沿 1-1 弧运动，同时又可绕 C 点沿 2-2 弧运动。由于这时两弧相切，A 点必然沿着公切线方向作微小运动。

当 A 点作微小运动至 A'，圆弧 1-1 和 2-2 由相切变为相交，A 点既不能沿圆弧 1-1 运动，也不能沿圆弧 2-2 运动，这样，A 点就被完全固定。

这种原先是几何可变，在瞬时可发生微小几何变形，其后不能继续位移的体系，称为瞬变体系。

瞬变体系是可变体系的特殊情况。为明确起见，几何可变体系可以进一步区分为瞬变体系和常变体系。如果一个几何可变体系可以发生大位移（图 2-1b），则称该体系为常变体系。

在图 2-6 所示的体系中还可发现，当链杆 I 和 II 共线时，尽管同时向 A 点提供了两个约束，A 点仍然具有一个自由度，说明两根链杆中必有一根为多余约束。一般来说，瞬变体系总存在多余约束。

第二节　平面杆件体系的计算自由度

在上一节概念的基础上，现在我们来讨论平面杆件体系的自由度计算，得出与几何组成性质有关的一些结论。

一、杆件体系的计算自由度

一个平面杆件体系，通常是由若干部件加约束组成的。因此，我们用下式来定义体系的计算自由度 W：

$$W = （各部件的自由度总和）-（全部约束数） \tag{2-1}$$

上式表示，首先设想体系中各个约束都不存在，在此情况下计算各个部件的自由度总和；其次考虑体系的全部约束个数，包括必要约束和多余约束；最后将两数相减，差值即为体系的计算自由度 W。

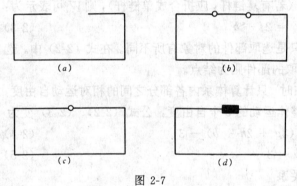

图 2-7

下面导出关于 W 的两种具体算法。在推导以前，还需对式（2-1）中的部件和约束这两个概念作进一步说明。

在式（2-1）中，部件可以是点，也可以是刚片。这里要注意刚片的内部是否有多余约束。图 2-7a 是内部没有多余约束的刚片，而图 2-7b，c，d 则内部分别有 1、2、3 个多余约束的刚片，它们可看作在图 2-7a 的刚片内部分别附加了一根链杆或一个铰结或一个刚结。式（2-1）中作为部件的刚片是指内部没有多余约束的刚片。如果内部有多余约束，则应把它变成内部无多余约束的刚片，其中的附加约束则计入体系的约束总数。

约束可分为单约束和复约束。两个刚片 I、II 间的结合（图 2-8a、c）为单联结，三个刚片间的联结（图 2-8b、d）相当于两个单联结，即刚片 I 与 II 间的单结合及刚片 II 与 III 间

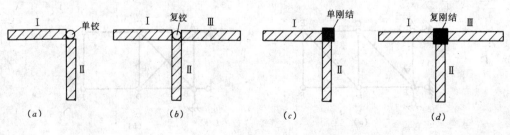

图 2-8

的单联结。一般来说，n 个刚片间的联结相当于 $(n-1)$ 个单联结。

联结两点的链杆（图 2-9a）称为单链杆，相当于一个约束。连接三点的链杆（图 2-9b）称为复链杆，它将原来三个结点的六个自由度减少为一个刚片的三个自由度，相当于三个约束，即相当于三根单链杆。一般来说，联结 n 个点的复链杆相当于 $(2n-3)$ 个单链杆。

先介绍第一种算法。我们把体系看作由许多刚片受铰结、刚结和链杆的约束所组成。若用 m 表示体系中刚片的个数，则刚片的自由度总数为 $3m$。计算约束总数时，体系中如有复约束，则应事先折合成相应的单约束；刚片内部如有多余约束，也应计算在内。以 g 代表单刚结个数，以 h 代表单铰结个数，以 b 代表单链杆根数（包括支座链杆数），则约束总数为 $3g+2h+b$。因此，体系的计算自由度 W 可表示为：

$$W = 3m - (3g + 2h + b) \tag{2-2}$$

再介绍另一种算法。对于铰结链杆体系，按式（2-2）计算对因单铰数目大，计算不方便。若视体系是由许多受链杆约束的结点所组成，则建立的自由度计算公式就会简单得多。以 j 代表结点个数，以 b 代表单链杆个数（若有复链杆，应折合成单链杆），则 W 可表示为：

$$W = 2j - b \tag{2-3}$$

以上两式都是由式（2-1）导出的，只是选取部件的对象有所不同。在式（2-2）中，选取的部件都是刚片，在式（2-3）中，选取的部件则为结点。

当体系与基础不相连，即支杆不存在时，只计算体系内各部分之间的相对运动自由度，简称为内部可变度。此时，不计入体系整体运动的 3 个自由度，公式（2-2）、（2-3）变为

$$V = 3m - (3g + 2h + b) - 3 \tag{2-4}$$

$$V = 2j - b - 3 \tag{2-5}$$

二、计算自由度与几何组成性质的关系

按式（2-2）或（2-3）进行计算的结果，并不一定反映体系的实际自由度。

观察图 2-10a, b 所示的体系，按公式（2-3）都将得到

$$W = 2j - b = 2 \times 6 - 12 = 0$$

但是，这两个体系的实际自由度是不一样的。图 2-10a 所示体系是几何不变的，即它的实际自由度为零，与计算结果一致；而图 2-10b 所示体系却为几何可变体系，具有一个自由度，即它的实际自由度与计算结果并不相符。如果我们作进一步考察，则可发现图 2-10b 所示体系中，ABCD 部分多一根链杆，而 CDEF 部分则少一根链杆。虽然从整体上看，它具备了

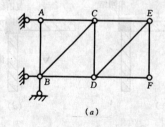
(a)

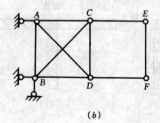
(b)

图 2-10

足够数目的约束，但由于安排不当，致使体系仍能发生运动。

为了讨论体系的计算自由度 W、实际自由度 S 和多余约束数 n 三者的关系，以及它们与体系几何组成性质之间的定性关系，我们定义体系的实际自由度计算公式如下：

$$S = （各部件的自由度总和）-（必要约束数） \qquad (2-6)$$

由于全部约束数与必要约束数之差是多余约束数 n，因此由式（2-6）减去式（2-1），即得

$$S - W = n \qquad (2-7)$$

这就是计算自由度 W、实际自由度 S、多余约束数 n 三者之间的关系式。如果三个参数中有两个为已知，则由上式即可求出第三个参数。

显然，实际自由度 S 和多余约束数 n 都不是负数，即有 $S \geqslant 0$，$n \geqslant 0$，因此由式（2-7）可得出下面两个不等式：

$$S \geqslant W \qquad (2-8)$$

$$n \geqslant -W \qquad (2-9)$$

也就是说，W 是实际自由度 S 的下限，而（$-W$）则是多余约束数 n 的下限。

应该看到，直接用式（2-6）来判断体系的几何组成性质是困难的，因为事先需要分清楚：在全部约束中，究竟哪些是必要约束，哪些是多余约束。这个问题涉及到体系的具体组成，尚需在下一节进一步讨论。但根据算出的 W 值，我们可以由式（2-7），得出差值 $S - n$，也可按式（2-8）和（2-9），得出 S 和 n 的下限值，从而得出体系的计算自由度与几何组成性质的关系如下：

若 $W > 0$，则 $S > 0$，体系是几何可变的。

若 $W = 0$，则 $S = n$，如无多余约束则体系几何不变；如有多余约束，体系为几何可变。

若 $W < 0$，则 $n > 0$，体系为有多余约束的几何不变体系或几何可变体系。

也就是说，W（或 V）$\leqslant 0$，是平面体系几何不变的必要条件，而不是充分条件。尽管体系约束数目足够，甚至还有多余，但由于布置不当，体系仍会是可变的。为确定体系的几何不变性，尚需进一步研究体系的几何组成规律。

【例 2-1】 求图 2-11 所示体系的计算自由度 W。

【解】 按式（2-2）计算。刚片数 $m = 7$，由于复铰 D 和 E 各相当于两个单铰，折算后全部单铰个数 $h = 9$，支座链杆数 $b = 3$，刚结个数 $g = 0$，因此

$$W = 3m - 2h - b = 3 \times 7 - 2 \times 9 - 3 = 0$$

再按式（2-3）计算。结点数 $j = 7$，由于复链杆 AC 和 BC 各相当于 3 个单链杆，折算后全部

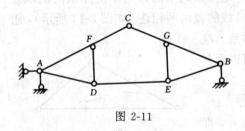

图 2-11

单链杆个数 $b = 14$，因此

$$W = 2j - b = 2 \times 7 - 14 = 0$$

两种算法结果相同。

【例 2-2】 求图 2-12a 所示体系的 W。

【解】 把图 2-12a 所示体系的全部支座去掉后，剩下的是一个内部有多余约束的刚片。如果再在截面 E、F 处切开，这样才变为无内部多余约束的刚片，如图 2-12b 所示。按式（2-2）计算。刚片数 $m = 1$，F 处铰结数 $h = 1$，E 处单刚结数 $g = 2$。固定支座 C 相当于 3 根

17

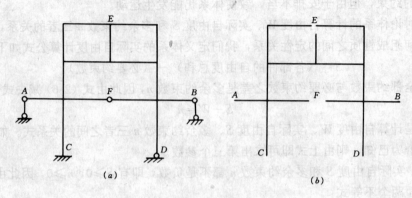

图 2-12

支座链杆，铰支座 D 相当于 2 根支座链杆，因此支座链杆个数 $b=7$，于是

$$W = 3m - (3g + 2h + b) = 3 \times 1 - 3 \times 2 - 2 \times 1 - 7 = -12$$

这个体系由于是几何不变的，故知实际自由度 $S=0$，因此，由式（2-7）可求出多余约束数 n 如下：

$$n = S - W = 0 - (-12) = 12$$

这是一个具有 12 个多余约束的几何不变体系。

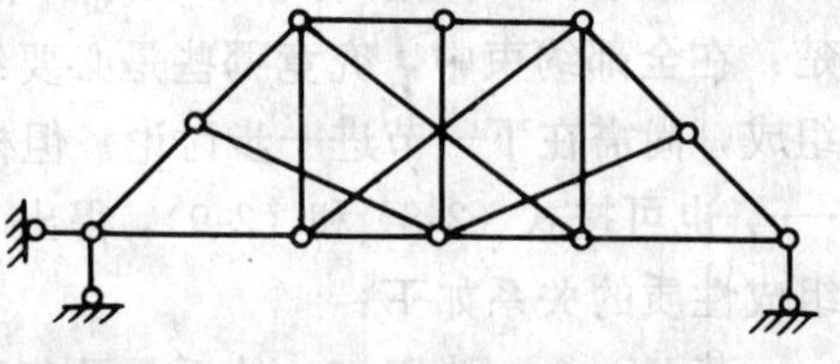

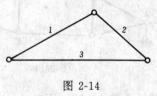

图 2-13

【例 2-3】 求图 2-13 所示体系的 W。

【解】 此体系全部由单链杆组成，由式（2-3）求 W 较为方便。结点数 $j=10$，单链杆数 $b=20$，因此

$$W = 2j - b = 2 \times 10 - 20 = 0$$

第三节 几何不变体系的组成规律

这一节将讨论几何组成分析中的主要课题——无多余约束的几何不变体系的组成规律。根据三角形的稳定性，若把三根链杆用三个不共线的铰两两相连（如图 2-14 所示），组成的铰接三角形是一个没有多余约束的几何不变体系。这个基本规律称为三角形规律。从这个规律出发，可以得到下面几种联结方式下体系几何不变性的判断准则。

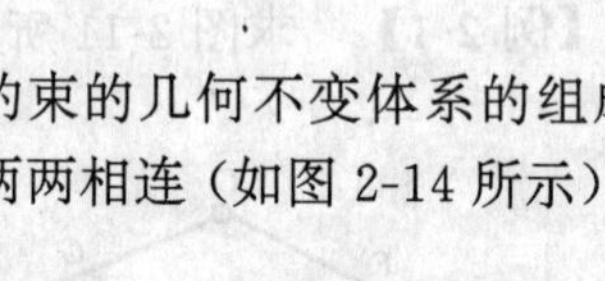

一、一个点与一个刚片之间的联结方式

在图 2-14 中若将某一链杆以刚片（或基础）代替，即得到图 2-15 所示的平面体系。由三角形规律，显然这是一个几何不变体系。于是得到如下规律：

图 2-14

规律一 一个刚片与一个点用两根链杆相连，且两链杆不在同一直线上，则组成没有多余约束的几何不变体系。

在图 2-15 中，两根不共线链杆联结一个结点的装置称为二元体。在平面上增加了一个点即增加了两个自由度，但同时，不共线的二链杆提供了两个约束。由此可知，在一个已知体系上依次加入或撤除二元体，不会改变原体系的自由度数目，也不会影响原体系的几

何组成性质。

二、两个刚片之间的联结方式

在图 2-14 中,若将任意两根链杆以刚片代替,则组成图 2-16a 所示的几何不变体系。由此得到下述规律:

规律二 两个刚片用一个铰和一根链杆相联结,链杆方向不通过铰,则组成没有多余约束的几何不变体系。

这一联结方式可以有两种派生形式:把铰 B 用互不共线的两根链杆代替(图 2-16b);或把铰 B 用两根链杆组成的瞬铰来代替(图 2-16c)。这时刚片 I 和 II 可看作由三根链杆相联结。规律二又可叙述为:

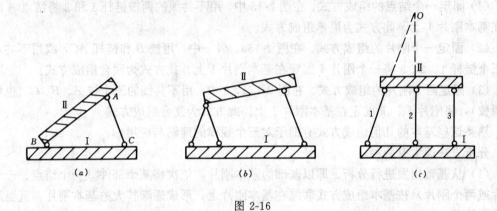

图 2-16

两个刚片由三根链杆相联结,若三链杆既不完全平行也不汇交于同一点,则组成没有多余约束的几何不变体系。

三、三个刚片之间的联结方式

将图 2-14 中的三根链杆均以刚片代替,得到图 2-17a 所示的平面体系。根据三角形规

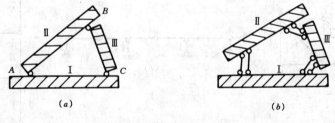

图 2-17

律,这是一个没有多余约束的几何不变体系。

注意到两根不共线链杆的作用相当于一个瞬铰,三个刚片之间又可联结成图 2-17b 所示的形式。

规律三 三个刚片用三个铰两两相联结,且三铰不在同一直线上,则组成没有多余约束的几何不变体系。

对于图 2-17b 所示的体系,上述规律叙述为:

三个刚片用组成瞬铰的六根链杆两两相联,若三个瞬铰的转动中心不在同一直线上,则

19

组成没有多余约束的几何不变体系。

第四节 几何组成分析举例

上一节介绍了平面杆件体系最基本的组成规律。规律本身是简单浅显的，但在运用上则变化无穷。因此，学习时遇到的困难不在于学懂，而在于应用。

在这些组成规律中，最主要的是以下三点：一是对三角形规律的理解，二是点和刚片的概念，三是约束的概念及各种约束的等效代换关系。

三个基本组成规律分别对应于三种基本的几何组成方式：

（1）固定一个结点的组成方式。在图 2-15 中，用不共线的两根链杆 1 和 2 将结点 A 固定在基本刚片 Ⅰ 上。此方式为简单组成方式。

（2）固定一个刚片的组成方式。在图 2-16a，b，c 中，用铰 B 和链杆 AC，或用不共点的三个链杆 1、2、3 将一个刚片 Ⅱ 固定在基本刚片 Ⅰ 上。此方式为联合组成方式。

（3）固定两个刚片的组成方式。在图 2-17a，b 中，用不共线的三个铰 A、B、C（也可为瞬铰），将刚片 Ⅱ、Ⅲ 固定在基本刚片 Ⅰ 上。此方式为复合组成方式。

熟悉这些基本的几何组成方式有助于对三个规律的理解与应用。

分析方法通常有两种：

（1）从基础出发进行分析。即以基础为基本刚片，依次将某个部件（一个结点、一个刚片或两个刚片）按基本组成方式联结在基本刚片上，形成逐渐扩大的基本刚片，直至形成整个体系。

图 2-18a 所示体系是简单组成方式的例子。从基础出发，六对链杆 (1，2)、(3，4)、(5，6)、(7，8)、(9，10)、(11，12) 依次固定结点 A、B、C、D、E、F，形成无多余约束的几何不变体系。显然，这种组成方式也是二元体的依次叠加。

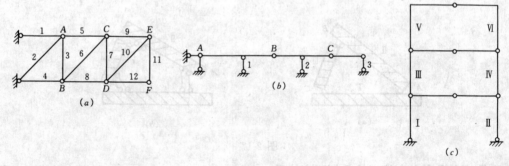

图 2-18

图 2-18b 所示体系是联合组成方式的例子。先用铰 A 和链杆 1 将 AB 杆固定于基础，然后，再用铰 B 和链杆 2、铰 C 和链杆 3 分别将 BC 杆和 CD 杆固定在扩大后的基本刚片上。整个体系为无多余约束的几何不变体系。

图 2-18c 所示体系是复合组成方式的例子。组成次序是：先用不共线的三个铰将刚片 Ⅰ、Ⅱ 固定于基础，形成一个扩大的基本刚片，且无多余约束。然后，用同样方式依次固定刚片（Ⅲ，Ⅳ）和（Ⅴ，Ⅵ）。因此，整个体系为无多余约束的几何不变体系。

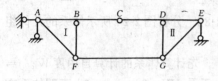

图 2-19

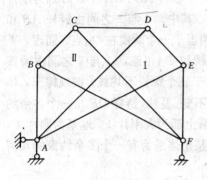

图 2-20

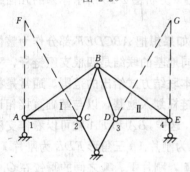

图 2-21

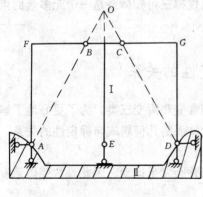

图 2-22

(2)从内部刚片出发进行分析。首先在体系内部选择一个或几个刚片作为基本刚片,再将周围的部件按基本组成方式进行联结,形成一个或几个扩大的基本刚片。最后,将这些扩大的基本刚片与地基联结,从而形成整个体系。

图 2-19 是上述组成方式的例子。左边三个刚片 AC、AF、BF 由三个不共线的铰 A、B、F 相联,组成一个无多余约束的大刚片 Ⅰ;同理,右边三个刚片 CE、DG、EG 组成大刚片 Ⅱ;大刚片 Ⅰ 与 Ⅱ 之间由铰 C 和链杆 FG 相联,组成一个无多余约束的更大刚片;最后,用不共点的三根链杆固定于基础,形成无多余约束的几何不变体系。

以下再举几例,说明几何组成规律的应用。

【例 2-4】 分析图 2-20 所示体系的几何组成。

【解】 三角形 ADE 和 BCF 是两个无多余约束的几何不变体系,可以作为刚片 Ⅰ 和 Ⅱ。Ⅰ 和 Ⅱ 按联合组成方式由不共点三链杆 AB、CD、EF 相连,根据规律二,体系内部无多余约束且几何不变,同理,再与地基用不共点的三根支杆相连,所以,整个体系几何不变,且无多余约束。

【例 2-5】 对图 2-21 所示体系作几何组成分析。

【解】 以三角形 ABC 和 BDE 为大刚片 Ⅰ 和 Ⅱ,链杆 1 与 2 相当于瞬铰 F,3 与 4 相当于瞬铰 G,如果 F、B、G 三铰不共线,则体系为无多余约束的几何不变体系。

【例 2-6】 分析图 2-22 所示体系的几何组成。

【解】 折杆 AFB、CGD 两端均为铰。在几何组成分析的意义上,其作用可用虚线 AB 和 CD 所示的直杆替代。两杆组成瞬铰 O。把 BCE 看作刚片 Ⅰ,地基看作刚片 Ⅱ,则刚片 Ⅰ 和 Ⅱ 之间由汇交于同一点 O 的三根链杆相联,可知刚片 Ⅰ 相对于刚片 Ⅱ 可绕 O 点作瞬时转动,故知该体系为瞬变体系。

【例 2-7】 分析图 2-23 所示体系的几何组成。

【解】 先计算体系的计算自由度 W。结点数 $j=10$,单链杆数 $b=19$。由式(2-3)得

$$W = 2j - b = 1$$

因此该体系为几何可变体系,少一约束。

再考虑另一种判断方法。前面已经指出,在一个体系上依次加上或去掉若干二元体,并不改变该体系的几何组成性质。于是,依次去掉二元体(8,10,9)、(6,9,7)、(6,8,

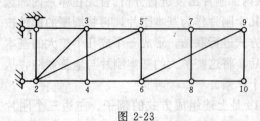

图 2-23

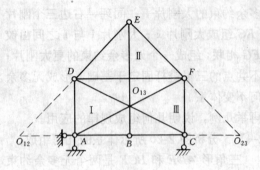

图 2-24

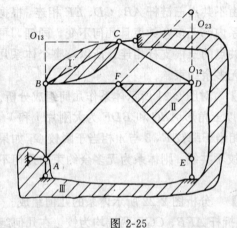

图 2-25

7),可见杆 57 可以发生大的位移,因此该体系是常变体系。

【例 2-8】 分析图 2-24 所示体系的几何组成。

【解】 先计算体系的计算自由度 W。$j=6$,$b=13$,于是,$W=2j-b=-1$,表明体系有一个多余约束。以杆 AD、BE、CF 分别为刚片 Ⅰ、Ⅱ 和 Ⅲ,其中,Ⅰ 与 Ⅱ 之间由链杆 AB 和 DE 连接,相当于一个瞬铰在 O_{12} 点。同理,Ⅱ 与 Ⅲ 之间由瞬铰 O_{23} 相连,Ⅰ 与 Ⅲ 之间由瞬铰 O_{13} 相连。由于三个瞬铰不共线,按规律三,体系上部几何不变。显然,链杆 DF 是一个多余约束。再以体系上部为大刚片 Ⅰ,地基为刚片 Ⅱ,按规律二,整个体系为有一个多余约束的几何不变体系。

【例 2-9】 分析图 2-25 所示体系的几何组成。

【解】 如果想把 $ABCDEF$ 部分作为整体考虑,则它同地基的联结是四根支座链杆,不属于三种基本联结方式给出的范围。通常是将铰支座两根链杆划入地基,以与基础直接相连的铰 A 替代,这样,BA 和 FA 就可以看作支座链杆。以 BC 为刚片 Ⅰ,三角形 FDE 为刚片 Ⅱ,地基为刚片 Ⅲ,刚片 Ⅰ、Ⅲ 之间的瞬铰在 O_{13},刚片 Ⅱ、Ⅲ 之间的瞬铰在 O_{23},刚片 Ⅰ、Ⅱ 之间的瞬铰在 O_{12}(即 D 结点)。由于三铰不在同一直线上,由规律三可知体系是一个无多余约束的几何不变体系。

第五节 几何组成与静定性的关系

通过上面的讨论,我们可以把体系区分为几何不变,常变和瞬变三类。为了更好地了解各类体系的特点,为结构计算做好准备,现在进一步讨论体系的几何组成与静定性的关系。

一、常变体系

常变体系在任意荷载作用下,一般都不能维持平衡并会发生运动。因此,常变体系没有静力学解答。

二、几何不变体系

几何不变体系分有多余约束和无多余约束两类。

对于有多余约束的几何不变体系,静力特性可用图 2-26a 所示的例子加以说明。该体系

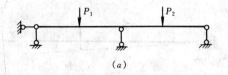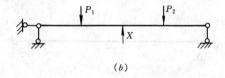

图 2-26

有一个多余约束。在已知荷载作用下，若去掉多余约束以反力 X 代替（图 2-26b），则体系仍然是几何不变的。故不论 X 取何值，体系总能维持平衡。这表明仅仅考虑平衡条件，将无法唯一确定反力与内力的关系。因此，具有多余约束的几何不变体系是超静定结构。

对于无多余约束的几何不变体系，反力与内力的关系可由静力平衡条件唯一确定。我们以图 2-27a 所示的简支梁为例，应用虚位移原理论证如下：

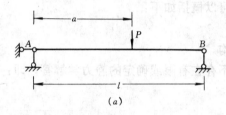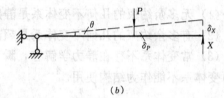

图 2-27

设欲求 B 支座反力 X，解除 B 支座约束并令其发生虚位移 δ_x（图 2-27b），体系的虚功方程

$$X\delta_X - P\delta_P = 0$$

于是有

$$X = \frac{\delta_P}{\delta_X}P \qquad (2\text{-}10)$$

由几何关系

$$\delta_P = a\theta, \quad \delta_X = l\theta$$

代入式（2-10）得

$$X = Pa/l$$

这是一个确定的值，表示反力具有唯一解。同理，任一内力也可用以上方法求出。

不难看出，式（2-10）是否具有唯一解取决于两个因素：一是 $\delta_X \neq 0$，二是比值 δ_P/δ_X 为确定值。对于无多余约束的几何不变体系，这两个条件均可满足。现分叙如下：

（1）如果 $\delta_X = 0$，$\delta_P \neq 0$，表明在约束解除之前，体系就已发生了运动，这与体系几何不变相矛盾，故必有 $\delta_X \neq 0$。

（2）由于体系无多余约束，解除任一个约束都会使体系获得一个自由度而产生运动；同时又只存在一个独立的运动坐标（如 θ），因此，δ_P/δ_X 恒为确定值。

上述分析表明，无多余约束的几何不变体系是静定结构。

三、瞬变体系

瞬变体系的静力特性可以用图 2-28a 所示的体系加以说明。

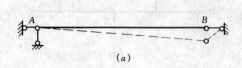

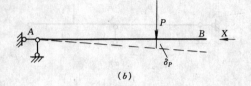

图 2-28

如果去掉 B 支座水平链杆以反力 X 代替（图 2-28b），解答 X 仍为（2-10）式。但因 B 处的虚位移方向与 X 相垂直，故有 $\delta_X=0$。这就是说，在解除约束之前，体系可以发生微小位移。由式（2-10）可知，在一般情况下，X 将成为无穷大。即使在特殊情况下（P 作用在 A 点，$\delta_P=0$），X 也为不定式。所以，瞬变体系在荷载作用下，反力和内力将是无穷大，或是不定式。

综上所述，体系的几何组成与静定性的关系可以概括如下：

（1）无多余约束的几何不变体系是静定结构。

（2）有多余约束的几何不变体系是超静定结构。

（3）常变体系不存在静力学解答，瞬变体系不存在有限或确定的静力学解答，即：几何可变体系不能作为结构使用。

思 考 题

1. 几何组成分析有何目的和意义？

2. 几何不变体系的组成规律中各作了哪些引伸？

3. 体系的计算自由度有何作用，它与体系的实际自由度有何区别与联系？

4. 瞬变体系的多余约束与超静定结构的多余约束有何区别？

习 题

2-1～2-3 计算下列体系的计算自由度 W，并进行几何组成分析。

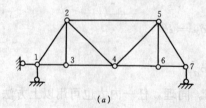

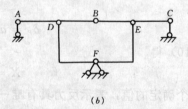

题 2-1 图

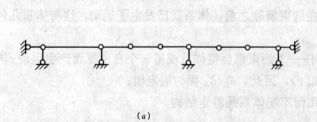

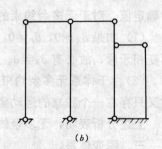

题 2-2 图

24

2-4 计算下列体系的计算自由度，并进行几何组成分析（若为几何不变体系，指出有无多余约束）。

2-5 分析下列体系的几何组成，并指出多余约束。

2-6 分析下列体系的几何组成。

2-7 分析下列体系的几何组成。

2-8 分析下列体系的几何组成。

2-9 分析下列体系的几何组成。

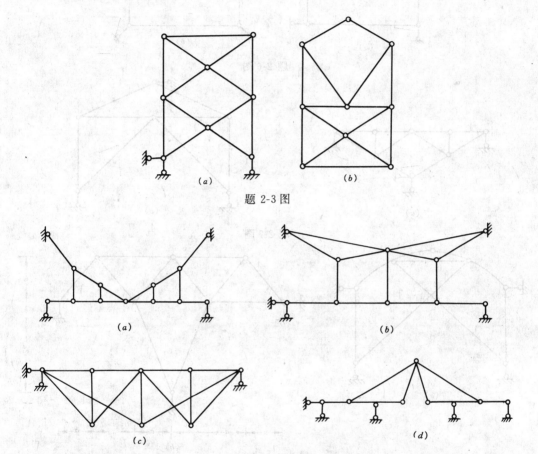

题 2-3 图

题 2-4 图

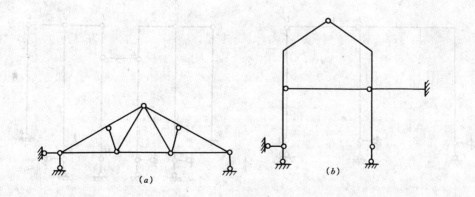

题 2-5 图

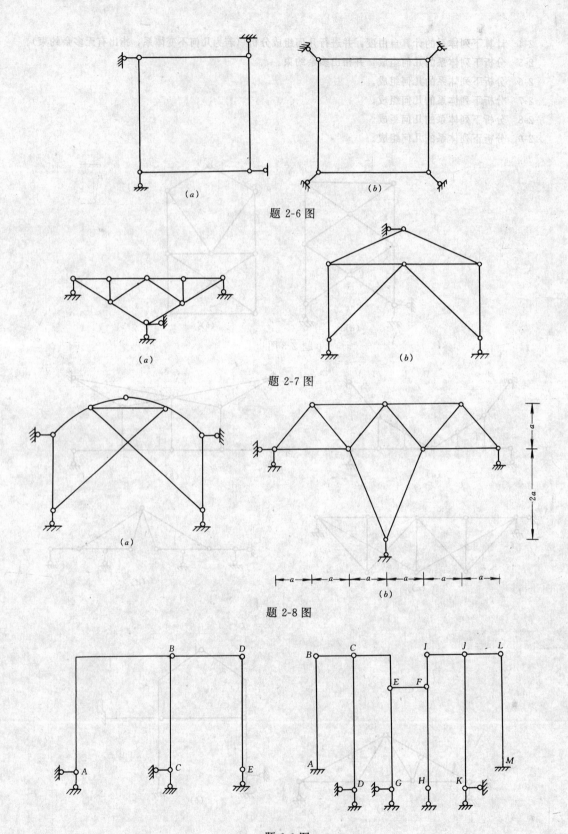

题 2-6 图

题 2-7 图

题 2-8 图

题 2-9 图

第三章 静定梁和静定刚架

梁和刚架是建筑工程中常用的结构形式之一。本章将针对静定梁和静定刚架，分析其受力和传力特点，使读者熟练掌握这类静定结构的计算方法及步骤，为结构力学后继相关内容打下良好的基础。

第一节 静定梁的受力分析

静定梁中最简单的形式有简支梁、悬臂梁及伸臂梁三种形式。其受力特点已在材料力学中进行了充分的讨论。本节分析复杂的静定梁式结构，给出一般的分析方法及计算过程，为静定刚架的计算作准备。

一、求指定截面的内力

求支反力及某一截面内力的一般方法是隔离体法。先用截面法取出要分析的部分，在切口处画出约束反力或内力；然后按平面一般力系建立的平衡方程解出需求的未知力。对梁式构件，内力有弯矩 M、剪力 V 及轴力 N。其正负号的规定仅弯矩与材料力学中的不同，轴力以受拉为正，受压为负，如图 3-1a 所示；

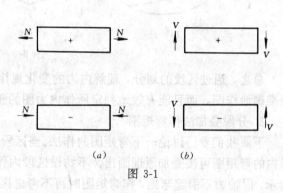

图 3-1

剪力使作用部分有顺时针转动的趋势为正，如图 3-1b 所示。结构力学中除特别说明的地方，一般不对弯矩的正负作规定，随计算者方便而定。但一定要记住，作弯矩图时弯矩纵标画在杆件的受拉侧；而剪力和轴力图中画在杆件的哪一侧视画图方便而定，但必须在图中标明如图 3-1 中所示的正负号。

二、区段作图法

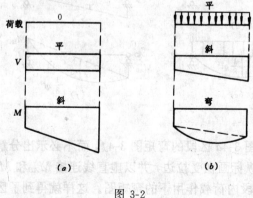

图 3-2

对复杂梁的受力分析，仅计算支反力及指定截面的内力是不够的，了解其全部受力状态的方法是画出对应的内力图。下面介绍作静定梁内力图的区段作图法。

1. 区段及受力特点

作用在梁上的外力主要有集中力、均布力和集中力偶等。由材料力学中所述的内力与荷载的微分关系可知，内力图与外力有图 3-2 所示的关系。可把这些关系概括为四个字：零平斜弯。当杆段内荷载为零时，剪力为平直线，弯矩为斜直线，如图 3-2a 所示。当杆段内荷载为平直线（均布）时，剪力按斜直线变化，弯矩图为抛物线型弯线，如图 3-2b 所示。

根据荷载内力的零平斜弯关系，可将梁分成荷载为零或荷载为常数（均布）的杆段，称为区段。把区段的端截面称为控制截面。控制截面一般可选在支承点，荷载突变点（包括集中力作用点），均布荷载两端点及集中力偶作用点等。

只要求出了控制截面的内力，按零平斜弯就能快速地作出区段内的内力图。因此，熟练求指定截面内力是快速作内力图的基础。对梁式结构内力图中的弯矩图起主要作用，常见荷载作用下的弯矩图的形状如图 3-3 所示。可理解为"弯矩图的弯折方向与外力的指向相同"。利用这一点可准确地判定区段内弯矩图的变化趋势。

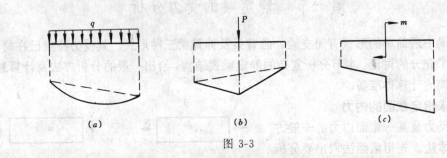

图 3-3

总之，通过区段的划分，理解内力的变化规律，形象地记住图 3-2 和图 3-3，不仅能快速准确地作图，而且能有效地判定所作内力图的正确性。

2. 分段叠加法作弯矩图

下面我们专门讨论一下弯矩图的作法。当区段端截面的弯矩已通过隔离体法求出时，区段内的弯矩图可按叠加原理画出。不妨设区段内作用均布荷载，则区段的受力图如图 3-4a 所示。因轴力不引起弯矩，作弯矩图时可不考虑区段的轴力。于是，就弯矩和剪力而言，图 3-4b 与图 3-4a 的受力等效。将图 3-4b 所示简支梁的受力分解为图 3-4c、d 和 e 的简单受力情况，M_{AB}、M_{BA} 和 q 分别引起的弯矩图也示于图中。将这三个弯矩图按坐标值的大小相加就得图 3-4f 所示的弯矩图。这就是原区段 AB 的弯矩图。

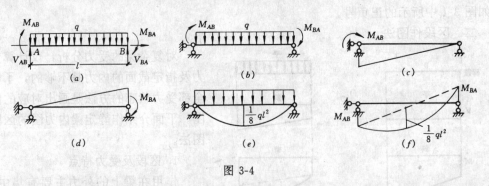

图 3-4

当理解了上述叠加思想以后，可直接作图 3-4a 区段的弯矩图 3-4f，而不必示出分解和叠加过程。具体作法是，把控制截面的弯矩纵标画在受拉边，并以虚直线连接 M_{AB} 和 M_{BA}；然后以该虚线为基线，叠加上简支梁承受区段内荷载作用下的弯矩图。这样就得到了区段的最终弯矩图。值得注意的是，读者应理解图 3-4 中的 f 图是由 c、d 和 e 图按坐标值相加而来，因为在第六章中计算结构位移时，要求把弯矩图分解为简单的图形。另外，当区段内不是均布荷载，但只要知道所作用荷载对应简支梁的弯矩图时，按叠加法可同样作出区段的最终弯矩图。这说明区段的划分具有较大的灵活性。

先求控制截面内力，然后由叠加法作内力图的方法称为分段作图法或区段作图法。由以上分析可知，利用区段作图法作弯矩图特别方便。因此当弯矩图已知时，可由弯矩图求出区段端截面的剪力，按"零平斜弯"关系就能容易地求出梁的剪力图。

【例 3-1】　如图 3-5a 所示简支梁，承受的荷载如图所示。试作内力图。

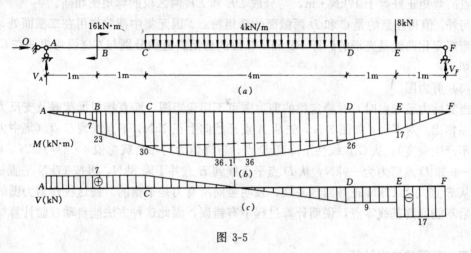

图 3-5

【解】　（1）求支反力

由梁的整体平衡条件可求出支反力。

$\Sigma M_A = 0$，$V_F \times 8 - 16 - 4 \times 4 \times 4 - 8 \times 7 = 0$，$V_F = 17$kN（↑）

$\Sigma Y = 0$，$V_A + V_F - 4 \times 4 - 8 = 0$，$V_A = 7$kN（↑）

（2）求控制截面弯矩并绘弯矩图

选 A、$B_左$、$B_右$、C、D、E 和 F 为控制截面，设弯矩下侧受拉为正。显然 A 和 F 截面弯矩为零。由 EF 段的平衡得

$$M_{EF} = V_F \times 1 = 7\text{kN} \cdot \text{m}$$

取 DF 段为隔离体，由平衡方程 $\Sigma M_D = 0$ 得

$$M_{DE} + 8 \times 1 - V_F \times 2 = 0, M_{DE} = 26\text{kN} \cdot \text{m}$$

取 AB 段平衡，易求出

$$M_{BA} = V_A \times 1 = 7\text{kN} \cdot \text{m}, M_{BC} = M_{BA} + 16 = 23\text{kN} \cdot \text{m}$$

最后由 AC 段平衡得

$$M_{CB} = 2 \times V_A + 16 = 30\text{kN} \cdot \text{m}$$

将计算出的控制截面及支座处的弯矩值按适当比例画在梁的受拉侧（如图 3-5b）。因 AB、BC、DE 和 EF 段荷载为零，所以这些段内弯矩按斜直线变化，只要线性连接控制截面弯矩值就获得这些段的弯矩图。注意 B 点弯矩的突变值正好与作用的集中力偶相等。对作用均布荷载的 CD 段，在图 3-5b 中先用虚直线连接控制截面的弯矩纵标 30kN · m 和

26kN·m，轴线与该虚线构成的梯形的跨中值为（30＋26）／2＝28kN·m，再在该中点加上对应简支梁承受均布力作用下的跨中弯矩$\frac{ql^2}{8}=8$kN·m，故该段中点的最终弯矩为36kN·m，最后用光滑二次曲线连成该段的弯矩图。

注意，区段承受均布荷载时，最大弯矩不一定在区段的中点处。由剪力为零不难求出本例的最大弯矩为36.1kN·m，与区段中点的弯矩相差0.28%。以后作承受均布荷载区段的弯矩图时，不一定要求出最大弯矩，可通过区段中点的弯矩值来作弯矩图。

为说明区段选取的灵活性，也可把 DF 作为一区段。将控制截面 D 的弯矩26kN·m与 F 截面的0弯矩以虚直线连接。以该虚线为基线，叠加上简支梁承受跨中集力的弯矩图，区段中点的弯矩正好等于17kN·m，与分成 DE 和 EF 两区段的弯矩图相同。

另外，值得注意的是 C 和 D 两截面的弯矩特点。因无集中荷载作用在二截面处，这两点的弯矩变化曲线是光滑的。即 BC 和 DE 段的弯矩斜直线分别与 CD 段弯矩图在 C 和 D 点相切。

（3）剪力图

当支反力已求出时，对静定梁的剪力图可不用弯矩图，而直接根据荷载及支反力的升降关系作出。对本例，如图 3-5c，先从 A 点开始向上正7kN，平直线到 C 点（集中力偶对剪力不产生突变）；从 C 点线性下降到 D 点，下降值为均布荷载总值4×4＝16kN，由7－16＝－9知 D 点剪力为－9kN；从 D 点平直线到 E 点并下降8kN，再按17kN 平直线到 F 点。从 F 点向上17kN 正好回到基线，表明竖向所有力是平衡的。按这种作剪力图的方法若最后不能回到基线零点，说明计算过程中有错误，因此这种方法能自动校验计算结果的正确性。

三、斜梁的内力计算

单跨斜梁常在楼梯结构中出现。其内力除弯矩和剪力之外，还有轴向力。斜梁的计算过程可用如下例题来说明。

【例 3-2】 试作图 3-6a 所示梁的内力图。

【解】 （1）求支反力

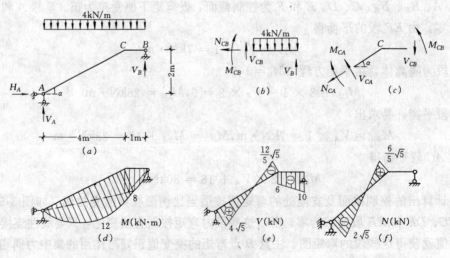

图 3-6

取整体为隔离体易知 $H_A=0$，同时

$$\Sigma M_A=0, \quad V_B\times 5-\frac{1}{2}\times 4\times 5^2=0, \quad V_B=10\text{kN}（\uparrow）$$

$$\Sigma Y=0, \quad V_A+V_B-4\times 5=0, \quad V_A=10\text{kN}（\uparrow）$$

其支反力与相同荷载和跨度的简支梁的支反力相同。

（2）求控制截面内力

因 C 点为转折点，可选 A、B 和 C 三个控制截面。A、B 两点的支反力在第一步中已求出。对 C 截面，先取图 3-6b 所示 CB 段平衡得 $\Sigma X=0$，$N_{CB}=0$

$$\Sigma Y=0, \quad V_B+V_{CB}-4\times 1=0, \quad V_{CB}=-6\text{kN}$$

$$\Sigma M_B=0, \quad M_{CB}+V_{CB}\times 1-\frac{1}{2}\times 4\times 1^2=0, \quad M_{CB}=8\text{kN}\cdot\text{m}$$

取 C 结点为隔离体（图 3-6c），由该点力矩平衡得

$$\Sigma M_C=0, \quad M_{CB}=M_{CA}=8\text{kN}\cdot\text{m}$$

这证明转折点无集中外力偶时，两边弯矩值应相等，且受拉侧也相同。沿 V_{CA} 方向投影平衡

$$V_{CA}-V_{CB}\times\cos\alpha=0, \quad V_{CA}=V_{CB}\cos\alpha=-6\times\frac{2}{\sqrt 5}=-\frac{12}{5}\sqrt 5\text{kN}$$

沿 N_{CA} 方向投影得

$$N_{CA}=-V_{CB}\sin\alpha=-(-6)\times\frac{1}{\sqrt 5}=\frac{6}{5}\sqrt 5\text{kN}$$

对 B 截面，剪力与对应支反力大小相等。对 A 截面容易求出

$$N_{AC}=-V_A\sin\alpha=-10\times\frac{1}{\sqrt 5}=-2\sqrt 5\text{kN}$$

$$V_{AC}=V_A\cos\alpha=\frac{2}{\sqrt 5}\times 10=4\sqrt 5\text{kN}$$

（3）内力图

内力与外力的"零平斜弯"关系同样适用于斜梁。将所有截面的内力竖标画在相应的图上，按零平斜弯及叠加法可作出弯矩图（图 3-6d），剪力图（图 3-6e）和轴力图（图 3-6f）。

由此可见，斜梁与水平梁相比多了轴力图，计算要复杂一些。注意绘内力图时，以斜梁轴线为基线，内力竖标应垂直于杆轴线。

四、多跨静定梁

多跨静定梁常用在预制装配桥梁结构中，如图 3-7a 所示。有时也应用在房屋建筑结构中。在图 3-7a 中，C、D 和 G 点为构件的连接点，通常对混凝土结构是两构件端部伸出钢筋，吊装完毕后焊接，再浇上混凝土。由于这些结点抵抗转动的能力较差，故计算时可简化为光滑铰结点。其计算简图如图 3-7b 所示。

多跨静定梁的受力分析关键在于弄清其几何组成关系。如图 3-7c，ABC 部分是依靠桥墩形成几何不变的外伸梁。$DEFG$ 部分尽管与基础不能构成几何不变的连接，但能独立承受竖向荷载。我们把这种直接与基础组成几何不变的部分，或在竖向荷载作用下能维持平衡的部分称为基本部分。CD 和 GH 部分必须依靠基本部分或基础才能构成几何不变，即这些部分依附于基本部分存在。具有这种性质的部分称为附属部分。把多跨静定梁按几何组

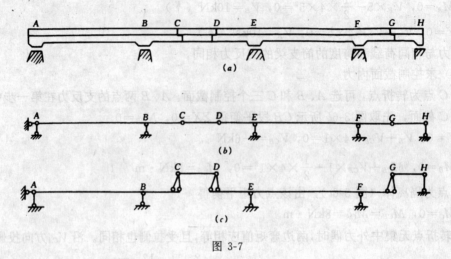

图 3-7

成分为基本和附属部分的图形称为分层图，如图 3-7c 所示。这样，通过分层图就把复杂的多跨静定梁分成简单梁，具有明确的受力和传力途径。

多跨静定梁的组成规律决定了其内力和支反力的分析方法。当附属部分无外荷载作用及其他部分传来作用力时，该部分上既无内力也无支反力，反之一定有内力及支反力。因此，附属部分上的荷载必经基本部分传到基础。另一方面，仅当基本部分作用外荷载时，相应附属部分上的弯矩和剪力必为零。于是基本部分上的荷载不影响附属部分而直接传递到基础。由此可得多跨静定梁的计算方法：先以附属部分为隔离体，求出支反力及控制截面内力；然后取基本部分为隔离体，算出支反力和控制截面内力；最后按"零平斜弯"及叠加法顺序作出各简单梁的弯矩和剪力图。从而获得整体多跨静定梁的内力图。

在结构的构造中，按先基本后附属的连接方式形成复杂的结构体系，除多跨静定梁外还有多跨静定刚架等结构。本节的分析计算方法同样适用于刚架等结构的计算。

【例 3-3】 如图 3-8a 所示两跨静定梁，试作内力图。

【解】 （1）分层求支反力

按几何组成关系画出图 3-8b 所示的分层图。其中 ABCD 为基本部分，DE 为附属部分。附属部分相当于简支梁，显然有

$$V_D = V_E = \frac{1}{2}ql$$

基本部分为外伸梁，由整体平衡，$\Sigma M_C = 0$ 得

$$V_A \times 2l - 2ql \times l + \frac{q}{2}l^2 + \frac{1}{2}ql^2 = 0, V_A = \frac{1}{2}ql(\uparrow)$$

$\Sigma Y = 0$ 得

$$V_A + V_C - 2ql - ql - \frac{1}{2}ql = 0, V_C = 3ql(\uparrow)$$

（2）作内力图

选 A、B、C、D 和 E 控制截面。分段平衡求控制截面内力。

AB 段：$M_B = \frac{1}{2}ql^2$（下侧受拉），$V_{AB} = V_A = \frac{1}{2}ql$

32

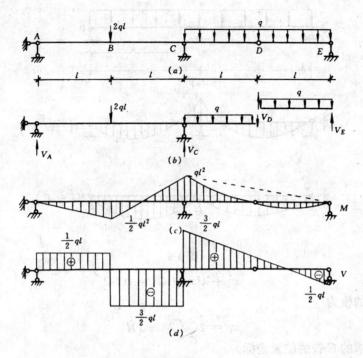

图 3-8

CA 段：$M_C=ql^2$（上侧受拉），$V_{CB}=-\dfrac{3}{2}ql$。

其余各段内力容易由支反力求出。根据"零平斜弯"和叠加法可作出图 3-8c、d 所示剪力图。

对多跨静定梁，当支反力求出以后，还可按反力与荷载的升降关系作出剪力图。读者可检验图 3-8d 中的这种关系。

在多跨静定梁的设计中，基本部分与附属部分之间的连接铰对内力分布有较大影响。因此，如何选择这些铰的位置，使弯矩分布较均匀，达到受力合理节约材料的目的是设计的首要问题。下面用一简单例题来说明。

【例 3-4】　如图 3-9a 所示两跨静定梁，承受均布荷载 q。试确定 C 铰的位置使 B 点的弯矩与附属部分简支梁的跨中弯矩相等。

【解】　（1）设铰结点 C 到 D 支座的距离为 x。在均布荷载作用下，不难证明 AB 和 BD 两跨的弯矩图是对称的。于是按题要求确定 C 铰后，弯矩分布相对较均匀。

（2）弯矩表达式

显然附属部分 CD 段的跨中弯矩为

$$M=\frac{1}{8}qx^2$$

基本部分 B 点处的弯矩可由 BC 段的平衡条件求出

$$M_B=-\frac{1}{2}qx(l-x)-\frac{1}{2}ql(l-x)^2=-\frac{1}{2}ql(l-x)$$

（3）求解 C 点的位置

按问题的要求，令第（2）步中得出的两个弯矩的绝对值相等 $|M_B|=|M|$ 得

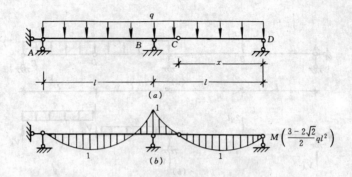

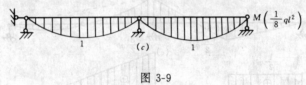

图 3-9

$$x^2 + 4lx - 4l^2 = 0$$

由此解出合理的根为

$$x_C = 2(\sqrt{2} - 1)l$$

这就是符合要求的 C 铰的位置坐标。

（4）结果比较

按第（3）步求出的 x_C，容易求出最大弯矩

$$M_{\max} = \frac{1}{8}qx_C^2 = \frac{3 - 2\sqrt{2}}{2}ql^2$$

整个梁的弯矩分布如图 3-9b 所示。若采用两跨独立的简支梁（图 3-9c），在相同均布荷载作用下的弯矩图示于图 3-9c 中。其最大弯矩为 $ql^2/8$，比本例的最大弯矩大 1.45 倍。即经优选 C 铰的位置后，最大弯矩减小 45%。

第二节 静定平面刚架的计算

平面刚架由梁和柱组成，具有刚结点是其特点。如图 3-10a 是某仓库的剖面图，混凝土梁柱构件通过刚结点联结，计算简图为图 3-10b。在建筑工程中，常用刚架形成供人们使用的大空间，因此在工业与民用建筑中刚架是应用广泛的结构形式之一。本节仅讨论静定刚架的分析计算问题。

一、刚架的特点

1. 结点与几何形式

刚架中构件的联结可用刚结点和铰结点，其中能传递力矩的刚结点是必不

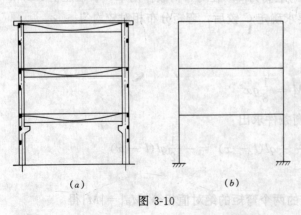

图 3-10

34

可少的。按几何组成规律，静定刚架可分为图 3-11 所示的几种情况。图 3-11a 为简支刚架，图 3-11b 为悬臂刚架，c 和 d 图分别为三铰刚架和组合刚架。更复杂的刚架是多跨多层刚架。

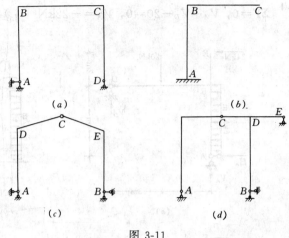

图 3-11

2. 变形与受力特点

在刚架中，刚结点仅发生刚性位移而不发生变形。因此刚结点联结的所有杆件受力前后的杆端转角相等。由于刚结点联结的杆件之间不能发生相对转动，因此刚结点能传递弯矩，使刚架的构件产生弯矩、剪力和轴力，由此引起弯曲、剪切和轴向变形。计算结果表明，刚架中的弯矩在内力中起主要作用，求刚架的弯矩分布规律是刚架分析中的主要任务之一。

二、静定刚架的受力分析

静定刚架与静定梁的受力类似，但刚架内力中一般还存在轴力。按静定梁的分析方法，可直接把刚架的计算步骤归纳如下。

1. 求支反力

对于较复杂的刚架，如三铰刚架及组合刚架等，一般先要利用整体或局部平衡条件求出支反力。对悬臂刚架，不一定先求支反力。是否先求支反力，视具体问题而定。

2. 求控制截面的内力

对静定刚架，控制截面一般选在支承点、外力突变点和杆件的汇交点等。控制截面把原刚架离散成受力简单的直线区段。通过灵活运用隔离体法，可逐一求出控制截面的内力值。

3. 作内力图

按区段作图法，先用"零平斜弯"及叠加法作出弯矩图。作剪力及轴力图可分为两条途径，一是通过计算控制截面内力作出；另一条是由弯矩图作剪力图，由剪力图作轴力图。采用第一条途径时，各控制截面的剪力和轴力应容易算出或在作弯矩图时已求出。当刚架构造较复杂，计算控制截面的剪力和轴力较难时，可采用第二条途径。

4. 校核

计算结果的正确性可用以下方法来检验。先由"零平斜弯，弯矩的弯折与外力指向相同"从整体上判定内力的变化是否与外力一致。然后截取结点或结构的一部分，利用平衡条件来检验计算值的正误。注意校核不等于重做，所以校核时只抽有代表性的部分作检验。

【例 3-5】 试分析图 3-12a 示刚架，作内力图。

【解】 （1）计算支反力

取图 3-12a 刚架的整体平衡得

$\Sigma X = 0$，$24 + 6 \times 4 + H_A = 0$，$H_A = -48kN$ （←）

$\Sigma M_A = 0$，$V_D \times 6 - 20 \times 3 - 24 \times 6 - \frac{1}{2} \times 6 \times 4^2 = 0$，$V_D = 42kN$ （↑）

$$\Sigma Y = 0, \quad V_A + V_D - 20 = 0, \quad V_A = -22\text{kN} \ (\downarrow)$$

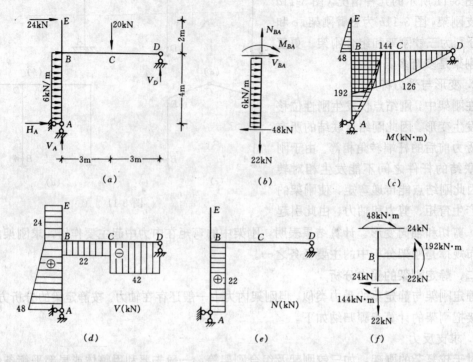

图 3-12

（2）作弯矩图

A、D 和 E 截面弯矩为零，B 和 C 点对应控制截面的弯矩可通过逐段取隔离体由平衡方程求出。

BA 段（如图 3-12b）：$M_{BA} = 48 \times 4 - \dfrac{1}{2} \times 6 \times 4^2 = 144\text{kN} \cdot \text{m}$ 右侧受拉。类似地

BE 段：$M_{BE} = 24 \times 2 = 48\text{kN} \cdot \text{m}$（左侧受拉）

CD 段：$M_{CD} = 42 \times 3 = 126\text{kN} \cdot \text{m}$（下侧受拉）

BD 段：$M_{BD} = 42 \times 6 - 20 \times 3 = 192\text{kN} \cdot \text{m}$（下侧受拉）

将以上控制截面的弯矩值画在受拉侧，并由"零平斜弯"及叠加法作出图 3-12c 所示弯矩图。

（3）作剪力图

类似于控制截面弯矩的计算，控制截面剪力值可逐段计算。

AB 段：$V_{AB} = -H_A = 48\text{kN}$，$V_{BA} = -H_A - 6 \times 4 = 24\text{kN}$

BD 段：$V_{DC} = -V_D = -42\text{kN}$，$V_{BC} = 20 - V_D = -22\text{kN}$

BE 段：$V_{BE} = 24\text{kN}$

由此可画出图 3-12d 所示剪力图。

（4）作轴力图

由于沿轴向无分布荷载，所以各杆段轴力为常数，取各段平衡即可求出轴力。

BE 段：$N_{BE} = 0$

BD 段：$N_{BD} = 0$

AB 段：$N_{AB} = -V_A = 22\text{kN}$

据此可作出图 3-12e 示轴力图。

（5）校核

由于作图时已利用了"零平斜弯"，因此仅需检验任取结构一部分平衡条件是否满足。作图过程中已利用了杆段的平衡条件，故抽结点 B（图 3-12f）作检验。

$$\Sigma X = 24 - 24 = 0，\Sigma Y = 22 - 22 = 0$$

$$\Sigma M_B = 48 - 192 + 144 = 0$$

由此可判定所作内力图是正确的。

【例 3-6】 作图 3-13a 所示刚架的内力图。

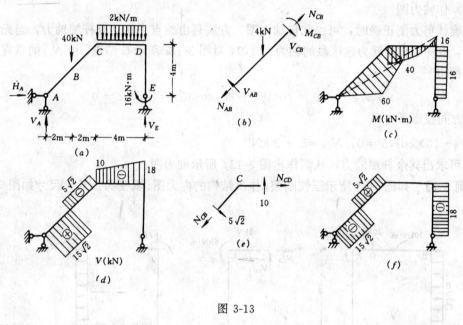

图 3-13

【解】 （1）求支反力

由整体平衡条件得

$$\Sigma M_A = 0，V_E \times 8 - 16 - 2 \times 4 \times 6 - 40 \times 2 = 0，V_E = 18kN（↑）$$

$$\Sigma Y = 0，V_A + V_E - 40 - 8 = 0，V_A = 30kN（↑）$$

$$\Sigma X = 0，H_A = 0$$

（2）作弯矩图

取 A、B、C、D 和 E 点对应的控制截面，逐段（点）平衡可求出控制截面上的弯矩。

DE 段：$M_{DE} = M_{ED} = 16kN \cdot m$（右侧受拉）

AB 段：$M_{BA} = V_A \times 2 = 60kN \cdot m$（内侧受拉）

AC 段（图 3-13b）：$\Sigma M_C = 0$ 得

$$M_{CB} = V_A \times 4 - 40 \times 2 = 40kN \cdot m（内侧受拉）$$

C 点：$M_{CD} = M_{CB} = 40kN \cdot m$（内侧受拉）

D 点：$M_{DC} = M_{DE} = 16kN \cdot m$（外侧受拉）

在图 3-13c 中，先把控制截面弯矩画在受拉侧，然后由"零平斜弯"作出 DE 和 AC 段的弯矩图，按叠加法作出 CD 段的弯矩图。

37

（3）作剪力图

由于剪力较难求出，利用弯矩图来作剪力图。对图 3-13b 所示 AB 段隔离体，杆端弯矩由弯矩图确定。由 $\Sigma M_C=0$ 得

$$V_{AB}\times 4\sqrt{2}-40\times 2-40=0, \quad V_{AB}=15\sqrt{2}\,\text{kN}$$

$\Sigma M_A=0$ 得

$$V_{CB}\times 4\sqrt{2}+40\times 2-40=0, \quad V_{CB}=-5\sqrt{2}\,\text{kN}$$

再由 AB、BC 段剪力为平直线变化即作出剪力图。类似地可求出 CD 和 DE 段的杆端剪力，最后作出图 3-13d 示剪力图。

（4）作轴力图

当确认剪力图正确时，可由此作轴力图。方法是由结点平衡计算杆端轴力，当无轴向荷载时，该杆端轴力就为该区段的轴力。比如，对图 3-13e 所示 C 结点，由 N_{CB} 的垂直方向投影平衡得

$$5\sqrt{2}-10\times\cos 45°+N_{CD}\cos 45°=0, \quad N_{CD}=0$$

在 N_{CB} 方向投影平衡得

$$N_{CB}-10\times\cos 45°=0, \quad N_{CB}=5\sqrt{2}\,\text{kN}$$

类似地可求出其余杆端轴力，从而作出图 3-13f 所示轴力图。

【例 3-7】 如图 3-14 所示三铰刚架，作出结构的内力图。其受力及几何尺寸如图 3-14a 所示。

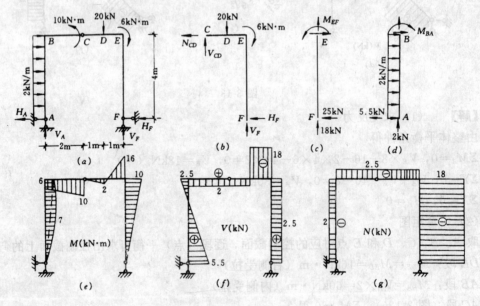

图 3-14

【解】 （1）求支反力

取结构整体平衡，由 $\Sigma M_A=0$

$$V_F\times 4-6-20\times 3+10-\frac{1}{2}\times 2\times 4^2=0, \quad 得\ V_F=18\text{kN}（\uparrow）$$

$$\Sigma Y=0, \quad V_A+V_F-20=0, \quad V_A=2\text{kN}（\uparrow）$$

$\Sigma X = 0$，$H_A + H_F - 2 \times 4 = 0$，$H_A + H_F = 8$

取局部 CEF 为隔离体（图 3-12b），由 $\Sigma M_C = 0$ 得

$V_F \times 2 - H_F \times 4 - 20 \times 1 - 6 = 0$，$H_F = 2.5\mathrm{kN}$（←）

代 H_F 到整体水平平衡方程求得 $H_A = 5.5\mathrm{kN}$（←）。

（2）弯矩图

取图 3-14a 中 A、B、C、D、E 和 F 点对应的控制截面，把结构分成 AB、BC、CD、DE 和 EF 区段。控制截面弯矩值计算如下。

EF 段（图 3-14c）：由 $\Sigma M_E = 0$ 得

$M_{EF} - 2.5 \times 4 = 0$，$M_{EF} = 10\mathrm{kN \cdot m}$（右侧受拉）

E 点：$M_{ED} - 2.5 \times 4 - 6 = 0$，$M_{ED} = 16\mathrm{kN \cdot m}$（上侧受拉）$C$ 为铰结点，右端弯矩为零，左端等于作用的集中力偶。

AB 段（图 3-14d）：由 $\Sigma M_B = 0$ 得

$M_{BA} - \frac{1}{2} \times 2 \times 4^2 + 5.5 \times 4 = 0$，$M_{BA} = -6\mathrm{kN \cdot m} = M_{BC}$

式中负号表示柱和梁内侧受拉。在图 3-14e 中画出控制截面的弯矩。BC、CD 和 EF 区段内作用外力为零，弯矩为斜直线，即将控制截面弯矩用直线段相联。对 AB 段，先按虚线连接控制截面弯矩，跨中值为 $6/2 = 3\mathrm{kN \cdot m}$；然后以此为基线，中点加上 $\frac{1}{8} \times 2 \times 4^2 = 4\mathrm{kN \cdot m}$，得柱 AB 中点弯矩值 $7\mathrm{kN \cdot m}$。对 CE 段，中点 D 承受集中力，类似地可用虚线连接 C 和 E 截面的弯矩，再叠加上简支梁承受跨中集中力 $20\mathrm{kN}$ 作用下的弯矩图。这就作出了整个刚架的弯矩图（图 3-14e）。

（3）剪力图

由结构一部分的平衡，可求出控制截面的剪力。

EF 段：$V_{EF} = V_{FE} = H_F = 2.5\mathrm{kN}$

DE 段：$V_{DE} = V_{ED} = -18\mathrm{kN}$

BD 段：$V_{BD} = V_{DB} = 2\mathrm{kN}$

BA 段：$V_{BA} = -H_F = -2.5\mathrm{kN}$，$V_{AB} = H_A = 5.5\mathrm{kN}$

由这些值及"零平斜弯"就可作出图 3-14f 所示剪力图。

（4）轴力图

由支反力易知，$N_{AB} = -V_A = -2\mathrm{kN}$，$N_{EF} = -V_F = -18\mathrm{kN}$，$N_{BE} = -H_F = -2.5\mathrm{kN}$。按这些段轴力为常数就可作出轴力图（图 3-14$g$）。

读者可自行检验以上所作内力图的正确性。

由例 3-6 可见，剪力图和轴力图可以由弯矩图作出，并且考虑到弯矩是受弯构件的控制性内力。所以，作弯矩图比作剪力和轴力图更重要。在多数情况下，仅要求作出弯矩图即可。区段作图法作弯矩图很方便，读者应通过多练习，熟练地掌握这种方法。

【例 3-8】 试作图 3-15a 所示刚架的弯矩图。

【解】（1）求支反力

就图 3-15a 示受力及支承情况，把折杆 EGB 和 FHB 分别与 EB 和 FB 链杆的受力等效。于是可取图 3-15b 所示受力图。用 I 点的 H_I 和 V_I 等效替换 V_A 和 R_E 的作用，用 J 点的 V_J 和 H_J 替换 R_F 和 V_C，这就把原问题转化为三铰刚架的计算问题了。由整体平衡条件得

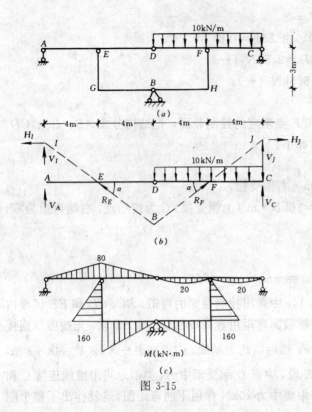

$$\Sigma M_J = 0, \quad V_I \times 16 - \frac{1}{2} \times 10 \times 8^2 = 0, \quad V_I = 20 \text{kN} \ (\uparrow)$$

$$\Sigma Y = 0, \quad V_I + V_J - 80 = 0, \quad V_J = 60 \text{kN} \ (\uparrow)$$

$$\Sigma X = 0, \quad H_I - H_J = 0, \quad H_I = H_J$$

再取局部 $IAED$ 为隔离体，$\Sigma M_D = 0$ 得

$$V_I \times 8 - H_I \times 3 = 0, \quad H_I = \frac{160}{3} \text{kN} = H_J$$

由 I 点的投影关系得

$$R_E \cos\alpha = H_I, \quad R_E = \frac{200}{3} \text{kN}$$

$$V_I = V_A + R_E \sin\alpha, \quad V_A = 20 - \frac{200}{3} \times \frac{3}{5} = -20 \text{kN} \ (\downarrow)$$

由 J 点的投影关系得

$$R_F \cos\alpha = H_J, \quad R_F = \frac{200}{3} \text{kN}$$

$$V_J = V_C + R_F \sin\alpha, \quad V_C = 60 - \frac{200}{3}$$

$$\times \frac{3}{5} = 20 \text{kN} \ (\uparrow)$$

（2）作弯矩图

由于 $R_E = R_F$，控制截面 G 和 H 的弯矩为

$$M_G = M_H = R_H \cos\alpha \times 3 = \frac{200}{3} \times \frac{4}{5} \times 3 = 160 \text{kN} \cdot \text{m} \quad （外侧受拉）$$

由 AE 段平衡可求出控制截面 E 的弯矩值

$$M_E = V_A \times 4 = -20 \times 4 = -80 \text{kN} \cdot \text{m} \quad （上侧受拉）$$

控制截面 F 的弯矩可由 FC 段的平衡求得

$$M_F = V_C \times 4 - \frac{1}{2} \times 10 \times 4^2 = 20 \times 4 - 80 = 0$$

将以上控制截面弯矩值及 A、B 和 C 点弯矩为零画在图 3-15c 上，用"零平斜弯"即可作出弯矩图。

【例 3-9】 试作图 3-16a 所示刚架的弯矩图。

【解】 （1）求支反力

本题为两跨静定刚架，按多跨静定梁的分析方法可分为图 3-16b 示附属部分和图 3-16c 示基本部分。先计算附属部分，由 $\Sigma X = 0$ 得 $H_G = 40 \text{kN}$，$\Sigma M_G = 0$，求得 $V_E = 20 \text{kN}$；由 $\Sigma Y = 0$，求得 $V_G = -20 \text{kN}$。由基本部分平衡 $\Sigma X = 0$ 得 $H_B = H_G = 40 \text{kN}$；由 $\Sigma M_B = 0$，求得 $V_A = 20 \text{kN}$；由 $\Sigma Y = 0$，求得 $V_B = 180 \text{kN}$。

（2）作弯矩图

控制截面弯矩可由分段平衡求出。

40

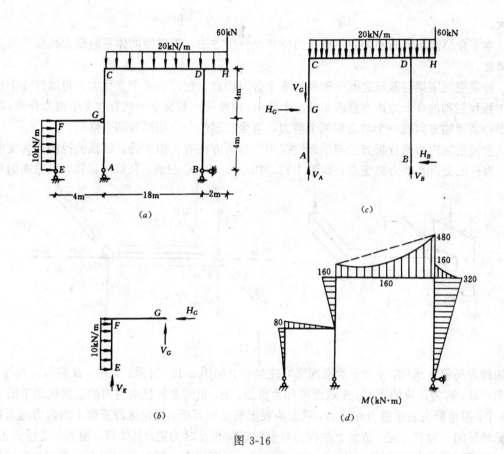

图 3-16

FE 段：$M_{FE} = \dfrac{1}{2} \times 10 \times 4^2 = 80\text{kN} \cdot \text{m}$（外侧受拉）

GC 段：$M_{CG} = H_G \times 4 = 160\text{kN} \cdot \text{m}$（外侧受拉）

DH 段：$M_{DH} = 60 \times 2 + \dfrac{1}{2} \times 20 \times 2^2 = 160\text{kN} \cdot \text{m}$（上侧受拉）

DB 段：$M_{DB} = H_B \times 8 = 320\text{kN} \cdot \text{m}$（外侧受拉）

然后由结点平衡得

$M_{CD} = 160\text{kN} \cdot \text{m}, \quad M_{DC} = 480\text{kN} \cdot \text{m}$

在图 3-16d 中先画出上述控制截面弯矩，然后由"零平斜弯"就可作出弯矩图。

以上几个例题说明了刚架内力图的绘制方法。读者应熟练地应用隔离体法求支反力及控制截面的内力，领会"零平斜弯"的意义，掌握叠加法作弯矩图的方法。

*第三节　静定空间刚架的计算

在实际工程中，建筑结构在构造上是三维的，其骨架结构为空间受力状态。在计算机技术引入土木工程以前，按三维空间结构进行受力分析几乎是不可能的。于是，为简化计算，把空间刚架分解成平面刚架，产生以平面计算为基础的空间协同工作分析方法。随着结构空间体型的复杂化，用平面抗力体系代替空间刚架所计算结果的误差越来越大。即使对多层空间刚架，因略去了扭转效应及整体工作性能，按平面问题计算所得结果的误差也较大。

本节介绍静定空间刚架的主要受力特点及分析方法，以对空间体系的受力性质有初步的概念。

静定空间刚架与基础之间一般要有 6 个必要约束，相应有 6 个支反力。可通过 3 个投影方程和绕轴的 3 个力矩方程求出这 6 个反力。构件任一截面上一般存在 6 个内力分量，即沿形心坐标轴方向的一个轴力和两个剪力，绕坐标轴的一个扭矩和两个弯矩。

空间刚架内力的分析方法与平面刚架中的分析方法有类似之处。区段的控制点为支承点、构件汇交点及外力突变点，如图 3-17a 中的 A、B、C 三点。任取一区段，以截面的形

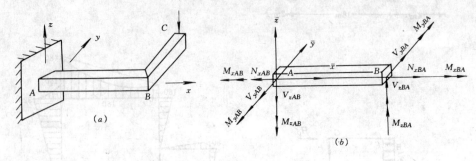

图 3-17

心轴线为局部 $\bar{x}$ 坐标，$\bar{y}$ 和 $\bar{z}$ 为截面形心主坐标，如图 3-17b 所示。其中，B 截面法线与 $\bar{x}$ 方向一致，称为区段的正面，A 截面则称为负面。正、负面上的杆端内力的正向也示于图 3-17b 中，用单箭头表示轴力和剪力，双箭头表示扭矩和弯矩。规定区段正面上的内力与局部坐标轴正向一致者为正，负面上的内力与坐标正向相反时为正。具体说，轴力以受拉为正，轴力图可随便画在杆的哪一侧，标明正负就行；扭矩按右手螺旋法则规定，指向与截面外法向一致时为正，在图上标明正负，画在哪一侧无关紧要；弯矩按截面两形心主轴，画在纤维受拉侧，不标正负；剪力图画在正面上剪力所指的一侧，不标正负。对矩形空间刚架，各杆轴线与整体坐标轴一致，可假设局部坐标与整体坐标的方向相同。

在分析中，为表达简单，仍以杆件的形心轴代替杆件。对图 3-17a，设定整体坐标 xyz，先取 BC 段为隔离体（图 3-18a），建立的平衡方程

$\Sigma X=0$，$V_{xBC}=0$；$\Sigma Y=0$，$N_{yBC}=0$

$\Sigma Z=0$，$P+V_{zBC}=0$；$V_{zBC}=-P$

$\Sigma M_{By}=0$，$M_{yBC}=0$；$\Sigma M_{Bz}=0$，$M_{zBC}=0$

$\Sigma M_{Bx}=0$，$M_{xBC}+Pl_2=0$；$M_{xBC}=-Pl_2$（上侧受拉）

其中应用了三个投影方程，截面上剪力和轴力的表达方式是，第一个下标字母表示坐标轴及正向，后两字的表示区段端点编号。比如 V_{xBC} 表示 BC 区段 B 端沿 x 方向的剪力。对给定区段 BC 的力矩平衡，$\Sigma M_{By}=0$ 表示过 B 点平行于 y 轴的轴线的力矩代数和为零。杆端力矩的表达如 M_{xBC} 表示 BC 段 B 端绕平行于 x 轴的力矩（扭矩或弯矩）。

同理，由结点 B（图 3-18b）的六个平衡方程可求出

$V_{zBA}=-P$，$M_{xBA}=-Pl_2$，$N_{xBA}=V_{yBA}=0$

$M_{yBA}=M_{zBA}=0$

再取 ABC 段（图 3-18c），由平衡方程解出

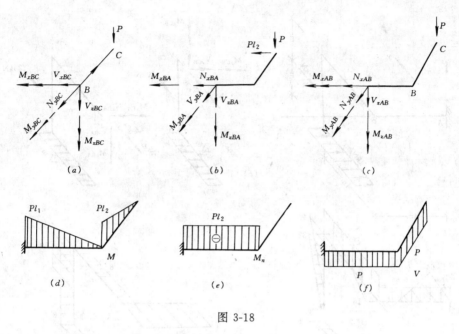

图 3-18

$M_{xBA} = -Pl_2$，$V_{zBA} = -P$，$M_{yBA} = Pl_1$

$M_{zBA} = 0$，$N_{xBA} = V_{yBA} = 0$

由以上所计算的控制截面内力及"零平斜弯"即可作出弯矩图（图 3-18d），扭矩图（图 3-18e）和剪力图（图 3-18f）。因轴力为零，未画出轴力图。

【例 3-10】 对图 3-19a 所示空间刚架，各段长度均为 4m，AB 杆垂直于 $BCDE$ 平面，各杆垂直连接。DE 杆承受沿 x 相反方向的均布力 $q = 2$kN/m，CD 杆的中点 F 承受沿 y 反向的集中力 20kN。试作内力图。

【解】 （1）求控制截面内力

对图 3-19a，控制截面选在 A、B、C、F、D 和 E。区段 DE 相当于平行 xAy 面的悬臂梁，容易看出

$M_{zDE} = \frac{1}{2}ql^2 = 16$kN·m，$V_{xDE} = ql = 8$kN

$M_{xDE} = M_{yDE} = 0$，$V_{zDE} = N_{yDE} = 0$

对 DC 段

$V_{xDC} = 8$kN，$M_{zDC} = 16$kN·m

其余内力为零。F 点集中力仅对 CF 段平行于 BCD 平面内产生弯矩和剪力，于是有

$V_{yCF} = 20$kN，$N_{xCF} = 0$，$V_{xCF} = 8$kN

$M_{zCD} = 16$kN·m，$M_{yCD} = -32$kN·m，$M_{xCD} = 40$kN·m

对 CB 段，受力比较复杂，取图 3-19b 所示隔离体，

$\Sigma X = 0$，$V_{xCB} = -8$kN；$\Sigma Y = 0$，$N_{yCB} = -20$kN

$\Sigma Z = 0$，$V_{zCB} = 0$；$\Sigma M_{Cx} = 0$，$M_{xCB} = -40$kN·m

$\Sigma M_{Cy} = 0$，$M_{yCB} = 32$kN·m；$\Sigma M_{Cz} = 0$，$M_{zCB} = -16$kN·m

类似图 3-19b，不难求出 BC 区段 B 端的杆端力

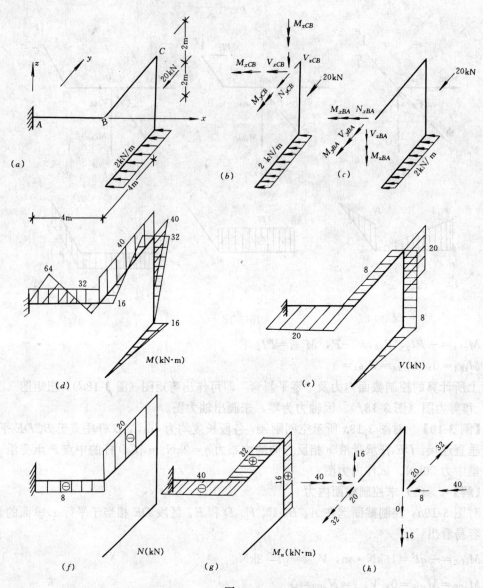

图 3-19

$V_{xBC} = -8\text{kN}, \ N_{yBC} = -20\text{kN}, \ V_{zBC} = 0$

$M_{xBC} = -40\text{kN} \cdot \text{m}, \ M_{yBC} = 32\text{kN} \cdot \text{m}, \ M_{zBC} = 16\text{kN} \cdot \text{m}$

对 BA 区段，取图 3-19c 所示隔离体

$\Sigma X = 0, \ N_{xBA} = -8\text{kN}, \ \Sigma Y = 0, \ V_{yBA} = -20\text{kN}$

$\Sigma Z = 0, \ V_{zBA} = 0; \ \Sigma M_{Bx} = 0, \ M_{xBA} = -40\text{kN} \cdot \text{m}$

$\Sigma M_{By} = 0, \ M_{yBA} = 32\text{kN} \cdot \text{m}; \ \Sigma M_{Bz} = 0, \ M_{zBA} = 16\text{kN} \cdot \text{m}$

同时还可求出

$N_{xAB} = -8\text{kN}, \ V_{yAB} = -20\text{kN}, \ V_{zAB} = 0$

$M_{xAB} = -40\text{kN} \cdot \text{m}, \ M_{yAB} = 32\text{kN} \cdot \text{m}, \ M_{zAB} = -64\text{kN} \cdot \text{m}$

44

（2）作内力图

由以上内力值及"零平斜弯"可作出弯矩图 3-19d，扭矩图 3-19g，剪力图 3-19e 和轴力图 3-19f。

（3）校核

以上内力图是根据区段平衡计算控制截面内力，因此可取典型的结点 C（图 3-19h）作校核，显然 6 个平衡方程是满足的。

思 考 题

1. 静定结构的几何组成与受力有何特征？

2. 计算静定结构支反力和任一截面内力的主要方法是什么？

3. 在通常荷载作用下静定梁与刚架上的外力与剪力及弯矩的关系可归结为哪四个字？具体含意如何？

4. 如何直观判定弯矩图的凹凸形状？

5. 区段作图法包含哪几个步骤？能否直接由杆件上的荷载及已作出的弯矩图作剪力图？

6. 多跨静定梁的几何组成有何特点，计算顺序如何？

7. 基本部分上无外荷载则附属部分上一定无内力，或者附属部分上无外荷载则基本部分上无内力。这两个结论对不对？

8. 空间刚架能否分解成平面刚架计算？内力有何差别？

习 题

3-1 快速作图示简单梁的弯矩图。

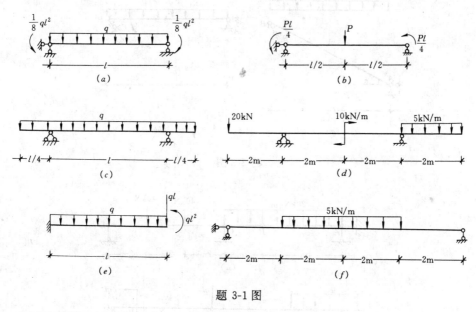

题 3-1 图

3-2 试作图示梁的内力图。

3-3 试分析 β 变化时（$\beta \neq 0, \pi$），内力有何变化规律。

3-4 试作图示多跨静定梁的内力图。

3-5 试确定图示中跨梁上二铰的位置，使 CD 跨中弯矩与 B 支座处弯矩的绝对值相等。

3-6 快速作图示刚架的弯矩图。

3-7 作图示刚架的内力图。

3-8 作图示结构的弯矩图。

3-9 试检查图示梁上荷载与内力图之间关系是否正确，并把不正确的地方改正。

3-10 试判别图示刚架弯矩图的正误，并修改错误的地方。

3-11 作图示空间刚架的内力图。

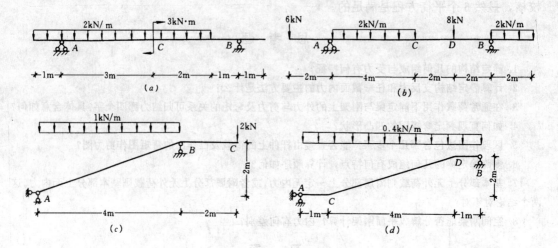

题 3-2 图

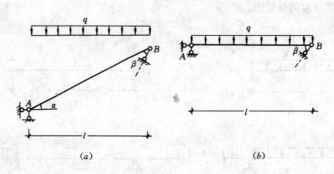

题 3-3 图

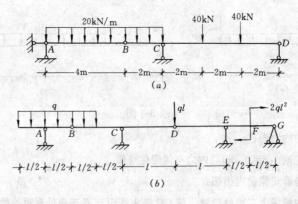

题 3-4 图

46

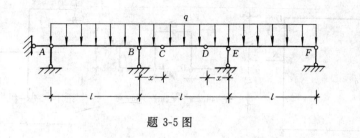

题 3-5 图

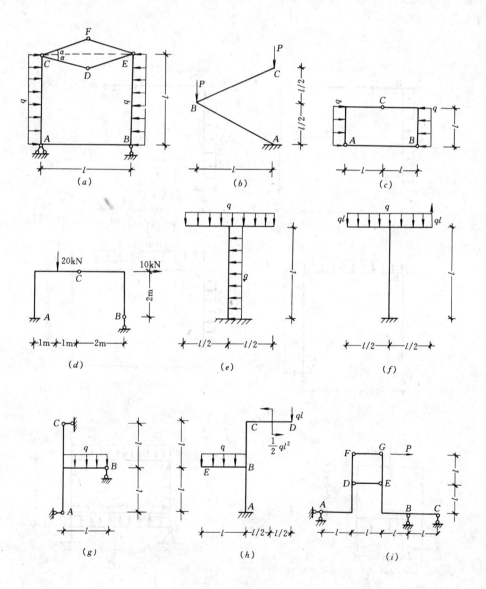

题 3-6 图 (一)

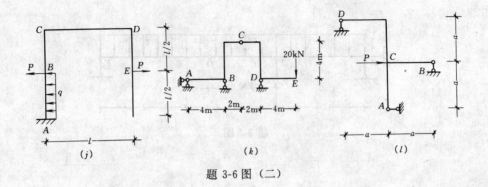

题 3-6 图（二）

题 3-7 图（一）

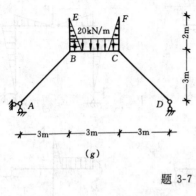

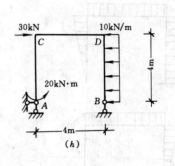

(g)   (h)

题 3-7 图（二）

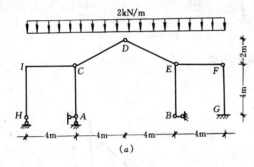

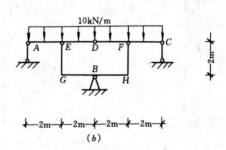

(a)   (b)

题 3-8 图

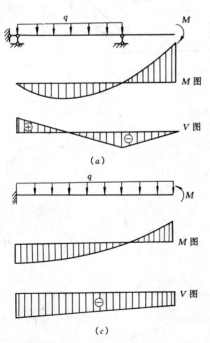

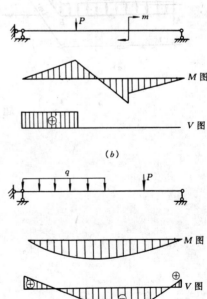

(a)   (b)

(c)   (d)

题 3-9 图

49

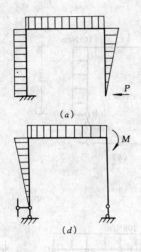

(a)

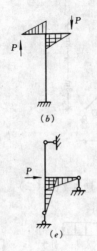

(b)

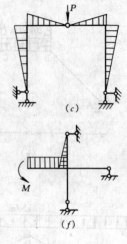

(c)

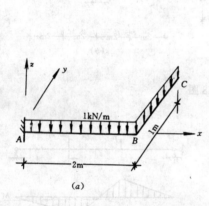

题 3-10 图

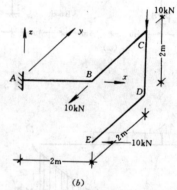

(a)

(b)

题 3-11 图

第四章 三铰拱与悬索结构

第一节 概 述

拱式结构是工程中应用较广泛的结构型式之一，我国远在古代就在桥梁和房屋建筑中采用了拱式结构。例如公元600～605年建成的河北赵州桥以37.02m的跨度保持了近十个世纪的世界纪录。在近代土木工程中，拱是桥梁、隧道及屋盖中的重要结构型式。图4-1为

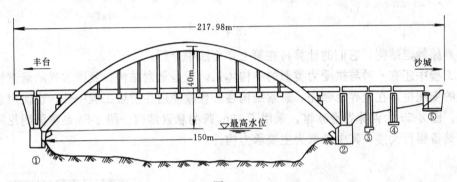

图 4-1

1972年投入使用的永定河七号铁路桥，这是我国最大跨度（150m）的钢筋混凝土拱桥。类似于这种结构设计思想，在英国伦敦利物浦大街火车站处建成了跨越78m宽铁道站台的BEH办公大楼（1994），如图4-2所示。

下面以图4-3说明拱的特点，设其中三种情况的荷载及跨度均相同。当图4-3a中的梁轴线变为图4-3b示曲线时，称为曲梁，它与简支梁的弯矩相同，但剪力和轴力有变化。在竖向荷载作用下，曲梁将在支座B处产生水平位移。若用支杆约束该位移变为图4-3c的情况，这种在竖向荷载作用下产生水平推力的曲杆结构就称为拱。与曲梁相比，拱内弯矩和剪力较小，主要承受轴向压力。

图4-4a是工程中常用的三铰拱，A和B支座为拱趾，C为拱顶，l为跨度，f为拱高或矢高。矢跨比f/l是拱设计中的重要参数，其值一般在$1 \sim \frac{1}{10}$范围内。拱的水平推力要求有坚固的基础。在基础水平抗力较差或在屋盖结构中，常设拉杆形成图4-4b示的带拉杆的三铰拱，以抵抗水平推力。三铰拱是静定的，它是本章介绍的对象。图4-3c所示二铰拱以及当拱趾变为固定端时的无铰

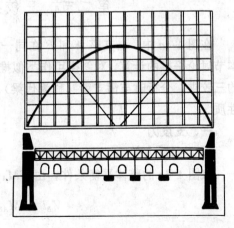

图 4-2

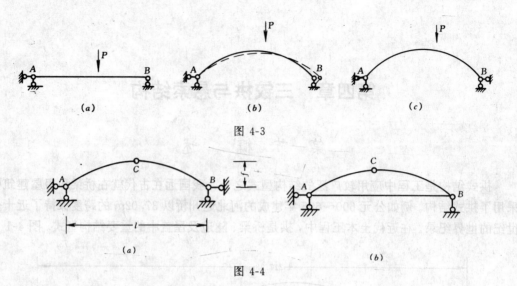

图 4-3

图 4-4

拱，均是超静定结构，它们的计算将在第七章力法中介绍。

在工程中还有一种与拱受力类似的结构体系，就是悬索结构。我国古代的悬索桥，如都江堰的安澜桥，在世界上领先。悬索结构在近代除使用在桥梁工程中外，也使用在房屋结构中。图 4-5a 为吉林省滑冰馆，采用了 59m 跨的悬索结构。图 4-5b 是美国明尼阿波利斯联邦储备银行大楼，其中悬索为主要承力构件。

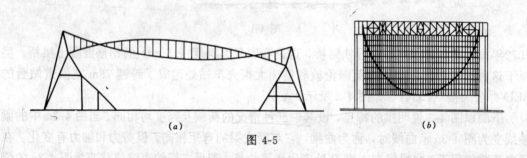

图 4-5

第二节 三铰拱的支座反力和内力

在图 4-4a 中，当支座 A 和 B 在同一水平线上时，称为等高拱或平拱，否则称为斜拱。本节讨论平拱的计算，对斜拱可作类似推导，留给读者练习。对图 4-6a 所示承受竖向荷载的三铰拱，分析时与简支梁（称为代梁）的内力相对照，以便于计算及对比分析拱的受力性质。

一、支反力

1. 竖向反力

取图 4-6a 的整体平衡条件，由 $\Sigma M_A = 0$ 得

$$V_B l - M_{ABP} = 0, V_B = \frac{M_{ABP}}{l}$$

式中，M_{ABP} 表示 AB 段荷载对 A 点之矩（逆时针取正）。由此式知，对平拱 V_B 与图 4-6b 所

示代梁的对应值 V_B^0 相同，即

$$V_B = V_B^0 \qquad (4\text{-}1a)$$

式中上标"0"表示代梁 B 端的反力，本节以下凡带零上标的项均为代梁对应的值。再由 $\Sigma M_B = 0$ 可同理导出

$$V_A = V_A^0 \qquad (4\text{-}1b)$$

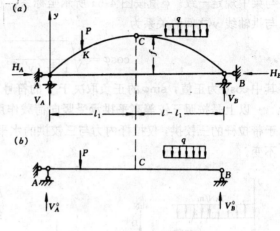

2. 水平反力

由三铰拱整体平衡条件 $\Sigma X = 0$ 得

$$H_A = H_B = H \qquad (4\text{-}2)$$

式中，H 为拱对基础的水平推力。取拱的 AC 段平衡（图 4-6c），$\Sigma M_C = 0$ 得

$$Hf - V_A f + M_{CAP} = 0$$

式中 M_{CAP} 为 CA 段上荷载对 C 点的力矩，于是上式变为

$$H = \frac{1}{f}(V_A \cdot l_1 - M_{CAP}) = \frac{M_C^0}{f}$$

$$(4\text{-}3)$$

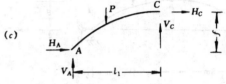

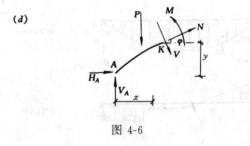

M_C^0 为外荷载作用下简支梁上对应 C 截面上的弯矩。由此可见，拱中出现的水平推力与简支梁截面上的弯矩 M_C^0 成正比，而与矢高 f 成反比。矢高越小，水平推力越大。当 $f \to 0$ 时，$H \to \infty$，这时体系几何瞬变。

图 4-6

二、三铰拱的内力

从拱上任取一截面 K，并取 AK 段为隔离体（图 4-6d），截面 K 上的内力包括弯矩 M，剪力 V 和轴力 N。剪力和轴力的正负规定与梁中的规定一致，弯矩设为下侧受拉为正。由平衡条件 $\Sigma M_K = 0$ 得

$$M(x) + Hy - V_A x + M_{KAP} = 0$$

其中 M_{KAP} 为 KA 段荷载对 K 点之矩。由上式得

$$M(x) = V_A x - M_{KAP} - Hy = M^0(x) - Hy \qquad (4\text{-}4)$$

式中 $M^0(x)$ 为代梁对应 K 截面上的弯矩。由此可见，由于水平力 H 的作用，拱内弯矩比代梁内弯矩要小。

为求 K 截面的剪力，在图 4-6d 中沿 V 方向投影平衡得

$$V - V^0 \cos\varphi + H\sin\varphi = 0$$

即

$$V = V^0 \cos\varphi - H\sin\varphi \qquad (4\text{-}5)$$

同理求轴力时沿 N 方向投影平衡得

$$N + V^0 \sin\varphi + H\cos\varphi = 0$$

即

$$N = -V^0 \sin\varphi - H\cos\varphi \qquad (4\text{-}6)$$

在式（4-4）中弯矩 $M^0(x)$ 以下侧受拉为正，式（4-5）和式（4-6）中剪力 V^0 的正负

与梁中规定一致。φ 值按图 4-6a 所示坐标系，在拱轴顶点以左为正，以右为负。三角函数与拱轴线 y 之间的关系为

$$\cos\varphi = \sqrt{\frac{1}{1+(y')^2}}, \qquad \sin\varphi = y'\cos\varphi \qquad (4\text{-}7)$$

其中 $\cos\varphi$ 为正值，$\sin\varphi$ 的正负取决于 y' 的符号。

以上是按照三铰等高平拱承受竖向荷载作用的情况进行推导的。所导出的公式也适用于带拉杆的三铰拱，仅拉杆内力与三铰拱的水平支反力 H 相等，其余内力和支反力的公式不变。

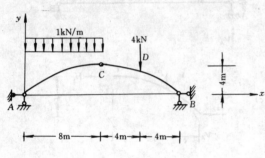

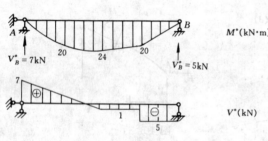

图 4-7

【例 4-1】 如图 4-7a 所示三铰拱，跨度 $l = 16\text{m}$，矢高 $f = 4\text{m}$，拱轴曲线为二次抛物线

$$y = \frac{4f}{l^2}x(l-x)$$

承受如图所示荷载，试作内力图。

【解】 （1）求支反力

先计算简支梁的支反力。由图 4-7b，$\Sigma M_A = 0$

$$V_B^0 \times 16 - \frac{1}{2} \times 1 \times 8^2 - 4 \times 12 = 0,$$

$$V_B = V_B^0 = 5\text{kN}(\uparrow)$$

$\Sigma Y = 0$ 得

$$V_B^0 + V_A^0 - 8 - 4 = 0,$$

$$V_A^0 = V_A = 7\text{kN}(\uparrow)$$

（2）作代梁在对应荷载作用下的内力图

对简支梁，容易作出图 4-7b 所示弯矩图 M^0，图 4-7c 所示的剪力图 V^0。

（3）求水平推力

由式（4-3）及图 4-7b 得

$$H = \frac{M_c^0}{f} = \frac{24}{4} = 6\text{kN}$$

（4）拱轴截面内力

为方便作图，通常把拱跨分为若干等分。本例为说明计算过程，仅取 4 等分，5 个截面。若力突变点不在等分截面上，还要计算该点的内力值。另外，有必要时还应计算最大内力及作用点。以下对具有代表性的 D 点作计算。

D 点几何参数可由拱轴线方程算出

$$y_D = \frac{4 \times 4}{16^2} \times 12 \times (16-12) = 3\text{m}, y'_D = \frac{4 \times 4}{16^2}(16-2 \times 12) = -\frac{1}{2}$$

由式（4-7）

$$\cos\varphi_D = \sqrt{\frac{1}{1+\left(-\frac{1}{2}\right)^2}} = \frac{2}{\sqrt{5}} = 0.894$$

$$\sin\varphi_D = y'_D\cos\varphi_D = -\frac{1}{2}\times\frac{2}{\sqrt{5}} = -0.447$$

由式 (4-4) 及图 4-7b，截面弯矩为

$$M_D = 20 - 6\times3 = 2\text{kN}\cdot\text{m}$$

由于 D 点是荷载突变点，分成左右截面计算剪力和轴力。由式 (4-5) 及图 4-7c 剪力为

$$V_{DC} = -1\times0.894 - 6\times(-0.447) = 1.79\text{kN}$$

$$V_{DB} = -5\times0.894 - 6\times(-0.447) = -1.79\text{kN}$$

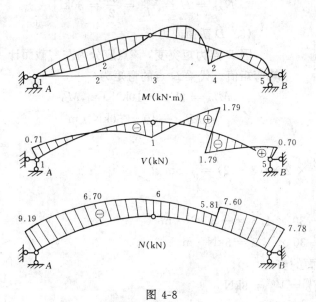

图 4-8

力，而梁的轴力为零。

同理由式 (4-6) 得轴力

$$N_{DC} = -(-1)\times(-0.447)$$
$$-6\times0.894 = -5.81\text{kN}$$

$$N_{DB} = -(-5)\times(-0.447)$$
$$-6\times0.894 = -7.6\text{kN}$$

(5) 作内力图

用描点法作内力图时，各等分截面的内力可按第 (4) 步的过程计算，然后列成表，如表 4-1 所示。由此可画出拱轴线的内力变化规律，如图 4-8 所示。比较图 4-8a 和 4-7b 知，拱式结构的弯矩值比梁的弯矩值减少较多，最大弯矩相差 12 倍。图 4-7c 与图 4-8b 比较知，拱的剪力也小得多。值得注意的是，拱的轴力较大，且全为压

三铰拱等分截面内力计算结果　　表 4-1

截面	截面几何参数					弯矩 (kN/m)			V^0 (kN)	剪力 (kN)			轴力 (kN)		
	x	y	y'	$\cos\varphi$	$\sin\varphi$	M^0	$-Hy$	M		$V^0\cos\varphi$	$-H\sin\varphi$	V	$-V^0\sin\varphi$	$-H\cos\varphi$	N
1	0	0	1	0.707	0.707	0	0	0	7	4.95	-4.24	0.71	-4.95	-4.24	-9.19
2	4	3	0.5	0.894	0.443	20	-18	2	3	2.68	-2.68	0	-1.34	-5.63	-6.70
3	8	4	0	1	0	24	-24	0	-1	-1	0	-1	0	-6	-6
4	12	3	-0.5	0.894	-0.447	20	-18	2	-1 -5	-0.89 -4.47	2.68	1.79 -1.79	-0.45 -2.24	-5.36	-5.81 -7.60
5	16	0	-1	0.707	-0.707	0	0	0	-5	-3.54	4.24	0.70	-3.54	-4.24	-7.78

【例 4-2】　如图 4-9a 所示带拉杆的三铰拱，拱轴曲线为二次抛物线

$$y = \frac{4f}{l^2}x(l-x)$$

试求拉杆内力及 D 截面内力。

【解】　(1) 求支反力取整体为隔离体，$\Sigma M_A = 0$ 得

$$V_B\times8 - 4\times10\times6 - 40 = 0,$$

$$V_B = V_B^0 = 35\text{kN}$$

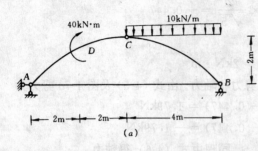

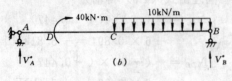

图 4-9

$\Sigma Y = 0$ 得

$$V_A + V_B - 4 \times 10 = 0, V_A = V_A^0 = 5\text{kN}$$

$\Sigma X = 0$ 得

$$H_A = H_A^0 = 0$$

（2）求拉杆内力

拉杆内力与式（4-3）的表达式一致，即

$$N_{AB} = H = \frac{M_C^0}{f} = \frac{60}{2} = 30\text{kN}$$

（3）D 截面内力

因 D 点力矩突变，该点应分为左右截面计算弯矩值。代梁 D 点的弯矩为

$$M_{DA}^0 = 2V_A^0 = 10\text{kN} \cdot \text{m}, M_{DC}^0$$
$$= M_{DA}^0 + 40 = 50\text{kN} \cdot \text{m}$$

D 点 y 坐标为

$$y_D = \frac{4 \times 2}{8^2} \times 2 \times (8 - 2) = 1.5\text{m}$$

由式（4-4）得

$$M_{DA} = 10 - 30 \times 1.5 = -35\text{kN} \cdot \text{m}$$
$$M_{DC} = 50 - 30 \times 1.5 = 5\text{kN} \cdot \text{m}$$

为求剪力和轴力，先求代梁 D 截面的剪力

$$V_D^0 = V_A^0 = 5\text{kN}$$

由于

$$y'_D = \frac{4 \times 2}{8^2} \times (8 - 2 \times 2) = \frac{1}{2}$$

所以由式（4-7）得

$$\cos\varphi_D = \sqrt{\frac{1}{1 + \left(\frac{1}{2}\right)^2}} = \frac{2}{\sqrt{5}}, \sin\varphi_D = \frac{1}{2} \times \frac{2}{\sqrt{5}} = \frac{1}{\sqrt{5}}$$

再由式（4-5）得 D 截面剪力

$$V_D = 5 \times \frac{2}{\sqrt{5}} - 30 \times \frac{1}{\sqrt{5}} = -4\sqrt{5}\,\text{kN}$$

同时由式（4-6）得 D 截面轴力

$$N_D = -5 \times \frac{1}{\sqrt{5}} - 30 \times \frac{2}{\sqrt{5}} = -13\sqrt{5}\,\text{kN}$$

从本例的计算可见，带拉杆的三铰拱与代梁的支反力完全相同；拉杆内力与三铰拱水平支反力的计算表达式相同；带拉杆的三铰拱与三铰拱的弯矩、剪力和轴力的计算表达式完全一样。

第三节　压力线与合理拱轴

受弯构件截面应力不均匀，造成靠近中性轴材料的浪费。对三铰拱，轴力较大，受力趋于合理。但能否针对某种荷载调整拱轴线的形状使拱仅承受轴力呢？答案是肯定的。我们把某种荷载作用下拱所有截面上弯矩为零时的拱轴线，称为合理拱轴线。合理拱轴随荷载的变化而改变。荷载一定时，从理论上可求出对应的合理拱轴线。

以下用两种不同方法来分析合理拱轴线的性质。先从图解法给出其直观意义，然后讨论它的解析求解方法。

一、三铰拱的压力线

尽管图解法适用于拱上承受任意荷载作用的情况，但由于作图的精确度较差，这种方法已不象解析法那样有较强的生命力。本节以竖向荷载为基础，简要介绍图解法作压力线的方法。

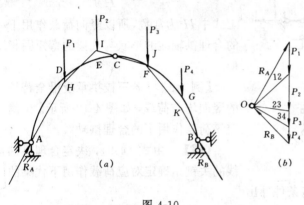

图 4-10

如图 4-10a 所示三铰拱，设承受四个集中力。若已求出了支座 A 和 B 处的支反力 R_A 和 R_B 的大小和方向，则可按图解法作出该平面任意力系作用下的封闭力多边形（图 4-10b）。其中 R_A、12、23、34 及 R_B 分别代表拱 AD、DE、EF、FG 和 GB 段的合力的大小及作用方向。各段内合力的作用线可按图 4-10b 所示力多边形画在图 4-10a 上。作法如下。从 A 点开始，沿 R_A 作射线与 P_1 的作用线相交于 H 点。过 H 点作图 4-10b 中 12 的平行线与 P_2 的作用线交于 I 点。类似地，过 I 点作 23 的平行线与 P_3 的作用线交于 J 点，过 J 点作 34 的平行线与 P_4 的作用线交于 K 点。最后，K 点与 B 点的连线应与 R_B 的作用线重合，即它应与图 4-10b 中的 R_B 平行。其吻合度表示作图的精度。另外，EF 段的合力作用线 IJ 必通过 C 点，因为该点不可能有弯矩值。

由上述作图过程，各段的合力作用线构成了图 4-10a 所示的 $AHIJKB$ 多边形，称为合力多边形或索多边形。又因为竖向力作用下拱内力的合力一般为压力，所以又称它为三铰拱的压力多边形或压力线。当某段内竖向力是连续分布时，该段内的压力线为曲线。

当力多边形及压力线都作出后，任一截面上的内力可按图 4-11 确定。从拱中任取一段，截面为 K，按力多边形确定图 4-11a 中合力 R 的大小，方向按压力线确定。图 4-11a 中的 r 是从截面形心到合力 R 的距离，α 表示合力 R 与截面拱轴切线之间的夹角。在图 4-11b 中，与 R 等效的三个内力可表达为

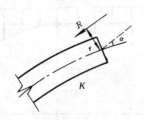

图 4-11

$$M = R \cdot r$$
$$V = R\sin\alpha$$
$$N = -R\cos\alpha \qquad (4\text{-}8)$$

二、合理拱轴线

当拱轴线与压力线重合时，由式（4-8）知拱内无弯矩和剪力。因此，取拱轴线为压力

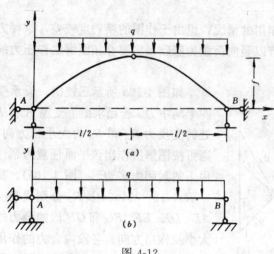

图 4-12

线时就获得合理拱轴线。从解析表达式的角度，当弯矩表达式为零时可解出合理拱轴线的表达式，由式（4-4）得

$$y = \frac{M^0}{H} \qquad (4\text{-}9)$$

上式中 H 为常数，所以竖向荷载作用下的合理拱轴线的形状与代梁的弯矩图相似。

【例 4-3】 若三铰拱承受沿全跨长的竖向均布荷载，如图 4-12 所示。试确定该荷载作用下的合理拱轴线。

【解】 由式（4-9），决定合理拱轴线的关键是确定对应荷载作用下代梁的弯矩变化函数。从图 4-12b，容易由平衡条件导出

$$M^0(x) = \frac{1}{2}qx(l-x)$$

即弯矩图为二次抛物线。若 C 铰设在跨中，则

$$M_C^0 = \frac{1}{8}ql^2$$

由式（4-3），水平推力为

$$H = \frac{M_C^0}{f} = \frac{ql^2}{8f}$$

于是代入式（4-9）得

$$y = \frac{4f}{l^2}x(l-x) \qquad (4\text{-}10)$$

即其合理拱轴为二次抛物线。

【例 4-4】 在土木工程中，通常拱上要填土使上表面成一水平面，如图 4-13 所示。其中 γ 为土的容重。当取单位宽度时，拱上任一截面承受的竖向荷载为 $q_c + \gamma y$。试确定合理拱轴线。

【解】 因荷载与 y 有关，式（4-9）的 $M^0(x)$ 也是 y 的函数，求解该隐函数较困难。从另一角度，先对式

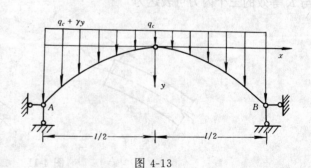

图 4-13

（4-9）作二次微分并由简支梁上弯矩与荷载的关系得

$$\frac{\mathrm{d}^2 y}{\mathrm{d}x^2} = \frac{1}{H} \frac{\mathrm{d}^2 M^0}{\mathrm{d}x^2} = \frac{1}{H}(q_c + \gamma y)$$

即有

$$\frac{\mathrm{d}^2 y}{\mathrm{d}x^2} - \frac{\gamma}{H} y = \frac{q_c}{H}$$

其解为

$$y = C_1 \mathrm{ch} \sqrt{\frac{\gamma}{H}} x + C_2 \mathrm{sh} \sqrt{\frac{\gamma}{H}} x - \frac{q_c}{\gamma}$$

其中系数 C_1 和 C_2 不难由边界条件确定

$$y(0) = C_1 - \frac{q_c}{\gamma} = 0, C_1 = \frac{q_c}{\gamma}$$

$$y'(0) = C_2 = 0$$

于是

$$y = \frac{q_c}{\gamma} \left[\mathrm{ch} \sqrt{\frac{\gamma}{H}} x - 1 \right] \tag{4-11}$$

这是一条悬链线，即为填土齐平的重力作用下的合理拱轴线。在式（4-11）中，水平推力可按下面的方法确定。由

$$y(l/2) = \frac{q_c}{\gamma} \left[\mathrm{ch} \sqrt{\frac{\gamma}{H}} \frac{l}{2} - 1 \right] = f$$

或

$$\mathrm{ch}\lambda = \frac{\gamma f}{q_c} + 1 = \alpha$$

式中 $\lambda = \frac{l}{2} \sqrt{\frac{\gamma}{H}}$，$\alpha$ 为拱上最大竖向重力集度（拱趾处）与最小竖向重力集度（拱顶处）的比值，只要矢高一定，α 就已知。再利用双曲函数变换关系

$$\mathrm{sh}\lambda = \sqrt{\mathrm{ch}^2\lambda - 1}, \quad \mathrm{sh}\lambda + \mathrm{ch}\lambda = e^\lambda$$

可得

$$\lambda = \ln(\mathrm{sh}\lambda + \mathrm{ch}\lambda) = \ln(\alpha + \sqrt{\alpha^2 - 1})$$

由此导出水平推力

$$H = \gamma \left[\frac{2}{l} \ln(\alpha + \sqrt{\alpha^2 - 1}) \right]^{-2} \tag{4-12}$$

当水平推力 H 和合理拱轴线已知时，可用式（4-5）（4-6）导出轴力的计算公式

$$N = -H \sqrt{1 + (y')^2} \tag{4-13}$$

由此可见，对称拱的轴力在拱顶处最小，在拱趾处最大。

有时，作用在拱轴上的荷载沿垂直于拱轴线方向是均匀分布的，比如静水压力。可以推出这种情况下的合理拱轴线为圆弧线。因此在高压隧道、地下输送管道及拱坝中常采用圆弧线形拱。

在实际工程结构中，同一个拱不可能仅承受一种理想的荷载，因此很难求出实际工况下的合理拱轴线。设计拱轴线时，应按主要荷载选取合理拱轴线。这样，当其他次要荷载

作用时，能保证拱以承受轴向压力为主。注意到，当矢高较小时，拱轴线为抛物线、悬链线和圆弧线时形状非常接近，即合理拱轴线对应的荷载近似水平均布。故对扁拱，工程上常采用抛物线拱轴。另外，对于矢跨比较大的高拱，拱轴上的荷载接近静水压力，因此常用多心圆弧线拱轴，使之接近合理拱轴。

*第四节　悬索结构的计算

悬索为承受拉力的柔性构件，抗弯刚度可忽略不计。分析表明，拉索的弹性伸长变形的影响较小，计算时可忽略。如图 4-14，当索的悬挂点 A 和 B 在同一水平线上时，称为平

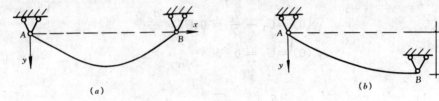

图 4-14

拉索（图 4-14a）；A 和 B 不在同一水平线上时，称为斜拉索（图 4-14b）。本节将对比合理拱轴线，对这两种情况分别介绍其计算方法。

一、平拉索的计算

如图 4-15a 所示三铰拱的合理拱轴线，若将所有竖向荷载反向，则拱仍处于无弯状态，只是把原来拱的轴力由压力变为拉力而已。若将此时的拱轴倒置，荷载仍向下，如图 4-15b 所示。并用抗拉能力强的柔索去替代倒置的合理拱轴，则就变为悬索结构。

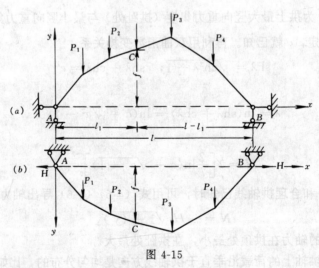

图 4-15

由此可见，悬索结构的受力性能与对应倒置的合理拱轴的受力性质完全一致。因此三铰平拱的计算公式可移植到平拉索结构的计算中来。

1. 支反力

竖向支反力 V_A 和 V_B 与代梁的支反力相同，水平反力 H 与式（4-3）类似

$$H = \frac{M_C^0}{f} \tag{4-14}$$

式中 M_C^0 为简支梁在相应荷载作用下的 C 截面上的弯矩（下侧受拉为正），f 为悬索指定点 C 的垂度。对于悬索的计算，C 点一般选在最大垂度的地方，因为最大垂度点常为悬索设计的控制点。

2. 悬索曲线方程

由于悬索材料比较柔软，只能承受拉力，因此索的平衡曲线形式与荷载有关。如等截面悬索在自重作用下的索曲线形式为悬链线，在沿水平均匀分布竖向荷载作用下索曲线为抛物线，在集中力作用下为折线。

对于一般情况，悬索曲线形式可由合理拱轴线导出。由式（4-9）知，悬索受力后的形状与简支梁上的弯矩图成正比，表达式如下

$$y = \frac{M^0(x)}{H} = f\frac{M^0(x)}{M_c^0} \tag{4-15}$$

因此只要知道了简支梁在对应荷载作用下的弯矩分布，也就确定了悬索的曲线形状。

3. 悬索内力

悬索内力只有受拉的轴力，将式（4-6）反号即得

$$N = V^0 \sin\varphi + H\cos\varphi$$

并由式（4-5），令剪力为零，得

$$V = V^0\cos\varphi - H\sin\varphi = 0, V^0 = H\,\mathrm{tg}\varphi$$

代入轴力表达式得

$$N = H\,\mathrm{tg}\varphi \cdot \sin\varphi + H\cos\varphi = \frac{H}{\cos\varphi} = H\sqrt{1 + \mathrm{tg}^2\varphi}$$

$$= H\sqrt{1 + (y')^2} \tag{4-16}$$

这就是悬索内力与水平反力及悬索形状之间的关系。

注意，按式（4-14）（4-15）（4-16）计算悬索结构时，应知道索在某点 C 的垂度 f，否则无法计算。前面提到 C 点可选在最大垂度点，也可通过指定某控制点的容许垂度来确 C 点的位置及 f 值。当给定荷载及悬索长度时，不能按上述方法来确定悬索的形状及内力，因为索长与索的垂度之间呈非线性关系，较难用索长来表达悬索的内力和平衡状态时的索曲线。所以当索上承受移动荷载（如小车的重力）时，索长一定，而垂度随荷载的移动发生变化，就不能按上述方法确定悬索的内力和形状了。这种情况下，悬索具有不稳定结构的性质，可采用不稳定结构的形态及内力的计算方法。

【例 4-5】 如图 4-16a 所示悬索建筑结构模型。A 和 B 为悬索与简体间的连接点。所有楼层荷载沿跨度方向的荷载集度为 q。设主悬索的垂跨比为 b（图 4-16a），

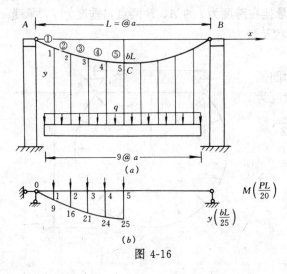

图 4-16

中间用 9 根吊杆传递楼层荷载。试确定悬索的形状及索长，并求索中的内力。

【解】 (1) 由对称性只计算左半跨即可。简支梁上对应的弯矩图如图 4-16b。由式 (4-14) 容易算出索的水平拉力为

$$H = \frac{M_c^0}{f} = \frac{1}{bL} \cdot \frac{5PL}{4} = \frac{5P}{4b}$$

(2) 悬索吊点处的坐标及索长

由式 (4-16) 及图 4-16b 得

$$y_i = \frac{M_i}{H} \quad (i = 0,1,2,3,4,5)$$

式中 i 为零时表示支承点，非零时表示吊杆与悬索联结点的编号。这些点的弯矩值如图 4-16b。

索长 s 为各段索长之和。第 j 段 ($j=1$, 2, 3, 4, 5) 两端坐标的差值由图 4-16b 可算出

$$\Delta y_j = y_j - y_{j-1} = \frac{bL}{25}(11 - 2j)$$

于是

$$s = 2\sum_{j=1}^{5}\sqrt{a^2 + (\Delta y_j)^2} = 2\sum_{j=1}^{5}\sqrt{\left(\frac{L}{10}\right)^2 + \left[\frac{bL}{25}(11-2j)\right]^2}$$

$$= \frac{L}{5}\sum_{j=1}^{5}\sqrt{1 + \left[\frac{2b}{5}(11-2j)\right]^2}$$

(3) 各段轴力值

由式 (4-16) 及各段斜率为

$$y'_j = \frac{\Delta y_j}{a} = \frac{bL}{25}(11-2j) \cdot \frac{10}{L} = \frac{2b}{5}(11-2j) \quad (j = 1,2,3,4,5)$$

即得

$$N_j = H\sqrt{1 + (y'_j)^2} = \frac{5P}{4b}\sqrt{1 + \left[\frac{2b}{5}(11-2j)\right]^2} \quad (j = 1,2,3,4,5)$$

【例 4-6】 如图 4-17 所示悬索结构，悬挂在跨度为 l 的 A、B 两点，垂度为 f，承受垂直于索轴线方向的内压力 q。求悬索的形状及张力。

【解】 (1) 确定悬索的形状

由于承受径向均布压力的合理拱轴线为圆弧线，因此承受均匀内压力的悬索曲线的形状应为圆弧线。如图 4-17，圆心 C 的横坐标为 $x_c = \frac{l}{2}$，纵坐标为 y_c。由以下关系

$$f - y_c = r, \quad r^2 - \left(\frac{l}{2}\right)^2 = y_c^2$$

消去 r 后得

$$y_c = \frac{1}{2f}\left[f^2 - \left(\frac{l}{2}\right)^2\right]$$

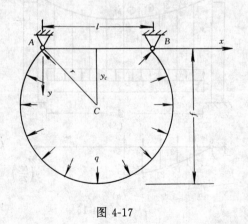

图 4-17

再回代可求出半径 r

$$r = f - y_c = \frac{1}{2f}\left(f^2 + \frac{l^2}{4}\right)$$

（2）索内力

索中的轴力可由下式计算

$$N = qr = \frac{q}{2f}\left(f^2 + \frac{l^2}{4}\right)$$

注意到，当 A 和 B 两点无限靠近时，即 $l \to 0$ 时，悬索在均布内压力作用下的曲线为圆形。这时 f 为直径，内力 $N = \frac{qf}{2}$。该结果与圆管承受均匀内压力的结果一致。

二、斜拉索的计算

在工程中，许多悬索结构的二支承点不在一水平线上，如拉索桅杆体系及架空索道等。这类悬索的分析与斜拱的情况类似。如图 4-18a 所示斜拱，由习题 4-8 的结果，支反力及内力可由图 4-18b 所示简支梁的弯矩和剪力表示。与平拉索类似，图 4-18c 所示斜拉索为图 4-18a 取合理拱轴再倒置的情况。据此可直接从习题 4-8 获得如下计算公式。

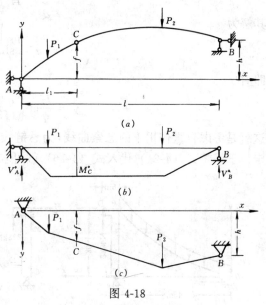

图 4-18

1. 水平拉力

$$H = \frac{M_c^0}{f - \frac{h}{l}l_1} \qquad (4\text{-}17)$$

式中 M_c^0 为指定垂度 f 处对应简支梁截面上的弯矩，l_1 是垂度为 f 处到左端支承点的水平距离，l 为水平跨度，h 为两支座点的高差。

2. 竖向支反力

$$V_A = V_A^0 + \frac{h}{l}H, \quad V_B = V_B^0 - \frac{h}{l}H \qquad (4\text{-}18)$$

V_A^0 和 V_B^0 是简支梁对应的竖向支反力。

3. 悬索曲线的形状

悬索曲线的表达式可由习题 4-8 中弯矩 $M(x)$ 为零时导出

$$y = \frac{M^0}{H} + \frac{h}{l}x \qquad (4\text{-}19)$$

式中 M^0 是简支梁中的弯矩表达式。

4. 悬索轴力

悬索的轴力仍与式（4-16）相同，关键是式（4-19）中的 M^0 要已知。但当荷载不仅与 x 有关而且间接与 y 有关时，式（4-19）是关于 y 的隐函数，较难求出 y 的具体表达式。因此求内力时，应先解决任意竖向荷载作用下的 y 的求解方法。

将式（4-19）求导两次得

$$\frac{\mathrm{d}^2 y}{\mathrm{d}x^2} = \frac{1}{H} \frac{\mathrm{d}^2 M^0}{\mathrm{d}x^2} = \frac{q}{H} \tag{4-20}$$

当 q 一定时，通过上述微分方程的求解，利用边界条件确定两个积分常数就能获得 y 的表达式。比如，当考虑悬索自重沿索长均匀分布时，竖向荷载集度为 $q\sqrt{1+(y')^2}$，q 为单位长索重，y' 为索曲线的一阶导数，则由式（4-20）得

$$y'' = \frac{q}{H} \sqrt{1+(y')^2}$$

令 $u = y'$，则

$$u' = \frac{q}{H} \sqrt{1+u^2}$$

其解为

$$y' = u = \mathrm{sh}\left(\frac{q}{H}x + C_1\right)$$

即有

$$y = \frac{H}{q}\mathrm{ch}\left(\frac{q}{H}x + C_1\right) + C_2 \tag{4-21}$$

这就是考虑自重作用下的悬索曲线，为悬链线。其中积分常数 C_1 和 C_2 由悬索的边界条件确定。于是将式（4-21）代入式（4-16）就可求出轴力。

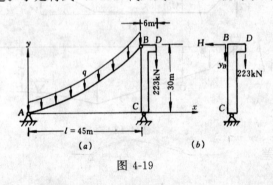

图 4-19

【例 4-7】 如图 4-19a 所示拉索桅杆模型，设索重 $q = 0.061\mathrm{kN/m}$，D 点承受竖向力 $Q = 223\mathrm{kN}$，几何尺寸如图 4-19a。试按悬链线和抛物线分别计算索中的最大张力。

【解】 （1）计算水平支反力
取桅杆为隔离体（图 4-19b），由 $\Sigma M_c = 0$ 得

$$223 \times 6 - H \times 30 = 0, H = 44.9\mathrm{kN}$$

（2）按悬链线计算
先确定式（4-21）中的积分常数。由位移边界条件

$$y(0) = 0, y(l) = h$$

得

$$\frac{H}{q}\mathrm{ch}C_1 + C_2 = 0, \frac{H}{q}\mathrm{ch}\left(\frac{ql}{H} + C_1\right) + C_2 = h$$

将上面两式相减并简化得

$$\mathrm{ch}\left(\frac{ql}{H} + C_1\right) - \mathrm{ch}C_1 = \frac{ql}{H}$$

由双曲函数变换关系，上式右端变为

$$\mathrm{ch}\left(\frac{ql}{2H} + C_1 + \frac{ql}{2H}\right) - \mathrm{ch}\left(\frac{ql}{2H} + C_1 - \frac{ql}{2H}\right) = 2\mathrm{sh}\left(\frac{ql}{2H} + C_1\right)\mathrm{sh}\frac{ql}{2H}$$

于是

$$2\mathrm{sh}\left(\frac{ql}{2H}+C_1\right)\mathrm{sh}\frac{ql}{2H}=\frac{qh}{H}$$

即有

$$C_1=\mathrm{sh}^{-1}\left(\frac{\mathrm{ch}-Cl}{\mathrm{sh}Cl}-Cl\right),C=\frac{q}{2H}$$

$$C_2=-\frac{H}{q}\mathrm{ch}C_1$$

因此

$$y=\frac{H}{q}\left[\mathrm{ch}\left(\frac{q}{H}x+C_1\right)-\mathrm{ch}C_1\right]$$

$$y'=\mathrm{sh}\left(\frac{q}{H}x+C_1\right)$$

当 y' 取最大值时，轴力 N 取最大值。先计算 C

$$C=\frac{0.061}{44.6\times2}=6.83856\times10^{-4}$$

然后算出 $C_1=0.5943$。最大斜率发生在 $x=l$ 处

$$y'_{\max}=\mathrm{sh}\left(\frac{q}{H}l+C_1\right)=0.7039$$

故最大轴力为

$$N_{\max}=H\sqrt{1+(y'_{\max})^2}=54.54\mathrm{kN}$$

（3）按抛物线计算

这时水平竖向分布力可近似取为

$$q'=0.061\times\frac{\sqrt{30^2+45^2}}{45}=0.073\mathrm{kN/m}$$

即用弦长代替索长时的均布荷载。由于

$$M^0(x)=\frac{q'}{2}X(l-x)$$

及式（4-19），则

$$y=\frac{q'x}{2H}(l-x)+\frac{h}{l}x$$

于是

$$y'_{\max}=\frac{q}{2H}(l-2l)+\frac{h}{l}=-0.7036$$

最大轴力为

$$N_{\max}=H\sqrt{1+(y'_{\max})^2}=54.5346\mathrm{kN}$$

与按悬链线得出的精确解几乎无差异。因此，从实用角度，当悬索拉紧时的垂度较小时，用抛物线代替悬链线计算的精度能满足工程上的要求。

思 考 题

1. 三铰拱与三铰刚架的受力特点是否相同？能否用拱的计算公式计算三铰刚架？
2. 确定竖向集中力作用下的合理拱轴线时，应通过什么关系快速地判断合理拱轴的形状？
3. 为什么要在较软的地基上修建的落地三铰拱的拱脚之间配置拉杆？
4. 试比较三铰拱与悬索结构受力的异同。在什么条件下可借用拱的计算公式来计算悬索结构？
5. 当不指定悬索的某一垂度值时，而仅给出索长及承受的荷载，应如何确定悬索的形状及内力？
6. 试比较平拉与斜拉索计算公式的异同。
7. 若考虑悬索的弹性变形时，能否按本章提供的方法分析计算？
8. 三铰拱及悬索的计算中，都引用了同水平跨度的简支梁（代梁），这对分析计算有何好处？

习 题

4-1 设三铰拱的拱轴线方程为

$$y = \frac{4f}{l^2}x(l - x)$$

拱的尺寸及承受的荷载如图所示。试求支反力及 D 和 E 截面的内力。

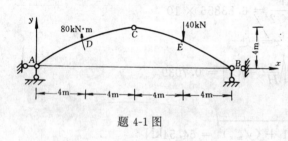

题 4-1 图

4-2 如图所示半圆弧三铰拱，左半跨承受水平竖向均布荷载。试求 K 截面的内力。

4-3 设拱轴线与题 4-1 相同，具体尺寸及受力如图。求 K 截面内力。

4-4 试求图示拉杆三铰刚架拉杆内力，并作刚架的内力图。

4-5 设三铰拱的跨度为 l，矢高为 f，右半跨承受竖向均布荷载，试确定合理拱轴线。

4-6 求图示斜拱 D 截面的内力。设拱轴线为二次抛物线，C 为拱顶铰。

4-7 求图示斜拱在水平竖向均布荷载作用下的合理拱轴线。

4-8 如图所示斜拱承受一般竖向荷载，试证明拱轴的弯矩表达式为

$$M(x) = M^0(x) - Hy + \frac{h}{l}Hx$$

式中 $M^0(x)$ 为代梁（图 b）的弯矩表达式，H 为水平推力

$$H = \frac{M_C^0}{f - \frac{h}{l}l_1}$$

M_C^0 为代梁 C 截面处的弯矩值。

4-9 试求图示悬索的内力。

4-10 设索拉楼盖结构的计算简图如图，悬挂大梁上承均布荷载 $q = 10\text{kN/m}$。设索重 61N/m，其余参数如图。试求索中最大张力。

（提示：分别通过 CB 梁及 AB 索的平衡解出索 AB 的水平拉力，然后可仿前面的例题作类似讨论。当略去 AB 的自重时，AB 为一拉杆）

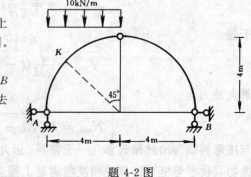

题 4-2 图

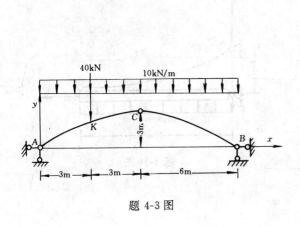

题 4-3 图

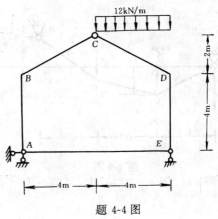

题 4-4 图

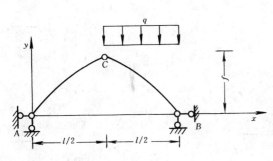

题 4-5 图

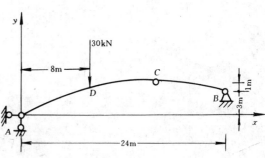

题 4-6 图

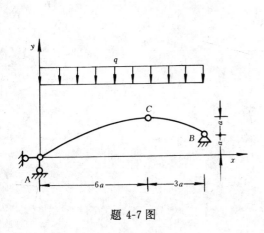

题 4-7 图

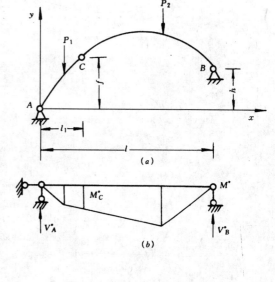

题 4-8 图

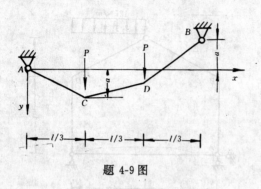

题 4-9 图

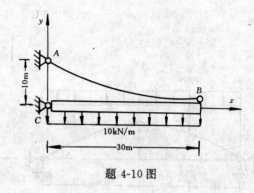

题 4-10 图

第五章 静定桁架

第一节 概 述

桁架是工程中应用较广泛的一种结构。图 5-1a 是南京长江大桥的主体桁架结构，图 5-1b 是美国明尼阿波利斯联邦储备银行大楼顶部转换层桁架。除在桥和塔架结构中用桁架外，桁架也使用在屋盖结构中。图 5-2a 为一混凝土屋架结构，图 5-2b 为平面桁架联结成的空间双层六面体板式格构桁架。

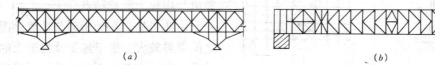

（a）　　　　　　　　　　　　（b）

图 5-1

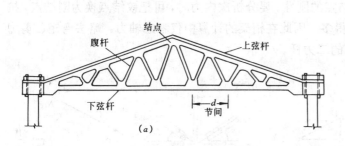

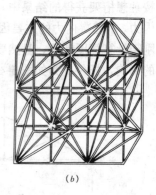

（a）

（b）

图 5-2

随着高层钢结构的发展，桁架也成为了建筑主体结构。图 5-3a 为美国芝加哥的约翰·汉考克大楼，采用了锥形桁架筒承力结构；图 5-3b 为上海锦江饭店新楼，采用了转换层桁架传力。

由此可见，实际工程中桁架一般用钢构件联结而成，有时也用钢筋混凝土构件或木构件按一定方式组装而成。桁架构件很多，受力比较复杂。为简化桁架的内力计算，常引入以下几点假定：

（1）桁架的构件为等截面直杆，用形心轴线表示；

（2）杆件之间用光滑铰联结，用圆圈表示结点；

（3）联结处所有杆形心轴汇交于铰结中心；

（4）外力与支反力均作用在结点上。

满足以上假定的桁架称为理想桁架。图 5-4a 为一理想桁架的计算简图。在分析计算中通常把理想桁架简称为桁架，它与实际工程中桁架的接近程度表现为以下几方面。当通过精心

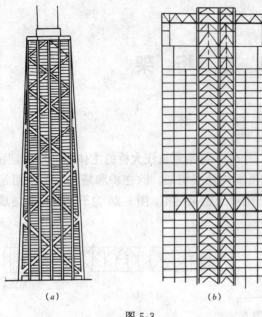

施工时，实际桁架可以达到理想桁架中的第（1）和第（3）条假定的要求。当杆件上的分布荷载（如自重等）可略去不计且通过严格施工，也能达到第（4）条要求。但对第（2）条，较难使实际桁架符合这一要求。比如图 5-4a 中的 C 结点，若采用钢结构，则实际构造如图 5-4b，杆件与结点板之间常用焊接或铆结，杆件绕结点不可能自由地转动。在混凝土桁架中，杆件是通过现浇连接在一起的，即使在木桁架中，榫接头抗转能力较差，也不可能成为理想光滑铰结点。

由此可见，实际桁架与计算简图之间差异较大。由于施工及构造上的差异，实际桁架中不仅有轴力而且还有弯矩和剪力。试验及计算结果表明，

图 5-3

按理想桁架获得的结果中，轴力起主导作用，称为主内力，而弯矩和剪力均较小，称为次内力。引起次内力的主要因素是结点的刚性。要分析次内力时，可把铰结点换为刚结点，按刚架计算简图计算，显然要复杂得多。因此在桁架的计算中仅考虑轴力，略去弯矩、剪力的影响，杆件变为如图 5-4c 所示的二力杆。

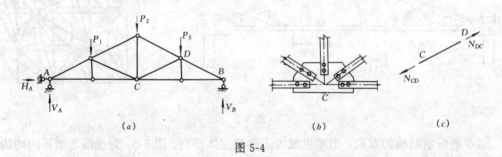

图 5-4

由于桁架主要承受轴力，而应力在截面上的分布较均匀，能充分发挥材料的作用，受力合理。因此常在大跨结构中采用桁架。

当桁架的所有杆及荷载处于同一平面内时，称为平面桁架，否则为空间桁架。按结构的组成特点，平面桁架常分为三类：

（1）简单桁架。它是从一基本杆件或基础依次增加二元体组成。如图 5-5a 所示对称桁架，从 AB 杆出发经结点 1、2、3、4、5、6、7 和 8 依次增加二元体而成。

（2）联合桁架。这是由一些简单桁架按几何不变规则联合组成的体系。比如图 5-5bABE 和 CDE 两片简单桁架用铰 E 和链杆 BC 连成几何不变体系。

（3）复杂桁架。除前面两种情况以外的桁架。如图 5-5c 所示为一复杂桁架。工程上较少建造复杂桁架，因为不仅分析计算麻烦而且施工也不太方便。

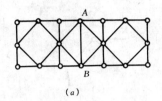
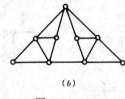
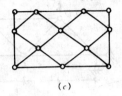

(a) (b) (c)

图 5-5

第二节　静定平面桁架的计算

由于桁架杆为二力杆，取一个结点为隔离体时，作用力系为汇交力系。当取出桁架的一部分时，作用力系构成一般力系。通过结点平衡方程求解内力的方法称为结点法，取桁架的一部分（至少含两个结点）建立平衡方程求内力的方法称为截面法。这种利用平衡方程求解内力的方法称为解析法或数解法。

一、结点法

1. 基本原理

对平面桁架取结点为隔离体，可建立两个平衡方程。对任一平面静定桁架，原则上可通过建立所有结点的平衡方程构成线性方程组，由此可求出所有内力和支反力。为了避免求解多元线性方程组，所建立的一个平衡方程最好仅包含一个未知量。对简单桁架，按几何构造相反的顺序逐一取结点计算就可以不解联立方程组而求出所有内力。因此，结点法特别适用于简单桁架的计算。一般地，所取结点的未知力数不应多于两个。建立方程时，轴力规定拉力为正，压力为负，对未知轴力均先假定为拉力。

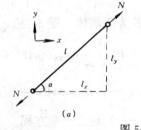
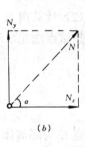

(a) (b)

图 5-6

应用结点法时，通常要用到力的投影。了解杆件轴力在给定坐标系中的投影与构件的几何位置之间的关系，有助于提高计算速度。如图 5-6a 所示任一杆件，设直角坐标 xy，杆长为 l，在 x 和 y 方向的投影长度为 l_x 和 l_y。若轴力为 N，在 x 和 y 方向的投影分别为 N_x 和 N_y，如图 5-6b。由相似关系易寻出

$$\frac{N}{l} = \frac{N_x}{l_x} = \frac{N_y}{l_y} \tag{5-1}$$

显然由

$$N_x = N\cos\alpha = \frac{l_x}{l}N, \qquad N_y = N\sin\alpha = \frac{l_y}{l}N$$

即可导出式（5-1）。若已知 N，则用式（5-1）能较快推出分力 N_x 和 N_y。当已知某一分力，比如 N_x 及杆件的投影长度，就可方便地求出其余两个力。

【例 5-1】　用结点法求图 5-7a 所示桁架各杆的内力。

【解】　（1）求支反力

取图 5-7a 桁架整体平衡，由 $\Sigma M_A = 0$ 得

71

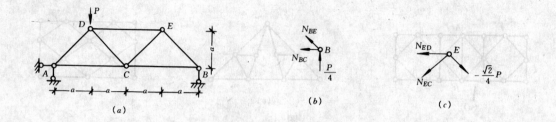

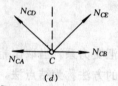 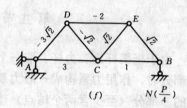

图 5-7

$$4aV_B - Pa = 0, V_B = \frac{P}{4}$$

由 $\Sigma Y = 0$ 得

$$V_A + V_B - P = 0, V_A = \frac{3}{4}P$$

由 $\Sigma X = 0$ 知 $H_A = 0$。

（2）计算内力

按结点法先取结点 B 为隔离体（图 5-7b），

$$\Sigma Y = 0, \frac{P}{4} + N_{BE}\cos45° = 0, 得 N_{BE} = -\frac{\sqrt{2}}{4}P$$

$$\Sigma X = 0, N_{BE}\cos45° + N_{BC} = 0, 得 N_{BC} = \frac{P}{4}$$

取结点 E 为隔离体（图 5-7c）建立平衡方程

$$\Sigma Y = 0, N_{EC}\cos45° - \frac{\sqrt{2}}{4}P\cos45° = 0, 得 N_{EC} = \frac{\sqrt{2}}{4}P$$

$$\Sigma X = 0, N_{ED} + N_{EC}\cos45° + \frac{\sqrt{2}}{4}P\cos45° = 0, 得 N_{ED} = -\frac{P}{2}$$

取结点 C 为隔离体（图 5-7d）

$$\Sigma Y = 0, N_{CD}\cos45° + N_{CE}\cos45° = 0, 得 N_{CD} = -\frac{\sqrt{2}}{4}P$$

$$\Sigma X = 0, N_{CA} + N_{CD}\frac{\sqrt{2}}{2} - N_{CE}\frac{\sqrt{2}}{2} - N_{CB} = 0, 得 N_{CA} = \frac{3}{4}P$$

最后取结 D 为隔离体（图 5-7e），由平衡条件

$$\Sigma Y = 0, P + N_{DA}\frac{\sqrt{2}}{2} + N_{DC}\frac{\sqrt{2}}{2} = 0, 得 N_{DA} = -\frac{3\sqrt{2}}{4}P$$

至此，已求出了全部杆件的内力。注意到结点 D 的 x 方向和结点 A 共三个平衡方程还未使用。这是因为求支反力时已对整体用了三个平衡方程。这表明对静定桁架，按全部结点平衡建立的线性方程组的个数与未知力数是相等的。

（3）校核

可利用结点 D 和 A 未使用过的平衡方程检验所求出的内力是否满足平衡条件。比如对 D 结点（图 5-7e），由 x 方向求和

$$\Sigma X = N_{DE} + N_{DC}\cos45° - N_{DA}\cos45° = -\frac{P}{2} - \frac{\sqrt{2}}{4}P \times \frac{\sqrt{2}}{2} + \frac{3\sqrt{2}}{4}P \times \frac{\sqrt{2}}{2} = 0$$

知平衡条件满足。同理对结点 A，把计算结果代入对应的方程可验证满足平衡条件，表明计算结果无误。然后将各杆轴力标在桁架中对应的杆处，得桁架的内力图（图 5-7f）。

由本例的计算可见，对简单桁架，按几何组成相反的顺序逐一取结点平衡可不解联立方程组而求出全部轴力，但一般应先求支反力。另外在选结点投影方程时，应选取几何关系简单、沿某方向仅含一个未知力的投影方程。

2. 特殊杆件的内力

在桁架中，有些杆受力特殊。若在计算前能判明这些杆的内力，将给内力的快速计算带来方便。

（1）零杆

如图 5-8a 所示结点，有三杆汇交，其中两杆共线，则由结点平衡知 N_3 必为零。事实上，过结点作垂直于 N_1 和 N_2 的垂线，沿该垂线投影得 $N_3\sin\alpha=0$，即 $N_3=0$。同理，如图 5-8b 所示二元体的结点上无外荷载，则该二杆内力均为零。把这种内力为零的杆件称为零杆。

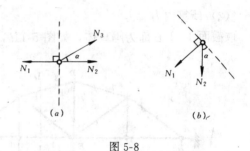

图 5-8

（2）等力杆

如图 5-8a 所示，当 $N_3=0$ 时，必有 $N_1=N_2$。在图 5-9a 中，四杆中两两共线，则必有 $N_1=N_3$，$N_2=N_4$。图 5-9b 中，当 N_3 在 N_1 和 N_2 的角平分线上时，则有 $N_1=N_2$，$N_3=2N_1\cos\alpha$。图 5-9c 所示三杆结点，N_3 与 N_1 和 N_2 的角平分线垂直，则有 $N_1=-N_2$，$N_3=2N_1\sin\alpha$。

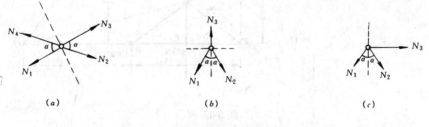

图 5-9

读者还可以举出更多的特殊受力结点。熟练掌握这些特殊受力结点，就能快速判断某些桁架杆的受力，达到简化计算的目的。

比如对图 5-10 所示桁架，除实线杆有内力外，虚线各杆内力均为零。先用二元体结点

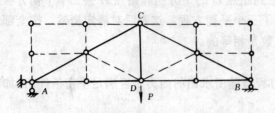

图 5-10

上受力为零可判定三角形 ABC 以外杆的内力为零，然后由三杆结点中两杆共线，另一杆为零即知三角形 ADC 和三角形 DBC 内部杆内力为零。于是利用桁架的对称性，只利用 D 和 A 或 B 结点平衡及等力杆的性质，就全部确定了该桁架的内力。

二、截面法

截面法是通过截面取出桁架的一部分为隔离体，按平面一般力系建立三个平衡方程。与结点法一样，为避免求解联立方程组，所选截面切开的未知力杆数一般不多于三根。在利用三个平衡方程时，若用力矩方程，则称为力矩法，若用投影方程，则称为投影法。截面法的优点之一是能较快地求出指定杆中的内力，它一般适用于简单桁架或联合桁架。

【例 5-2 】 用截面法计算图 5-11a 所示桁架指定杆的内力。

【解】 （1）求支反力

由对称性知

$$V_A = V_B = 100\text{kN}$$

$$H_A = 0$$

（2）计算内力

取截面 Ⅰ-Ⅰ 右部为隔离体，如图 5-11b，指定杆内力的计算如下。

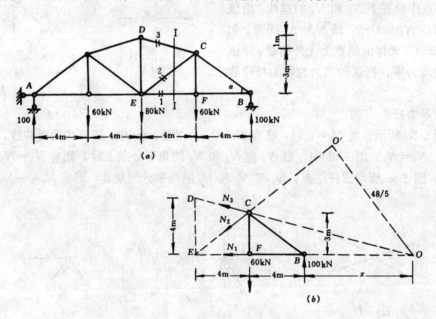

图 5-11

求 N_1 时，对 C 点用力矩平衡方程，由 $\Sigma M_C = 0$

$$N_1 \times 3 - 100 \times 4 = 0, \text{得} N_1 = \frac{400}{3}\text{kN}$$

计算 N_2 和 N_3 时比较复杂一些，先作 CD 杆和 FB 杆的延长线交于 O 点，设 B 到 O 的

距离为 x，则由 ΔFOC 与 ΔEOD 相似得

$$\frac{x+4}{x+8} = \frac{3}{4}, x = 8\text{m}$$

求 N_2 时，用对 O 点的力矩方程。建立方程时有两条途径。解法一是求 N_2 到 O 点的距离 OO'

$$OO' = OE \times \frac{CF}{CE} = (8+8) \times \frac{3}{5} = \frac{48}{5}\text{m}$$

于是 $\Sigma M_O = 0$

$$N_2 \times \frac{48}{5} + 60 \times (4+8) - 100 \times 8 = 0, 得 N_2 = \frac{25}{3}\text{kN}$$

解法二是利用力的分力取矩，不求 OO' 距离，由 $\Sigma M_O = 0$ 得

$$N_2 \times \frac{3}{5} \times (4+8) + N_2 \times \frac{4}{5} \times 3 + 60 \times (4+8) - 100 \times 8 = 0$$

由此可解出与第一种方法相同的值。通常求力到点的距离较为麻烦，而用力的分力取矩几何关系要简单一些。采用哪种方法应视具体问题而定。对于斜杆，一般用其分力代替原来的力，其力臂比较容易求出。

求 N_3 时，由 $\Sigma M_E = 0$

$$N_3 \cos\alpha \times 3 + N_3 \sin\alpha \times 4 + 100 \times 8 - 60 \times 4 = 0$$

将 $\cos\alpha = \dfrac{4}{\sqrt{17}}$，$\sin\alpha = \dfrac{1}{\sqrt{17}}$ 代入上式后求出

$$N_3 = -35\sqrt{17}\text{kN}$$

用力矩法时，应先选截面确定力矩中心，使尽量多的未知力汇交于力矩中心。特殊情况是所有未知轴力中，仅有一个不过力矩中心，这时力矩方程中只含一个未知数，而且截面所切开的未知力杆可多余 3 根。

【例 5-3】 用截面法求图 5-12a 所示桁架指定杆 a、b 和 c 三杆的内力。

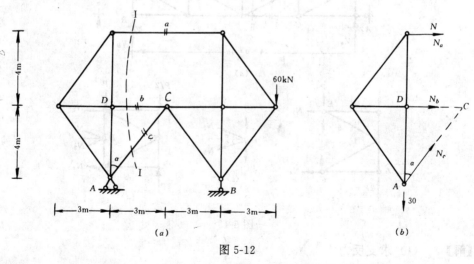

图 5-12

【解】 （1）求支反力
取整体为隔离体，由 $\Sigma M_A = 0$

$$V_B \times 6 - 60 \times 9 = 0, 得 V_B = 90\text{kN}$$

再由 $\Sigma Y = 0$

$$V_A + V_B - 60 = 0, 得 V_A = 60 - 90 = 30\text{kN}$$

显然由 $\Sigma X = 0$ 知 $H_A = 0$。

（2）求内力

在图 5-12a 中取截面 I - I 以左部为隔离体，如图 5-12b，先由力矩平衡 $\Sigma M_C = 0$

$$N_a \times 4 - 30 \times 3 = 0, 得 N_a = 22.5\text{kN}$$

然后由投影平衡方程 $\Sigma Y = 0$

$$N_c \cos\alpha - 30 = 0, 得 N_c = 30 \times \frac{5}{4} = 37.5\text{kN}$$

由 $\Sigma X = 0$

$$N_a + N_b + N_c \sin\alpha = 0, 得 N_b = -22.5 - 37.5 \times \frac{3}{5} = -45\text{kN}$$

本例属联合桁架，所取截面切开连接简单桁架的联系 a 杆和 C 铰。计算中先用了力矩法，然后用投影法求 N_c 和 N_b。投影法切开的截面的未知力杆数一般也不多余 3 根。但当截面切开的所有杆件中除一杆外，其余杆相互平行，则用投影法求内力较为方便。

三、截面法与结点法的联合应用

结点法可以很快判明桁架的局部受力，截面法能通过截面的灵活选取获得桁架的一部分或整体的受力情况。但通过这两种方法的联合应用，常使分析灵活，快速算出内力。

【例 5-4】 如图 5-13a 所示 K 字型桁架，试求指定杆 1，2，3 和 4 中的内力。

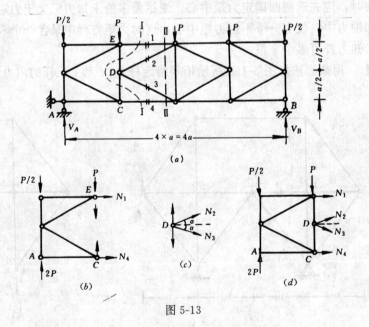

图 5-13

【解】 （1）求支反力

取图 5-13a 所示的整体平衡，由对称性知

$$V_A = V_B = 2P, H_A = 0$$

76

（2）求 N_1

取截面 I - I 左部（图 5-13b）平衡，由 $\Sigma M_c = 0$

$$N_1 \times a - \frac{P}{2} \times a + 2Pa = 0, \text{得} N_1 = -\frac{3}{2}P$$

由 $\Sigma X = 0$

$$N_1 + N_4 = 0, \text{得} N_4 = -N_1 = \frac{3}{2}P$$

（3）求 N_2 和 N_3

取结点 D 平衡（图 5-13c），由 $\Sigma X = 0$

$$N_2\cos\alpha + N_3\cos\alpha = 0, N_2 = -N_3$$

这是一个特殊结点，熟练之后不用建立方程就应知道 N_2 与 N_3 的关系。再取截面 II - II 以左为隔离体（图 5-13d），由 $\Sigma Y = 0$

$$2P - \frac{P}{2} - P + N_2\sin\alpha - N_3\sin\alpha = 0, \text{得} 2N_3\sin\alpha = \frac{1}{2}P$$

于是有

$$N_3 = \frac{1}{4\sin\alpha}P = -\frac{\sqrt{5}}{4}P$$

$$N_2 = -N_3 = -\frac{\sqrt{5}}{4}P$$

由此可见，对 K 字型桁架，一般应截面法与结点法联合应用才能求出杆件的内力。

【例 5-5】 求图 5-14a 所示桁架中指定杆的内力。

【解】 （1）分析

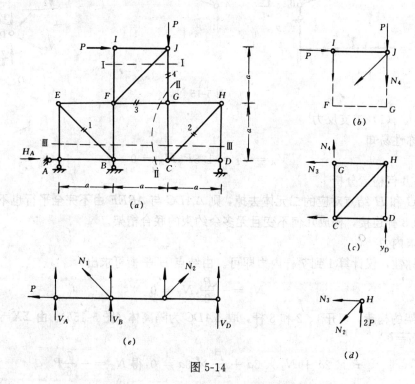

图 5-14

figure 5-14 with parts (a), (b), (c), (d), (e)

77

这是一个两跨静定桁架，图 5-14a 中 ABEF 部分为基本部分，CDGH 为附属部分，FIJG 为依附于前两部分的附属部分。因此本例应按构造的主从关系由从到主依次计算。

（2）计算指定杆的内力

先取截面 I - I 上部为隔离体，如图 5-14b。由平衡方程 $\Sigma M_F = 0$

$$N_4 a + Pa + Pa = 0, 得 N_4 = -2P$$

再取截面 II - II，附属部分 GHDC 为隔离体（图 5-14c），由 $\Sigma M_D = 0$

$$N_3 a - N_4 a = 0, 得 N_3 = N_4 = -2P$$

由 G 点等力杆关系，取结点 H 为隔离体（图 5-14d），沿水平方向投影平衡 $\Sigma X = 0$

$$N_2 \cos 45° + N_3 = 0, 得 N_2 = -(-2P)\sqrt{2} = 2\sqrt{2}P$$

最后取截面 III - III 下部为隔离体（图 5-14e），由 $\Sigma X = 0$

$$P + N_1 \cos 45° - N_2 \cos 45° = 0, 得 N_1 = (2P - P)\sqrt{2} = \sqrt{2}P$$

上式计算中已使用了 A 支座的水平反力 $H_A = -P$。

对多跨静定桁架，宜先作构造分析，然后联合应用结点法与截面法，可加快计算速度。

【例 5-6】 对图 5-15a 所示交叉杆联合桁架，求各杆内力。

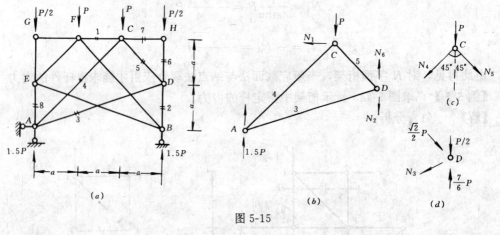

图 5-15

【解】 （1）求支反力

由对称性易知

$$V_A = V_B = 1.5P, H_A = 0$$

（2）几何构造分析

若将 G 和 H 结点对应的二元体去掉，则 $\triangle ADC$ 与 $\triangle BEF$ 由不完全平行也不完全汇交的 1、2 和 8 杆连接，构成几何不变且无多余约束的联合桁架。

（3）求内力

由对称性，仅计算 1 到 7 杆内力即可。由结点 H 平衡可求出

$$N_6 = -\frac{P}{2}, N_7 = 0$$

根据该桁架的构造，切开 1、2 和 8 杆，取 $\triangle ADC$ 为隔离体（图 5-15b）。由 $\Sigma X = 0$ 知 $N_1 = 0$；由 $\Sigma M_A = 0$

$$P \times 2a + N_2 \times 3a + \frac{P}{2} \times 3a = 0, 得 N_2 = -\frac{7}{6}P$$

取结点 C 平衡（图 5-15c），由 $\Sigma X=0$ 即得 $N_4=N_5$；由 $\Sigma Y=0$

$$2N_4 \times \cos45° + P = 0,得 N_4 = N_5 = -\frac{\sqrt{2}}{2}P$$

对图 5-15d 所示结点 D，由 $\Sigma X=0$

$$\frac{\sqrt{2}}{2}P \times \frac{\sqrt{2}}{2} - N_3 \times \frac{3}{\sqrt{10}} = 0,得 N_3 = \frac{\sqrt{10}}{6}P$$

最后由图 5-15d 对计算结果作检验

$$\Sigma Y = \frac{P}{2} + \frac{\sqrt{2}}{2}P \times \frac{\sqrt{2}}{2} - \frac{7}{6}P + \frac{\sqrt{10}}{6}P \times \frac{1}{\sqrt{10}} = 0$$

说明计算结果无误。

第三节 平面桁架外形与受力特点

在土木工程中，桁架一般用来替换图 5-16a 所示的梁，以使结构跨越大空间。相同荷载

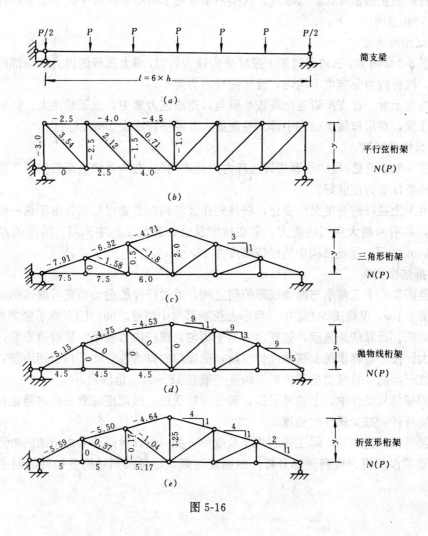

图 5-16

79

作用下，桁架的外形不同，其受力特点也不同。桁架上侧的杆组成上弦，下侧杆组成下弦，上下弦之间的杆为腹杆（图 5-2a）。本节比较一下平行弦（图 5-16b）、三角形（图 5-16c）、抛物线形（图 5-16d）以及折弦形（图 5-16e）四种桁架的内力分布特点。

在通常竖直向下荷载作用下，梁下边纤维受拉上边纤维受压。因此，对应桁架下弦杆受拉上弦杆受压。腹杆内力随它们的不同布置而变化。

为对比说明问题，设以下图 5-16 中 4 类桁架的跨度均与对应简支梁的跨度相同，节间距相等。图 5-16a 所示荷载分别作用在 4 种桁架的上弦结点上。按结点法及截面法计算出的内力分别标在图 5-16b、c、d 和 e 上。

1. 平行弦桁架

对图 5-16b 所示桁架，上下弦杆受力两头小中间大，这与图 5-16a 所示简支梁的上下层纤维受力相似，即与梁上的弯矩分布相似。腹杆的内力与简支梁的剪力分布规律一致，两头大中间小。因此静定平行弦桁架的受力相当于一个空腹梁。

为使设计上的受力合理，应按杆件轴力的大小选取截面大小。所以平行弦桁架杆件的截面积变化较大，给施工带来不便。在实际工程中，常采用标准节间，逐段改变截面的大小，把材料的使用量降到最低限度。这类桁架常用于桥梁及厂房中的吊车梁，其经济跨度在 12～50m 范围内。

2. 三角形桁架

由图 5-16c 可知，三角形桁架下弦杆受力较为均匀，而上弦杆的内力从端部到中间递减量较大。腹杆内力分布也不均匀，且比弦杆内力要小。

从构造上看，在支座附近出现较小锐角，造成应力集中，施工难度大。但由于三角形上弦的坡度，在用作屋盖结构中排水性能好，其经济跨度在 10m 以内。

3. 抛物线桁架

从图 5-16d 可见，抛物线型桁架弦杆内力分布均匀，在均等结点荷载作用下腹杆内力为零，结构整体受力性能好。

但由于上弦杆的长度发生变化，杆件制作及结构施工费用较高。由于这种结构的造型效果好，具有跨越大空间的能力，常在桥梁及公共建筑结构中采用。桥梁的经济跨度在 100～150m 之间，屋盖结构中的经济跨度为 18～30m。

4. 折弦型桁架

这类桁架介于三角形与抛物线形桁架之间，通过杆件的适当布置可取这两类桁架的优点。如图 5-16e，仅将图 5-16c 中三角形上弦端部与中结点之间的结点作了竖向移动，弦杆的坡度如图。计算结果显示，弦杆内力趋于均匀，腹杆内力较小。从构造来看，支承点的锐角增大。按一定要求把上弦做成折线段，使屋盖的排水性能比三角形桁架差，应在构造上解决这一问题。折弦型桁架的经济跨度一般在 18～24m 范围内。

在桁架结构设计中，上弦杆受压，部分腹杆受压，因此应注意压杆的稳定性问题。要合理布置杆件，减少压杆的长度。

桁架外形的选取与实际工程的跨度及造价有关。设计时既要考虑桁架的外形与受力特点，又要减少投资。应避免部分杆件的强度过剩，尽量做到结构各构件同时达到设计强度。

第四节　静定组合结构的计算

若既用铰结点又用刚结点连接杆件，形成桁式杆（二力杆）与梁式杆（弯曲杆）相混合的结构，称为组合结构。这类结构常使用在房屋建筑、吊车梁及桥梁主体结构中。如图5-17a 为组合斜拉桥结构，其中拉索相当于二力拉杆。图 5-17b 为常见的三铰屋架。图 5-17c 是目前加固工程中常采用的结构形式，上面混凝土梁开裂接近破坏，下面用预应力拉杆进行加固，形成组合结构。

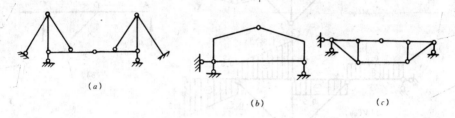

(a)　　　　　(b)　　　　　(c)

图 5-17

在组合结构的分析中，首先是判定哪些是桁式杆，哪些是梁式杆。判别的基本原则是，若两端铰结直线构件的跨内无垂直于杆轴的外力，则该杆为桁式杆，否则为梁式杆。如图5-18a 中 AD 和 DB 杆为梁式杆，其余为桁式杆。但对图 5-18b 示情况，仅荷载不同，则无受弯构件。因为二力杆仅受轴向力，弯曲杆有弯矩和剪力及轴力，所以取隔离体时受力图

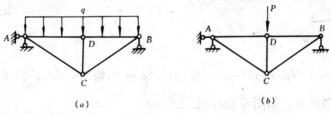

(a)　　　　　　　(b)

图 5-18

是不一样的。计算中，一般应先计算桁式杆的内力，然后再计算梁式杆。通常要综合使用梁和桁架中的计算方法。

【例 5-7】　试计算图 5-19a 所示组合结构。

【解】　（1）求支反力

取整体为隔离体，由 $\Sigma M_A = 0$

$$V_B 4a - 2qa \cdot 3a = 0, 得 V_B = 1.5qa$$

由 $\Sigma Y = 0$

$$V_A + V_B - 2qa = 0, 得 V_A = 0.5qa$$

（2）求桁式杆的内力

取 ADC 为隔离体，如图 5-19b，由 $\Sigma M_C = 0$

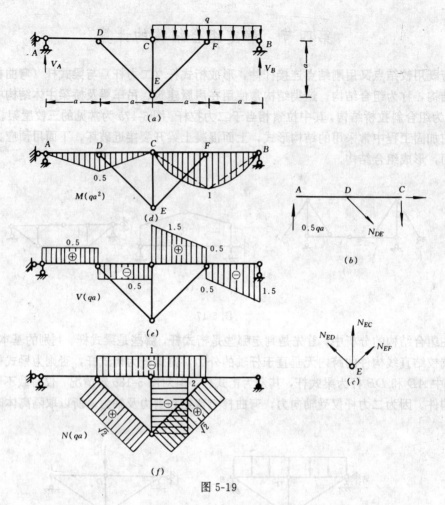

图 5-19

$$N_{DE}\cos45° \cdot a - 0.5qa \cdot 2a = 0,得 N_{DE} = \sqrt{2}\,qa$$

再取结点 E 为隔离体，如图 5-19c，由 $\Sigma X = 0$

$$N_{ED}\frac{\sqrt{2}}{2} - N_{EF}\frac{\sqrt{2}}{2} = 0,得 N_{ED} = N_{EF} = \sqrt{2}\,qa$$

由 $\Sigma Y = 0$

$$N_{EC} + 2N_{ED} \cdot \frac{\sqrt{2}}{2} = 0,得 N_{EC} = -2qa$$

（3）作内力图

由支反力及桁式杆的内力，可求出控制截面上的弯矩

$$M_{FB} = \frac{1}{2}qa^2 - 1.5qa^2$$

$$= -qa^2（下侧受拉）$$

$$M_D = V_A \cdot a = 0.5qa^2（上侧受拉）$$

82

按区段作图法作出弯矩图（图 5-19d）和剪力图（图 5-19e）。再由结点平衡可作出轴力图如图 5-19f 所示。

由此可见，计算组合结构的步骤是先计算支反力，然后用结点法或截面法计算桁式杆的轴力。最后按区段作图法作出梁式杆的内力图。

【例 5-8】　求图 5-20a 所示组合结构桁式杆的内力并作弯矩图。

【解】　（1）求桁式杆的轴力

图 5-20a 中 BE 和 CD 杆为桁式杆。当 CD 杆内力被求出时，则易作出 M 图。取整体平衡，由 $\Sigma M_A = 0$

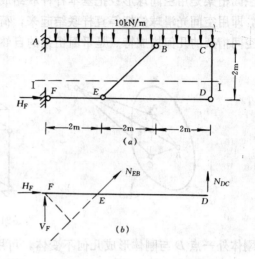

$$H_F \times 2 - \frac{1}{2} \times 10 \times 6^2 = 0,$$

$$H_F = 90\text{kN}$$

再取截面 I-I 下部为隔离体，如图 5-20b，由 $\Sigma X = 0$

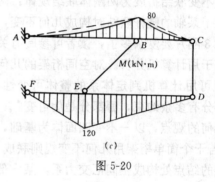

$$H_F + N_{EB} \frac{\sqrt{2}}{2} = 0,$$

得　　$N_{EB} = -90\sqrt{2}\text{kN}$

由 $\Sigma M_F = 0$

图 5-20

$$N_{DC} \times 6 + N_{EB} \times 2 \times \frac{\sqrt{2}}{2} = 0,$$

得　　　　　　$N_{DC} = 30\text{kN}$

（2）作弯矩图

显然控制截面为 B 和 E。由 BC 段平衡得

$$M_B = N_{DC} \times 2 + \frac{1}{2} \times 10 \times 2^2 = 80\text{kN} \cdot \text{m}（上侧受拉）$$

再由 ED 段平衡求出

$$M_D = 4 \times N_{DE} = 120\text{kN} \cdot \text{m}$$

于是按区段作图法得图 5-20c 所示的弯矩图。

*第五节　静定空间桁架的计算

象空间刚架那样，实际桁架无论从受力或构造上均为空间的。由于铰结点不传递力矩，在某些受力状态下，可把空间桁架转化为平面桁架计算，但一般情况下应按空间桁架的计算方法才能获得桁架的内力。

空间桁架是用空间球形铰把基本杆件联结成的体系。空间桁架的基本假设与平面桁架类似，即用空间光滑球铰把等直杆联结起来，荷载与支承反力均作用在结点上。

空间桁架的几何构成特点是平面桁架的自然推广。如二元体扩展为三元体（图 5-21a），

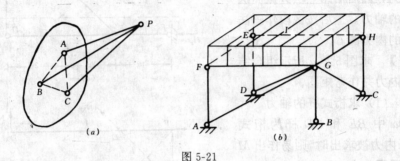

图 5-21

就是刚体外一点 D 与刚体形成几何不变体，可用 3 根不同时共面的 3 链杆联结来实现。两刚片几何不变联结扩展为两刚体联结规律：两刚体用 6 根不完全在相互平行的平面内，也不完全交于某轴的链杆联结时构成几何不变，且无多余约束（图 5-21b）。至于 3 刚体的不变联结比 3 刚片要复杂多了，读者可参阅有关资料，这时一般用解析方法取代几何表达方法，以便于用计算机分析。对空间桁架的几何构造分析，已有现成的理论及计算机分析方法。不但可用计算机判定体系的整体可变性，而且还可以具体找出体系哪部分可变（机构）哪部分有多余约束，哪部分是伪可变*。

从几何的观点，以一不变四面体为基础，经发展三元体而形成的桁架为"简单空间桁架"；由若干个简单桁架用几何不变规则联成"联合桁架"。除此之外为复杂空间桁架。

桁架的结点处构成空间汇交力系，某一部分则构成空间一般力系。因此，空间桁架的基本分析方法仍为结点法及截面法。

一、结点法

结点法是以结点为隔离体，按空间汇交力系的三个平衡方程

$$\Sigma X = 0, \Sigma Y = 0, \Sigma Z = 0$$

求出内力。这种方法一般适用于简单桁架，只要按构造相反的次序便可逐一求出各杆内力。与平面桁架一样，计算前应判别零杆及等力杆。

（1）零杆。若三元体结点上无外力（图 5-22a），则三杆内力 $N_1 = N_2 = N_3 = 0$。除一杆外，结点的其余各杆及外力处于同一平面内（图 5-22b），则该不共面杆的内力 $N = 0$。

（2）等力杆。汇交于无外力作用结点的 6 根链杆两两共线（图 5-22c），则共线杆为等力杆。另外，若汇交于结点的所有杆关于通过结点的轴对称，且外力作用在轴上，则各杆的内力应相等。这给轴对称结构的计算带来方便。例如图 5-23 示等长（1.5a）杆，通过平面内正方形 A、B、C、D 四点与垂直于其中心 O 点的轴 OE 上的 E 点联结成轴对称空间桁架，P 作用在轴对称轴上。则绕 OE 轴转动后（如转 90°）与未转动时具有同样的构造及受

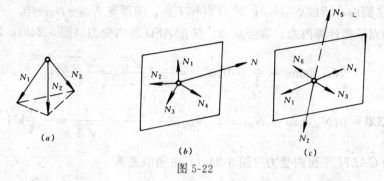

（a） 　　　　　（b） 　　　　　（c）

图 5-22

力，这表明各杆的内力应相等。且取结点平衡沿 OE 轴投影（各杆轴力为 N 设为拉力）

$$P - 4N \cdot \frac{1}{1.5a} \cdot \frac{a}{2} = 0, N = \frac{3}{4}P$$

便求出了 4 杆的内力。下面给出结点法
的计算过程。

【例 5-9】　试用结点法计算图 5-24a 示空间桁架。

【解】　（1）求支承反力。取整体
为隔离体

$$\Sigma X = 0 \quad R_{Ax} = 0; \Sigma Y = 0 \quad R_{Ay} = 0$$

再由双对称性

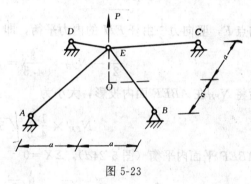

图 5-23

$$R_{Az} = R_{Cz} = R_{Dz} = R_{Fz} = \frac{1}{2}\text{kN}$$

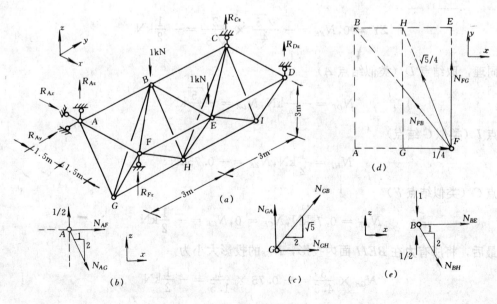

（b）　　　　　（c）　　　　　（e）

图 5-24

(2) 判定零杆。对结点 A，AB 杆垂直于 AGF 铅直面，所以 $N_{AB}=0$；对 G 结点，GF 杆不在 $GABH$ 面内，所以 $N_{GF}=0$；对 D 点和 I 点，同理有 $N_{DE}=N_{FI}=0$。

(3) 由结点平衡计算内力。取结点 A，仅在 AFG 面内受力（图 5-24b），$\Sigma Z=0$

$$N_{AG}\cdot\sin\alpha-\frac{1}{2}=0,N_{AG}=\frac{1}{2}\cdot\frac{\sqrt{5}}{2}=\frac{\sqrt{5}}{4}\mathrm{kN}$$

$$\Sigma X=0,N_{AG}\cos\alpha+N_{AF}=0,N_{AF}=-\frac{\sqrt{5}}{4}\times\frac{1}{\sqrt{5}}=-\frac{1}{4}\mathrm{kN}$$

取结点 G，为 $GABH$ 平面内受力（图 5-24c），由相似关系

$$\frac{N_{GA}}{\sqrt{5}}=\frac{N_{GH}}{2},N_{GH}=\frac{\sqrt{5}}{4}\cdot\frac{2}{\sqrt{5}}=\frac{1}{2}\mathrm{kN}$$

$$\frac{N_{GB}}{4.5}=\frac{N_{GH}}{3},N_{GB}=-1.5\times\frac{1}{2}=-0.75\mathrm{kN}$$

取结点 F，竖向力 $\frac{1}{2}$ 由杆 FH 的内力平衡，即

$$\frac{1}{2}-N_{FH}\times\frac{3}{4.5}=0,N_{FH}=0.75\mathrm{kN}$$

然后将 N_{FH} 在 $ABEF$ 面内投影，大小为

$$N_{FH}\times\frac{1.5}{4.5}\sqrt{5}=\frac{\sqrt{5}}{4}\mathrm{kN}$$

取 $ABEF$ 平面内平衡（图 5-24d），$\Sigma X=0$

$$\frac{1}{4}-N_{FB}\frac{\sqrt{2}}{2}+\frac{\sqrt{5}}{4}\times\frac{1}{\sqrt{5}}=0,N_{FB}=0$$

$$\Sigma Y=0,N_{FE}=-\frac{\sqrt{5}}{4}\times\frac{2}{\sqrt{5}}=-\frac{1}{2}\mathrm{kN}$$

同理，取结点 D（类似结点 A）

$$N_{DF}=-\frac{1}{4}\mathrm{kN},N_{DZ}=\frac{\sqrt{5}}{4}\mathrm{kN}$$

取结点 I（类似 G 结点）

$$N_{HI}=\frac{1}{2}\mathrm{kN},N_{ZE}=-0.75\mathrm{kN}$$

取结点 C（类似结点 F）

$$N_{HE}=0.75\mathrm{kN},N_{CE}=0,N_{CB}=-\frac{1}{2}\mathrm{kN}$$

最后，将所有力在 BEH 面内投影，N_{GB} 的投影大小为

$$N_{GB}\times\frac{3}{4.5}=-0.75\times\frac{1}{1.5}=-\frac{1}{2}\mathrm{kN}$$

由 B 点平衡（图 5-24e），$\Sigma Z=0$

$$1 - \frac{1}{2} + N_{BH} \times \frac{3}{1.5\sqrt{5}} = 0, N_{BH} = -\frac{\sqrt{5}}{4}\text{kN}$$

由对称性，$N_{EH} = -\dfrac{\sqrt{5}}{4}\text{kN}$

这样通过结点平衡求出了各杆的内力。分析中，常利用投影变为平面力系的平衡问题来分析。由于几何关系复杂，空间桁架的分析比较困难。

二、截面法

若用截面切开原结构，取出一部分平衡时有 6 个平衡方程。因此未知力个数一般不能多于 6 个。例外的情况是，在切开的所有未知力杆中，除一杆外其余在相互平行的平面内或者汇交于某轴，这时可用投影方程或力矩方程求出该杆的内力。在这种情况下，切开的未知力杆可多余 6 根。

【例 5-10】 试计算图 5-25 所示桁架。

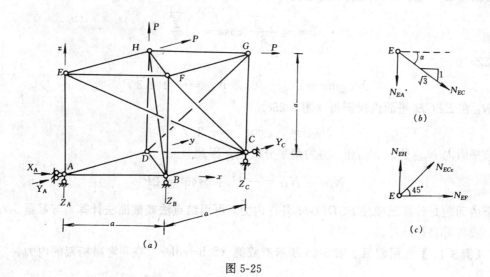

图 5-25

【解】 （1）分析

图 5-25a 先由相互平行的△BCD 和△FGH 用 6 链杆联成几何不变体系，然后发展三元体 ECFH 和 ABDE 得出静定空间桁架。由于每个结点均含 4 个及以上的未知力，因此应先用截面法求支反力，然后配合结点法求各杆的内力。

（2）求支反力

取截面将六根与基础相连的链杆切开，取上部为隔离体，构成空间一般力系，可建立6 个平衡方程。先由 $\Sigma X = 0$

$$X_A + P = 0, 得 X_A = -P$$

由 $\Sigma M_{yBC} = 0$

$$P \cdot a + P \cdot a + Z_A \cdot a = 0, 得 Z_A = -2P$$

其中 ΣM_{yBC} 表示力系对平行于 y 的 BC 轴取力矩代数和。由 $\Sigma M_{xDC} = 0$

$$Z_A \cdot a + Z_B \cdot a + P \cdot a = 0, 得 Z_B = P$$

对 Z 轴取投影平衡 $\Sigma Z = 0$

$$Z_A + Z_C + Z_B + P，得 Z_C = 0$$

再由 $\Sigma M_{zAE} = 0$

$$P \cdot a - Y_C \cdot a = 0，得 Y_C = P$$

最后由 $\Sigma Y = 0$

$$Y_A + Y_C = 0，得 Y_A = -P$$

以上用了 3 个投影方程和 3 个力矩方程。若用力矩方程更方便，则可用它代替投影方程，比如求 Z_C 时，可由 $\Sigma M_{zAB} = Pa \cdot Pa + Z_C a = 0$，获得与投影法一致的结果。特殊情况可取 6 个平衡方程均为力矩方程。

(3) 求杆件内力

由图 5-25a 中结点 A 平衡容易求出

$$N_{AB} = -X_A = P，N_{AD} = -Y_A = P，N_{AE} = -Z_A = 2P$$

再取结点 E 平衡，几何关系（图 5-25b）

$$\sin\alpha = \frac{\sqrt{3}}{3}，\cos\alpha = \sqrt{\frac{2}{3}}$$

由 $\Sigma Z = 0$

$$N_{EC}\sin\alpha + N_{EA} = 0，得 N_{EC} = -2\sqrt{3}P$$

将 N_{EC} 在 $EFGH$ 平面内投影得（图 5-25c）

$$N_{ECZ} = N_{EC}\cos\alpha = -2\sqrt{2}P$$

在该平面内 N_{ECZ} 处于 N_{EH} 和 N_{EF} 的角平分线上，因此

$$N_{EH} = N_{EF} = -N_{ECZ}\cos45° = 2P$$

剩下的问题是计算三棱柱 $BCDFGH$ 各杆内力，可用结点法或截面法计算，与习题 5-7a 类似，读者可自行练习。

【例 5-11】 用截面法求 5-26 所示施威德（Schwedler）空间穹窿桁架的内力。

【解】 (1) 分析

图 5-26a 是穹窿的平面投影图，图 5-26b 为立面图。本问题是单层的，可以建造多层结

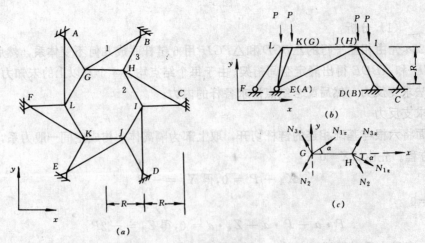

图 5-26

构。这种结构主要承受重力荷载，可简化为作用在结点上的集中力，大小均为 P。荷载对称使内力成轴对称分布。即顶部六杆内力相等，径向支杆内力相等，斜向支杆内力相等。于是本问题仅求三杆内力 N_1，N_2，N_3（图5-26a）就行了。

（2）求内力

用截面法取图5-26a中的 GH 杆为隔离体。先把所有力在水平面 $GHIJKL$ 内投影，N_2 不变，N_1 的投影为 N_{1z}，N_3 为 N_{3z}，如图5-26c。由几何关系知，该平面内 GB 杆内力 N_1 的投影与 GH 轴的夹角和 HC 杆内力投影 N_{1z} 与 GH 轴的夹角同为 α。然后通过建立平衡方程求内力。

由 $\Sigma X = 0$

$$N_{1z}\cos\alpha + N_{1z}\cos\alpha = 0, 得 N_{1z} = 0 即 N_1 = 0$$

N_2 和 N_3 的投影抵消。然后由 $\Sigma Y = 0$

$$2N_2\cos 30° - 2N_{3z}\cos 30° = 0, N_2 = N_{3z}$$

而

$$N_{3z} = N_3\cos 45° = \frac{\sqrt{2}}{2}N_3$$

所以

$$N_3 = \sqrt{2} N_2$$

最后对 AB 轴取矩

$$2P \times R\cos 30° + 2N_2\cos 30° \times R = 0, 得 N_2 = -P$$

故

$$N_3 = -\sqrt{2} P$$

由此可见用截面法分析是方便的。对多层情况可作类似计算。

三、空间桁架分解成平面桁架计算

通常，空间桁架是由几片几何不变的平面桁架构成。若把荷载沿几何不变的平面桁架内分解，然后按平面桁架计算，最后把各部分计算结果叠加就得最后内力。如图5-27a所示空间井架。在 G 点承受水平面内任意荷载 P，沿 x 和 y 方向的分力分别为 P_x 和 P_y，侧原结构可分解为图5-27b和c两种平面桁架的计算，然后叠加求出的内力即可。其结果的正确性，读者不难用结点法作检验。

一般地，对任何棱柱（锥、台）类型空间桁架，外力可沿几何不变的平面内分解，分

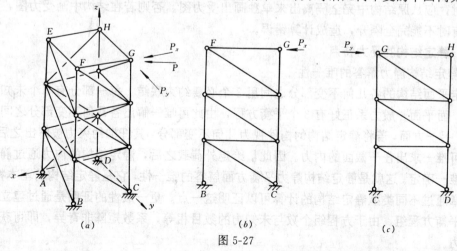

图 5-27

别计算后再叠加。叠加时将各片桁架中公共杆的内力取代数和。

由此可推知,当外力作用在空间桁架的某一几何不变的桁架平面内时,仅平面内杆件受力,平面外杆件内力为零。

本节仅介绍了简单空间桁架的分析和计算方法,因空间体系的复杂性,用手算十分繁杂,一般采用计算机计算。

第六节 静 定 结 构 小 结

本节对以上三章静定结构的计算方法及受力特点作简要小结,以加深对静定结构的认识。

一、分析计算方法

静定结构为无多余约束的几何不变体系,未知内力数目与平衡方程个数相等。因此,静定结构的内力完全由静力平衡方程确定。

总的计算方法是灵活选取隔离体,建立平衡方程,解出未知力。在计算前要充分了解结构的几何构造,以提高运算速度。例如对称结构对称性的利用等。

1. 梁与刚架的计算

理解"零平斜弯"的几何意义,灵活运用区段作图法。掌握支承点,汇交点及外力突变点的受力特点,快速准确地作出内力图。

2. 三铰拱与悬索的计算

在竖向荷载作用下,可用对应简支梁的内力快速计算拱截面上的内力。拱处于无弯矩状态时的拱轴为合理拱轴。悬索是倒置的合理拱轴,可由拱的分析结果获得计算公式。

3. 桁架与组合结构

对桁架,应先了解其几何构造特点,排除零杆,确定等力杆,灵活用结点法与截面法求出内力。组合结构的计算中,先要分清梁式杆和桁式杆,然后计算桁式杆,最后作梁式杆的内力图。

在计算中,无论对哪类静定结构,首先应分析几何构造性质,特别对多层多跨静定结构就更为重要。只有这样才能根据附属结构与基本结构的主从关系快速求出内力。截取隔离体图时,应从原结构中完全隔离出来单独画出受力图。否则若在结构中画受力图,易混淆,且有时不能完全隔开,造成计算错误。

二、静定结构的受力特点

1. 静定结构静力解答的唯一性

静定平面结构的各几何不变部分之间用 3 个必要约束联结,每一部分有 3 个未知的约束反力,而平面一般力系正好有 3 个平衡方程,由此可唯一解出各几何不变部分之间的约束反力。另一方面,若将静定结构的构件视为几何不变部分,其杆端约束力被解出之后,用截面法可唯一求出任一截面的内力。因此,给定外荷载之后,静定结构的内力通过静力平衡方程唯一确定。这就是静定结构静力平衡方面解答的唯一性,它是静定结构的基本特性。前面几章通过不同类型静定结构的计算可以证明这一点。更一般性的证明是通过建立矩阵表达的平衡方程组。由于方程组个数与未知力的数目相等,系数矩阵非奇异,即可获得唯一的内力。

2. 非外力因素对静定结构的影响

结构上的非外力因素包括支座的不均匀沉降、温度变化、制造温差及材料的收缩、徐变等因素。非外力因素作用下的显著特点是不会引起静定结构的支反力和内力，这是由静力解答的唯一性决定的。

例如对图 5-28a 所示刚架，支座 C 发生竖向沉降 Δ_{CV} 时，变化到虚线位置，由静力平衡方程不难验证支反力和内力为零。又如图 5-28b 所示三铰拱，温度改变作用下变到虚线的位置，因仍为无荷载作用的静定结构，故内力为零。

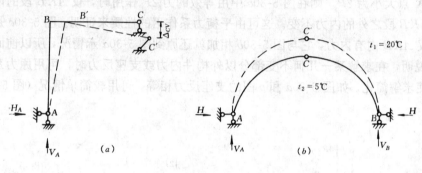

图 5-28

但非外力因素将会引起静定结构的位移或变形。支座不均匀沉降及制造误差不引起变形，温度改变时既有变形也有位移。

学完第七章力法后，读者将明白非外力因素作用将引起超静定结构的内力。因此，工程中常采取一定构造措施以降低非外力因素引起的内力。比如设置沉降缝、抗震缝及温度收缩缝等，将结构断开就是这个道理。

3. 平衡力系的作用。

若静定结构某一几何不变部分承受一组任意的平衡力系，则仅该几何不变部分有内力，其余部分内力为零。如图 5-29a 示桁架，三角形 ABC 上作用了一组平衡力系，容易算出，仅该三根杆有内力。图 5-29b 中刚架 A 和 C 两点承受大小相等方向相反的共线力 P，则仅 ABC 段有内力，AD 与 CE 段内力为零。

注意条件中的几何不变是必要的。如图 5-29c 示两跨静定梁，AB 段内作用有平衡力系，则不仅 ABC 段有内力，之外也存在内力。原因是 ACB 内部几何可变。另外，若几何可变

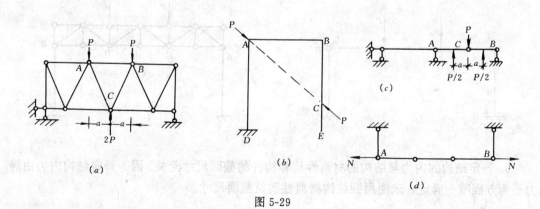

图 5-29

部分承受特定力而不是任意平衡力系，如图 5-29d，则平衡力系作用内部杆件有内力，之外杆件内力为零的结论也成立。

上面的性质可由静力解答的唯一性证明。这时把平衡力系作用部分视为静定结构，其余部分为支座即可得出结论。

4. 静定结构上荷载的等效性。

静定结构上某一几何不变部分上的外力，当用一等效力系替换时，仅等效替换作用区段的内力发生变化，其余部分内力不变。如图 5-30a 示静定结构，A 和 B 两点承受力 P，合力作用在 K 点大小为 2P。则在图 5-30b 中用等效的力 2P 作用时，仅 AKB 段的内力发生了改变，AKB 段之外的内力不变。这可由平衡力系作用的性质来证明。图 5-30c 是一组平衡力系，仅 AKB 内有内力，它与图 5-30b 相加就还原到图 5-30a 示情况，所以前面的结论成立。这说明，在求解某一几何不变部分以外构件内力或支座反力时，可用原力系的合力去代替，使求解简化。如图 5-30a 和 b 图的支座反力相等，可用较简单情况（图 5-30b）来计算反力。

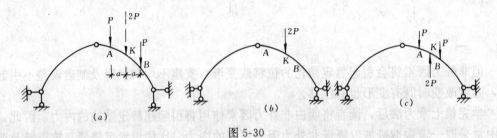

图 5-30

注意，作用在几何不变部分上的外力，仅用该几何不变部分以内的等效力去代替，上述结论才成立。

5. 结构的等效替换。

静定结构某一几何不变部分，用其他几何不变的结构去替换时，仅被替换部分内力发生变化，其他部分内力不变。如图 5-31a 示排架，承受两个力 P。若用图 5-31b 示平行弦桁架去替换 AB 杆，则除 AB 段内力发生变化外，柱内力不变。这种结构替换在结构设计中有重要作用。如图 5-31a 中实心梁 AB 的跨度不能太大，而改用桁架后则可跨越大空间。且梁主要受弯，桁架为拉压杆，因此被替换部分内力发生了变化。

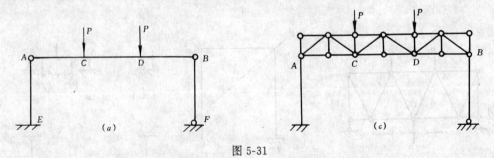

图 5-31

6. 静定结构的内力与结构的材料性质和构件的截面尺寸无关。因为静定结构内力由静力平衡方程唯一确定，未使用到结构材料性质及截面尺寸。

思 考 题

1. 实际桁架与理想桁架有何差别？误差如何？
2. 桁架的计算有哪两种基本方法？特殊受力杆有几类？内力值用什么方法判定？
3. 截面法中选截面时，平面桁架未知力杆一般不多余三根例外情况是什么？
4. 组合结构一般由什么基本杆件组成？
5. 计算组合结构时应注意哪些问题。
6. 把空间桁架分解成平面桁架计算时，计算结果有无误差？为什么？
7. 比较常见的几种静定结构分析方法的异同。
8. 静定结构的受力有何特点？非外力因素是否引起静定结构的内力？

习 题

5-1　判定图示桁架中的零杆。

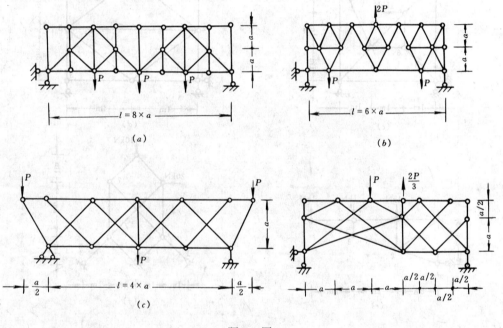

题 5-1 图

5-2　用结点法求图示桁架各杆的内力。
5-3　用截面法求指定杆的内力。
5-4　选择适当的方法计算图示指定杆的内力。
5-5　灵活计算图示桁架的内力。
5-6　试求图示组合结构的内力，作出受弯构件的弯矩图。
5-7　计算图示空间桁架的内力。
5-8　如图所示空间桁架，在水平面内承受力 P，作用在第 7 结点处，与 x 轴的夹角 $\alpha=45°$。试证明分解成平面桁架计算的结果相加便为原空间桁架的内力。
5-9　如图所示轴对称支承的空间桁架，外圈实心点 8、9、10、11、12、13 表示固定铰支座，内部自由结点 1、2、3、4、5、6、7 承受竖向相同的力 1kN。试求各杆内力。
5-10　如图所示单层施威德桁架，在结点 4 承受竖向力 10kN，试求各杆内力。

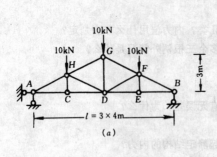

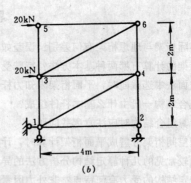

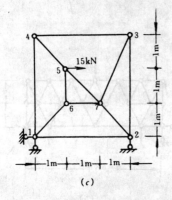

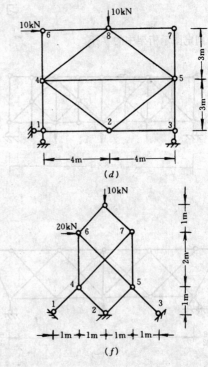

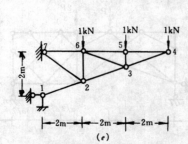

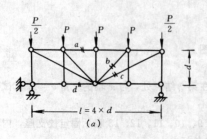

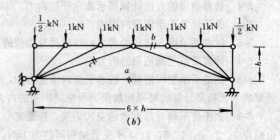

题 5-2 图

题 5-3 图（一）

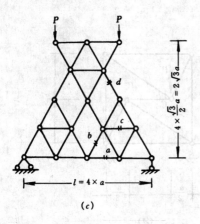

(c)

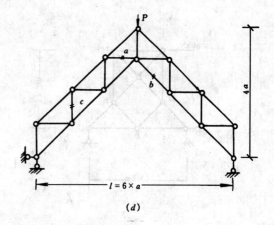

(d)

题 5-3 图（二）

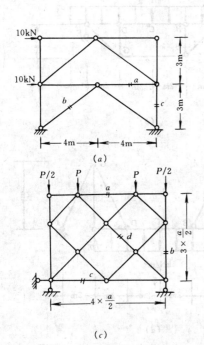

(a)

(c)

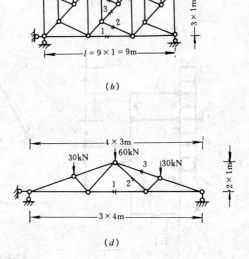

(b)

(d)

题 5-4 图

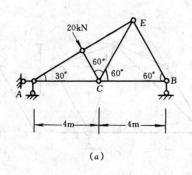

(a)

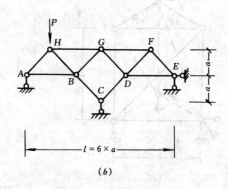

(b)

题 5-5 图（一）

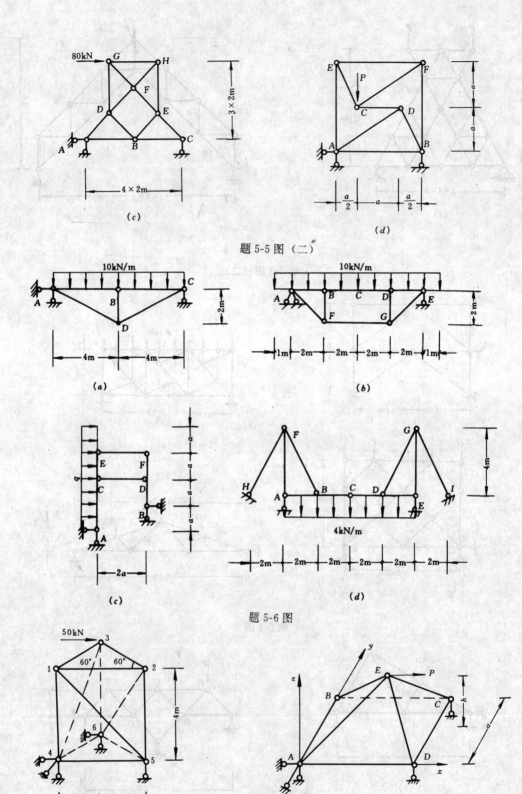

題 5-5 圖 （二）

題 5-6 圖

題 5-7 圖

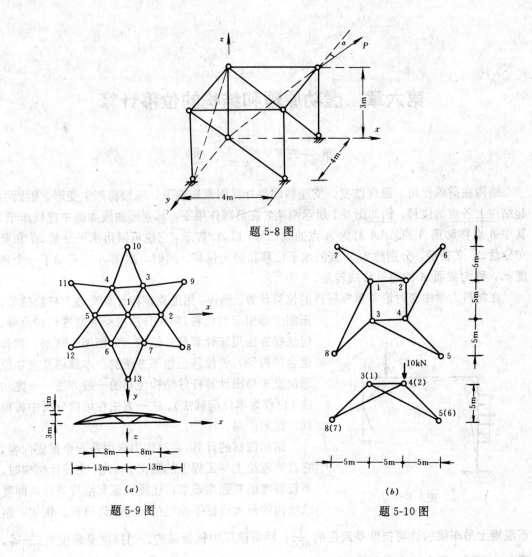

题 5-8 图

(a)

题 5-9 图

(b)

题 5-10 图

97

第六章 虚功原理和结构的位移计算

第一节 概　述

结构在荷载作用、温度改变、支座移动等外界因素影响下，一般将产生变形，因而引起结构上各点的位移。例如图 6-1 所示刚架，在荷载作用下，其变形曲线如图中虚线所示，其中 A 点移动到 A' 点，AA' 称为 A 点的线位移，以 Δ_A 表示，它也可以用水平分量 Δ_A^H 和竖向分量 Δ_A^V 来表示，分别称为 A 点的水平位移和竖向位移。同时，截面 A 还转动了一个角度 φ_A，称为截面 A 的角位移或转角。

在材料力学中曾讨论了单根杆件的位移计算。例如，用虎克定律计算受轴力杆的拉伸、压缩变形引起的位移，用积分法求梁的挠度和转角等。但这些方法用来计算杆件结构（如桁架、刚架、拱和组合结构等）的位移是很不方便的。本章将从虚功原理出发来导出计算杆件结构位移的一般方法——虚功法（也称为单位荷载法）。这一方法在结构分析中将得到广泛的应用。

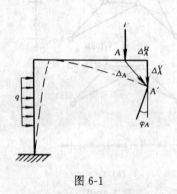

图 6-1

结构位移的计算，在结构力学中是一个重要内容，它具有理论上与工程上的意义。首先，在设计结构时，不仅要考虑其强度要求，还须保证其刚度条件，即要求结构的最大位移不能超过一定的许可值。例如，钢筋混凝土吊车梁的许可挠度是跨度的 $\dfrac{1}{600}$；桥梁建筑中钢钣梁的许可挠度是跨度的 $\dfrac{1}{700}$ 等。其次，在下一章力法中将会看到，欲计算超静定结构的内力，除静力平衡条件外，尚须考虑位移条件，所以必须会计算结构的位移。此外，在结构的制作、施工等过程中，也常需预先知道结构的位移，以便作出一定的施工措施。

本章先介绍变形体虚功原理，然后讨论静定结构的位移计算。至于超静定结构的位移，在学完超静定结构的内力计算后，仍可用本章方法进行计算。

第二节 实功与虚功

图 6-2a 所示的简支梁，其上作用一静力荷载，于是梁变形成图中虚线所示的曲线形状。此时，P_1 的作用点产生位移 Δ_{11}。Δ_{11} 的第一个脚标"1"表示位移的地点和方向，即此位移是 P_1 作用点沿 P_1 方向的位移；第二个脚标"1"表示产生位移的原因，此位移是由 P_1 引起的。由于 P_1 是静力荷载，其值由零逐渐增加到最终值 P_1，与此相应，P_1 作用点的位移也由零逐渐增加到最终值 Δ_{11}。如所已知，在弹性范围内，P 与 Δ 之间成线性关系，如图 6-2b

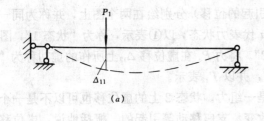

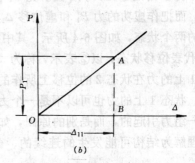

图 6-2

所示。因此，在加载过程中 P_1 所作的总功 T_{11} 为

$$T_{11} = \frac{1}{2} P_1 \Delta_{11}$$

即等于图 6-2b 中三角形 OAB 的面积。这里，位移 Δ_{11} 是由力 P_1 引起的。T_{11} 是力 P_1 在其本身引起的位移 Δ_{11} 上所作的功，称为实功。由于在位移过程中力 P_1 是变力，是由零增加到 P_1 的，所以在计算式中有系数"$\frac{1}{2}$"。

现设在 P_1 加完后，梁达到曲线 I 所示的平衡位置，然后再加力 P_2（也是静力加载），梁又继续变形到曲线 II 的平衡位置（图 6-3）。在 P_2 的作用点产生位移 Δ_{22}，力 P_2 所作的功为

$$T_{22} = \frac{1}{2} P_2 \Delta_{22}$$

也是实功。

由于加 P_2，P_1 作用点沿 P_1 方向又产生了新的位移（附加位移）Δ_{12}，第一个脚标"1"表示此位移是 P_1 作用点沿 P_1 方向的位移，第二个脚标"2"表示此位移是由 P_2 引起的。于是 P_1 在加 P_2 的过程中也作了功。在此过程中，P_1 之值保持不变，故 P_1 在位移 Δ_{12} 上所作的功为

$$T_{12} = P_1 \Delta_{12}$$

这里，位移 Δ_{12} 是 P_1 作用点并沿 P_1 方向的位移，但引起这一位移的原因却不是 P_1，而是 P_2。T_{12} 是力 P_1 在其它原因引起的位移上所作的功，称为虚功。所谓"虚"就是表示位移与作功的力无关。在作虚功时，力不随位移而变化，是常力，故在计算式中没有系数"$\frac{1}{2}$"。

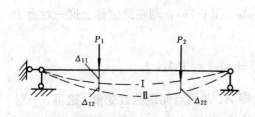

图 6-3

图 6-4

为了清楚起见，今后在研究 P_1 在 P_2 引起的位移 Δ_{12} 上所作的虚功时，不绘图 6-3 的情况，而把作虚功的力 P_1 和虚位移 Δ_{12}（P_2 引起的位移）分别绘在两个图上，并称为同一结构的两个状态，如图 6-4 所示。其中图 6-4a 代表力状态，以①表示，称为"状态 1"，图 6-4b 代表位移状态，以②表示，称为"状态 2"。将力 P_1 在虚位移 Δ_{12} 上所作的虚功称为"状态 1 上的力在状态 2 的位移上所作的虚功"，并以 T_{12} 表示。

状态 1 上的力也可以不是一个力，而是一组力。状态 2 上的虚位移也可以不是一个力或一组力引起的，而是别的原因，如温度改变、支座移动等引起的。概括地说，虚位移可以理解为结构可能发生的连续的、微小的（与结构基本尺寸相比较）、约束所允许的位移。

第三节　广义力与广义位移

今后不仅要遇到单个力作功的问题，而且要遇到单个力偶、一组力、一组力偶作功的问题。为了简便，概括地称这些作功的与力有关的因素为广义力。这些广义力将在相应的有关位移的因素上作虚功。这些有关位移的因素称为与广义力相对应的广义位移。这样，广义力与广义位移的关系是，两者相乘得功，即

$$T = S\Delta$$

S 为广义力，Δ 为广义位移。当广义位移与广义力方向一致时，虚功为正。

例如，若广义力是单个集中力 P（图 6-5a），则广义位移是该力作用点的全位移 KK' 在力 P 方向上的投影 Δ（图 6-5b）。若广义力是一个力偶（图 6-6a），则广义位移是它所作用截面的转角 φ（图 6-6b）。

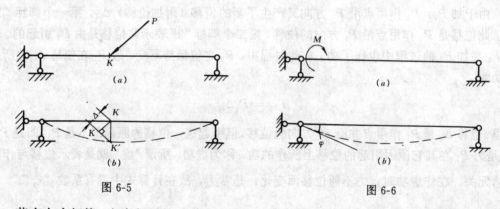

图 6-5　　　　　　　　　　　　图 6-6

若有大小相等、方向相反的一对力 P 作用于图 6-7a 所示结构的 A、B 两点上，由于某种原因 A、B 两点分别沿力 P 方向发生位移 Δ_A、Δ_B（图 6-7b），则在此位移上这一对力 P 所作的虚功为

$$T = P\Delta_A + P\Delta_B = P(\Delta_A + \Delta_B) = P\Delta_{AB}$$

其中 Δ_{AB} 是 A、B 两点沿力 P 方向的相对线位移，即 A、B 两点间距的改变量。这里，一对力 P 是广义力，Δ_{AB} 是与之相应的广义位移；或者反过来说，与 A、B 两点连线方向的相对线位移相对应的广义力是加于 A、B 两点并沿其连线方向的一对指向相反的力 P。

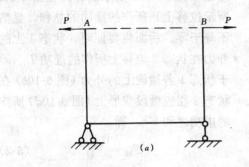
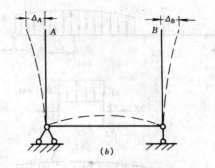

图 6-7

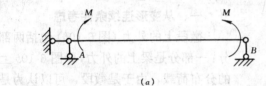

图 6-8

又如，若有一对力偶 M 作用于简支梁 A、B 两截面上（图 6-8a），由于某种原因此两截面分别发生了转角 φ_A、φ_B（图 6-8b），则在此位移上这一对力偶所作的功为

$$T = M\varphi_A + M\varphi_B = M(\varphi_A + \varphi_B) = M\varphi_{AB}$$

其中 φ_{AB} 为 A、B 两截面发生的相对转角。这里，一对力偶是广义力，φ_{AB} 是与之相应的广义位移。或者说，与相对转角 φ_{AB} 相应的广义力是一对数值相等、方向相反的力偶。

广义力与广义位移的概念在功的理论和位移计算中要用到。要求已知广义力就能找到与之相应的广义位移，以及已知广义位移就能找到与之相应的广义力。

第四节　变形体虚功原理

在理论力学中已学过刚体虚功原理。按照这个原理，当给平衡体系以任何微小的刚性位移时，作用于体系上的所有外力所作虚功的总和等于零。例如，设有一简支梁在外力作用下处于平衡（图 6-9a），当使其支座发生某一微小位移时（图 6-9b），梁上的外力（包括支座反力）在此位移上要作虚功，其总和应等于零。这个功的方程可以概括地写为

$$T_{12} = 0 \qquad (6\text{-}1)$$

即状态 1 上的外力在状态 2 位移（刚性位移）上所作虚功的总和等于零。这就是刚体的虚功方程。

若所给的虚位移不是刚性位移，而是某一变形曲线，例如是某一组力所引起的弹性曲线（图 6-10c），则状态 1 上的外力在此位

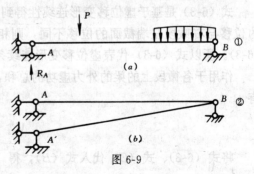

图 6-9

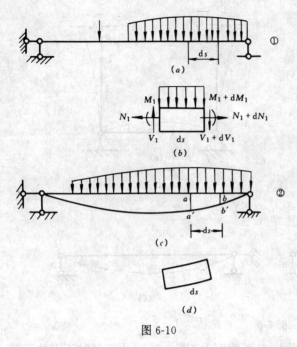

图 6-10

移上（即图 6-10a 所示的外力在图 6-10c 所示位移上）所作的虚功的总和，显然不等于零。后面将要证明，状态 1 上的外力在状态 2 位移上所作的虚功 T_{12}，等于状态 1 各微段上的外力（图 6-10b）在状态 2 相应微段变形上（图 6-10d）所作的虚功之和 $V_{12}^{变}$。即

$$T_{12} = V_{12}^{变} \qquad (6-2)$$

式（6-2）即变形体虚功方程。推导如下：

一、从变形连续条件考虑

微段上的外力（图 6-10b）包括两部分：一部分是梁上的外力，即图 6-10b 上的分布荷载，由于是微段，可以认为是均布的。另一部分是微段间的相互作用力，即内力 M、V、N。由于是属于状态 1 的，以 M_1、V_1、N_1 表示（这些力对整个结构而言是内力，对所取微段而言则是外力）。

微段上外力虚功 dV_{12} 也由两部分组成：相互作用力之功 $dV_{12}^{相}$ 及梁上外力之功 $dV_{12}^{外}$，即

$$dV_{12} = dV_{12}^{相} + dV_{12}^{外} \qquad (A)$$

把整个梁中各个微段上外力虚功加起来，得

$$V_{12} = V_{12}^{相} + V_{12}^{外} \qquad (B)$$

其中 V_{12} 为各微段上外力虚功的总和。$V_{12}^{相}$ 为作用于各微段上相互作用力虚功的总和。$V_{12}^{外}$ 为作用于各个微段上的梁上外力虚功的总和。

由于相互作用力是成对出现的，大小相等，方向相反，作用在相邻的微段上，且虚位移变形是连续的（图 6-10c），左微段的右端截面与右微段的左端截面联在一起，转角相同，线位移也相同。所以，如果作用在左微段右端截面上的力作正功，则作用在右微段左端截面上的力必作负功。这样，相邻微段间的相互作用力之功的总和 $V_{12}^{相}$ 等于零：

$$V_{12}^{相} = 0 \qquad (6-3)$$

式（6-3）是基于虚位移变形连续性得到的。若虚位移变形不连续，即左微段右端截面的位移与右微段左端截面的位移不同，则相互作用力之功不能相互抵消，从而得不到式（6-3）。所以式（6-3）代表虚位移变形连续条件。

作用于各微段上的梁的外力虚功的总和，显然就是梁上外力（图 6-10a）虚功 T_{12}，即有

$$V_{12}^{外} = T_{12} \qquad (C)$$

将式（6-3）、式（C）代入式（B），得

$$T_{12} = V_{12} \tag{6-4}$$

这样就把梁上外力虚功 T_{12} 与各微段外力虚功的和 V_{12} 联系起来。

二、从平衡条件考虑

将状态 2 微段的位移过程（由 ab 移至 $a'b'$，参见图 6-10c）想象为两个过程（图 6-11）。第一个过程是微段不变形，随其上某一截面，例如左端截面 ac 移动并转动，由 $abcd$ 移转至 $a'b''c'd''$，称此过程为刚性位移。第二个过程是变形（由 $a'b''c'd''$ 变形为 $a'b'c'd'$）。在此过程中左端截面 ac 不再移动和转动（它在前一过程中已达到应有位置），而整个微段发生变形。

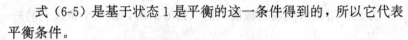

图 6-11

与位移的这两个过程相应，微段上外力虚功也分为两部分：在刚性位移上的虚功 $dV_{12}^{刚}$ 和在变形上的虚功 $dV_{12}^{变}$，即有

$$dV_{12} = dV_{12}^{刚} + dV_{12}^{变} \tag{D}$$

刚性位移上的功 $dV_{12}^{刚}$，由于状态 1（图 6-10a）是平衡的，其微段（图 6-10b）自然是平衡的，此外位移是微小的，所以按刚体虚功原理，在此刚性位移上，微段上外力之功等于零：

$$dV_{12}^{刚} = 0 \tag{6-5}$$

式（6-5）是基于状态 1 是平衡的这一条件得到的，所以它代表平衡条件。

将式（6-5）代入式（D）得

$$dV_{12} = dV_{12}^{变} \tag{6-6}$$

式（6-6）表示微段上外力虚功等于微段上外力在变形上的虚功。

对各个微段求和得

$$V_{12} = V_{12}^{变} \tag{6-7}$$

将式（6-7）代入式（6-4），得

$$T_{12} = V_{12}^{变} \tag{6-8}$$

式（6-8）即式（6-2），这样就导出了变形体虚功方程。

式（6-8）是变形体虚功方程的一般表达式。它不只适用于梁，也适用于杆系及板、壳等非杆系结构。

变形体虚功原理可表述如下：当给平衡的变形体（状态 1）以任意的虚位移（状态 2）时，变形体上外力虚功等于各微段上外力在变形上的虚功（变形虚功）之和。

从推导过程可见，变形体虚功方程是基于两点得到的：体系的平衡和虚位移变形的连续性。所以，虚功方程既反映结构的平衡条件，也反映结构的变形条件。

在推导过程中没有涉及材料的物理性质。因此变形体虚功方程（式 6-8）不仅适用于弹性体，也适用于非弹性体。

如果状态 2 发生的位移是刚性的，例如图 6-9 所示，则每个微段均无变形，$V_{12}^{变}$ 等于零，式（6-8）就变为刚体的虚功方程 $T_{12} = 0$ [式（6-1）]。所以，刚体虚功方程是变形体虚功方程的特例。

下面讨论微段上外力（图 6-10b）在变形（由 $a'b''c'd''$ 变至 $a'b'c'd'$，图 6-11）上的虚功 $\mathrm{d}V_{12}^{\text{变}}$。

微段变形可以分为弯曲变形、轴向变形和剪切变形。这三种变形由于是属于状态 2 的，分别以 $\mathrm{d}\varphi_2$、$\mathrm{d}\Delta_2$ 和 $\mathrm{d}\eta_2$ 表示（图 6-12）。

当计算状态 1 中微段上外力（图 6-10b）在状态 2 变形上所作的虚功时，内力增量 $\mathrm{d}M_1$、$\mathrm{d}N_1$、$\mathrm{d}V_1$ 及分布荷载之虚功与 M_1、N_1、V_1 之虚功相比为高阶微量，可以略去。

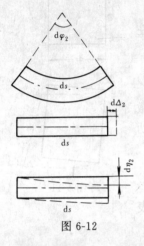

图 6-12

对于直杆和建筑上常见的曲杆（曲率不大），在弯曲变形 $\mathrm{d}\varphi_2$ 上只有 M_1 作功，其值为 $M_1\mathrm{d}\varphi_2$；在轴向变形 $\mathrm{d}\Delta_2$ 上只有 N_1 作功，其值为 $N_1\mathrm{d}\Delta_2$；在剪切变形 $\mathrm{d}\eta_2$ 上只有 V_1 作功，其值为 $V_1\mathrm{d}\eta_2$。

于是状态 1 微段上外力在状态 2 变形上所作的虚功为

$$\mathrm{d}V_{12}^{\text{变}} = M_1\mathrm{d}\varphi_2 + N_1\mathrm{d}\Delta_2 + V_1\mathrm{d}\eta_2 \tag{6-9}$$

式（6-9）也可以称为内力在变形上的虚功，或内力变形功。

但要注意，内力是成对出现的，分别作用在相邻的两个微段上，大小相等、方向相反，其所作的功符号相反。这里的内力是作用在所截取的微段上的（图 6-10b），是这个微段上的外力。

V_1 的功等于 $V_1\mathrm{d}\eta_2$ 是有条件的，只有剪切变形沿截面高度不变时它才是正确的。在状态 2 是弯曲剪切的情况下，如所已知，剪应力及剪应变沿截面高度是变化的。这时不能笼统地计算剪力 V_1 之功，而应计算截面各微面积上剪应力 τ_1 所作之功，而后在截面上积分。积分的结果将在后面给出。

上面讲的是微段上只有分布荷载而无集中力作用的情况。若在微段上有集中力作用，则此集中力在变形上的功不能略去。当将微段再分割，其结果如图 6-13 所示，集中力 P 的变形功将包含于 $V_{右}$（$V_{右}=V_{左}-P$）在变形上之功之中。因而有集中力作用时，式（6-9）依然成立。同理，有集中力偶或集中轴向荷载作用时，式（6-9）也成立。

将式（6-9）在每个杆件范围内积分，再将各个杆件上的积分加起来，即得整个结构各个微段上的外力在变形上的虚功之和为

$$V_{12}^{\text{变}} = \Sigma\!\int M_1\mathrm{d}\varphi_2 + \Sigma\!\int N_1\mathrm{d}\Delta_2 + \Sigma\!\int V_1\mathrm{d}\eta_2 \tag{6-10}$$

将上式代入式（6-8）有

$$T_{12} = \Sigma\!\int M_1\mathrm{d}\varphi_2 + \Sigma\!\int N_1\mathrm{d}\Delta_2 + \Sigma\!\int V_1\mathrm{d}\eta_2 \tag{6-11}$$

这就是平面杆件结构的变形体虚功方程。

前已说明，虚位移（图 6-10 中状态 2）可以是一组力引起的，也可以是温度改变或其他原因引起的。对于不同情况，变形 $\mathrm{d}\varphi_2$、$\mathrm{d}\Delta_2$、$\mathrm{d}\eta_2$ 的表达式不同。

当虚位移是一组力引起时（图 6-10c），状态 2 的微段变形是由状态 2 相应内力引起的

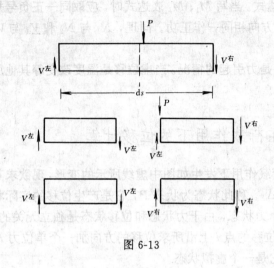

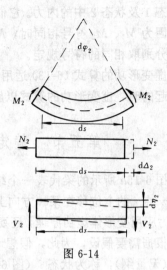

图 6-13

图 6-14

（图 6-14），则由材料力学可知

$$d\varphi_2 = \frac{M_2}{EI}ds$$

$$d\Delta_2 = \frac{N_2}{EA}ds$$

假如 V_2 沿截面高度是均匀分布的，则剪切位移 $d\eta_2$ 等于

$$d\eta_2 = \gamma_2 ds = \frac{V_2}{GA}ds$$

由于剪力沿截面高度不是均匀分布的（按抛物线分布），剪切变形沿截面高度到处不同，所以，如前所述，应当计算截面各微面积上剪应力所作的功，而后积分，其结果得 $d\eta_2 = \mu V_1 \frac{V_2}{GA}ds$。其中系数 μ 称为剪应力不均匀分布系数，它只与截面形状有关，当截面为矩形时，$\mu = \frac{6}{5}$；圆形截面 $\mu = \frac{10}{9}$；薄壁圆环截面 $\mu = 2$；工字形截面 $\mu \approx \frac{A}{A_f}$（$A_f$ 为腹钣面积）。于是，式（6-9）成为

$$dV_{12}^{变} = M_1\frac{M_2ds}{EI} + N_1\frac{N_2ds}{EA} + \mu V_1\frac{V_2ds}{GA} \qquad (6-12)$$

式（6-12）是一个微段上外力（状态 1）在变形上（状态 2）的虚功，整个结构各个微段上外力在变形上虚功之和为

$$V_{12}^{变} = \Sigma\int M_1\frac{M_2ds}{EI} + \Sigma\int N_1\frac{N_2ds}{EA} + \Sigma\int \mu V_1\frac{V_2ds}{GA} \qquad (6-13)$$

于是变形体虚功方程（6-11）的展式为

$$T_{12} = \Sigma\int M_1\frac{M_2ds}{EI} + \Sigma\int N_1\frac{N_2ds}{EA} + \Sigma\int \mu V_1\frac{V_2ds}{GA} \qquad (6-14)$$

式中 T_{12} 是状态 1 上的外力在状态 2 位移上所作的虚功；M_1、N_1、V_1 及 M_2、N_2、V_2 分别是状态 1 及状态 2 中的内力。它们都是表达式。当写 M_1、M_2 表达式时，应取同一正负号规定。因为 M_1、M_2 符号相同时，M_1 与 $\mathrm{d}\varphi_2$ 方向相同，作正功。同理，N_1 与 N_2 和 V_1 与 V_2 也应分别取相同的符号规定。

虚变形功的算式（6-13）适用于虚位移是力引起的情况。当虚位移是温度改变等其他原因引起的时，虚变形功的算式以后讲述。

第五节　静定结构在荷载作用下的位移计算

图 6-15a 所示的梁代表一个结构，在荷载作用下发生如图中虚线所示的变形，现欲求其上任一点 i 的全位移在某一方向上的投影 Δ_{iP}。称此状态为状态 P，它是产生位移的实际状态。为应用变形体虚功原理，还要建立一个力状态，由于力状态和位移状态是独立无关的，可以根据需要假设。为此，假想地在欲求位移的点 i 上沿所求位移的方向加一个单位力 $P_i = 1$（无量纲），称为状态 i（图 6-15b），它是一个虚拟状态。

将状态 i（虚拟状态）中的单位力视为作功的力，即状态 i 相当于图 6-10 中的状态 1，将状态 P（实际状态）产生的位移视为虚位移，即状态 P 相当于图 6-10 中的状态 2。写虚功方程：

$$T_{iP} = V_{iP}^{\text{变}} \qquad (A)$$

脚标 iP 表示状态 i 上的力在状态 P 位移上的虚功。

状态 i 上的外力 $P_i = 1$ 在状态 P 位移上的虚功为

$$T_{iP} = 1 \times \Delta_{iP} = \Delta_{iP}$$

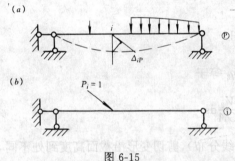

图 6-15

按式（6-14）虚功方程（A）的展式为

$$\Delta_{iP} = \Sigma \int \overline{M}_i \frac{M_P \mathrm{d}s}{EI} + \Sigma \int \overline{N}_i \frac{N_P \mathrm{d}s}{EA} + \Sigma \int \mu \overline{V}_i \frac{V_P \mathrm{d}s}{GA} \qquad (6-15)$$

式中 $\overline{M}_i$、$\overline{N}_i$、$\overline{V}_i$ 为状态 i 中单位力 $P_i = 1$ 所引起的弯矩、轴力和剪力；M_P、N_P、V_P 为状态 P 中实际荷载引起的弯矩、轴力和剪力。

式（6-15）就是弹性杆件结构在荷载作用下的位移计算公式。它适用于静定结构，也适用于超静定结构。

计算位移时，必须先写出状态 i 中内力 $\overline{M}_i$、$\overline{N}_i$、$\overline{V}_i$ 的表达式和状态 P 中内力 M_P、N_P、V_P 的表达式，然后按式（6-15）计算。状态 i 与状态 P 的内力正向规定必须一致。

因为状态 i 只在所求位移地点沿所求位移方向假想地加一个单位力，所以这种计算位移的方法称为**单位荷载法**。

应用单位荷载法求位移时，正确地选择单位力是很重要的。下面讨论如何确定虚拟状态。

状态 i 由欲求的广义位移确定：在状态 i 应作用一个与所求广义位移相对应的单位广义力。这个广义力在所求广义位移上作虚功。这样，单位广义力 $P_i = 1$ 在状态 P 位移上所作的虚功就等于所求的位移。表 6-1 中列举了几个例子,说明广义位移与广义单位力之间的对应关系。

广义单位力的方向可以任意假定(因为有时位移方向不能预知),如果计算结果 Δ_{iP} 得正值,则表明所求位移的实际方向与假定的广义单位力的方向相同;如得负值,则表明二者方向相反。

广义位移与相应广义单位力示例 表 6-1

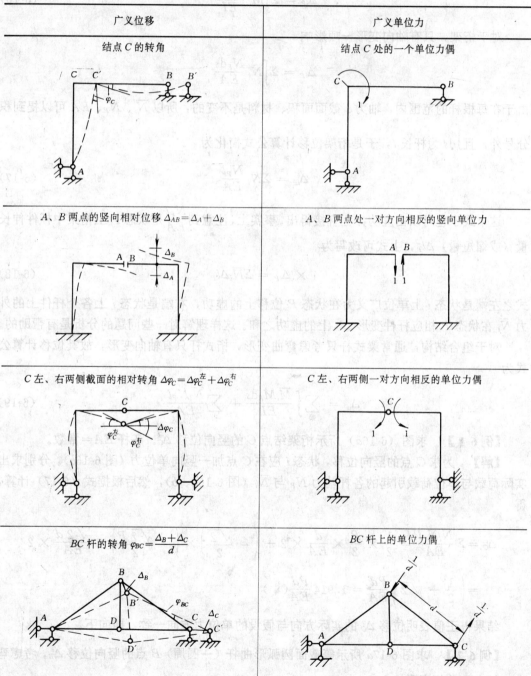

广义位移	广义单位力
结点 C 的转角	结点 C 处的一个单位力偶
A、B 两点的竖向相对位移 $\Delta_{AB}=\Delta_A+\Delta_B$	A、B 两点处一对方向相反的竖向单位力
C 左、右两侧截面的相对转角 $\Delta\varphi_C=\Delta\varphi_C^{左}+\Delta\varphi_C^{右}$	C 左、右两侧一对方向相反的单位力偶
BC 杆的转角 $\varphi_{BC}=\dfrac{\Delta_B+\Delta_C}{d}$	BC 杆上的单位力偶

在求位移的公式（6-15）中，第一项是由于弯曲变形所产生的位移，第二项和第三项分别是由于轴向变形和剪切变形产生的位移。在实际计算中，根据结构的不同类型，常常可以进一步简化。

对于通常的梁和刚架，弯曲变形是主要的，轴向变形和剪切变形可以略去不计。于是，式（6-15）可简化为

$$\Delta_{iP} = \Sigma \int \overline{M}_i \frac{M_P \mathrm{d}s}{EI} \tag{6-16}$$

对于桁架，只有轴向变形一项影响

$$\Delta_{iP} = \Sigma \int \overline{N}_i \frac{N_P \mathrm{d}s}{EA}$$

由于在每根杆的范围内，轴力、截面面积、材料是不变的，所以 $\overline{N}_i$、N_P、EA 可以提到积分号外，且 $\int \mathrm{d}s$ 为杆长 l，于是桁架位移计算公式简化为

$$\Delta_{iP} = \Sigma \overline{N}_i \frac{N_P l}{EA} \tag{6-17}$$

这个式子也可以由虚功方程直接得出。事实上，注意到 $\frac{N_P l}{EA}$ 是状态 P 上桁架中杆件伸长量（或缩短量）Δl_P，上式可改写为

$$1 \times \Delta_{iP} = \Sigma \overline{N}_i \Delta l_P \tag{6-18}$$

式之左端是状态 i 上单位广义力在状态 P 位移上的虚功，右端是状态 i 上各个杆件上的外力 $\overline{N}_i$ 在状态 P 相应杆件变形 Δl_P 上的虚功之和。这样理解对一些问题的分析是有帮助的。

对于组合结构，通常梁式杆只考虑弯曲变形，桁式杆只有轴向变形，故其位移计算公式为

$$\Delta_{iP} = \sum_{梁} \int \frac{\overline{M}_i M_P \mathrm{d}s}{EI} + \sum_{桁} \frac{\overline{N}_i N_P l}{EA} \tag{6-19}$$

【例 6-1】　求图（6-16a）所示桁架结点 C 的竖向位移 Δ_C^v。各杆 $EA=$ 常数。

【解】　为求 C 点的竖向位移，状态 i 应在 C 点加一竖向单位力（图 6-16b）。分别求出实际荷载与单位荷载引起的各杆轴力 N_P 与 $\overline{N}_i$（图 6-16a、b），然后根据式（6-17）计算，得

$$\Delta_C^v = \Sigma \frac{\overline{N}_i N_P l}{EA} = \frac{1}{2} \times \frac{P}{2} \times \frac{d}{EA} \times 2 + \left(-\frac{\sqrt{2}}{2}\right) \times \left(-\frac{\sqrt{2}P}{2}\right) \times \frac{\sqrt{2}d}{EA} \times 2$$

$$= \left(\frac{1}{2} + \sqrt{2}\right) \frac{Pd}{EA} = 1.914 \frac{Pd}{EA}(\downarrow)$$

结果得正值表明位移 Δ_C^v 的实际方向与假设的单位力方向一致，即向下。

【例 6-2】　求图 6-17a 所示等截面圆弧形曲杆（$\frac{1}{4}$ 圆周）B 点的竖向位移 Δ_B^v。考虑弯曲、轴向、剪切变形。

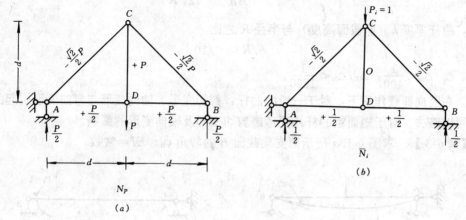

图 6-16

【解】 状态 i 如图 6-17b 所示。取圆心 O 为极坐标原点，角 θ 为自变量，状态 P、状态 i 上截面 θ 的内力为

$$M_P = -PR\sin\theta, N_P = -P\sin\theta, V_P = P\cos\theta;$$

$$M_i = -R\sin\theta, N_i = -\sin\theta, V_i = \cos\theta_\circ$$

内力 M、V、N 的正向示于图 6-17c。

将以上内力表达式及 $ds = Rd\theta$ 代入式（6-15），有

$$\Delta_B^v = \int_0^{\pi/2} (-R\sin\theta)\frac{(-PR\sin\theta)}{EI}Rd\theta$$

$$+ \int_0^{\pi/2} (-\sin\theta)\frac{(-P\sin\theta)}{EA}Rd\theta$$

$$+ \int_0^{\pi/2} \mu(\cos\theta)\frac{(P\cos\theta)}{GA}Rd\theta$$

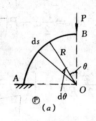
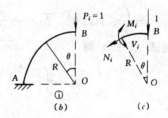

图 6-17

积分得

$$\Delta_B^v = \frac{\pi}{4}\frac{PR^3}{EI} + \frac{\pi}{4}\frac{PR}{EA} + \mu\frac{\pi}{4}\frac{PR}{GA}$$

【分析】 分别以 Δ_M、Δ_N、Δ_V 表示由弯曲变形、轴向变形、剪切变形引起的位移，则有

$$\Delta_M = \frac{\pi}{4}\frac{PR^3}{EI}, \quad \Delta_N = \frac{\pi}{4}\frac{PR}{EA}, \quad \Delta_V = \mu\frac{\pi}{4}\frac{PR}{GA}$$

就一个具体例子，比较其大小。对于钢筋混凝土结构，$G \doteq 0.4E$，若截面为矩形，则 $\mu = 1.2$，$I/A = \dfrac{bh^3}{12}\dfrac{1}{bh} = \dfrac{h^2}{12}$。此时

$$\Delta_V/\Delta_M = \mu\frac{EI}{GAR^2} = \frac{1}{4}\left(\frac{h}{R}\right)^2$$

$$\Delta_N/\Delta_M = \frac{I}{AR^2} = \frac{1}{12}\left(\frac{h}{R}\right)^2$$

通常，曲杆厚度 h（即截面高度）与半径 R 之比

$$h/R < 1/10$$

这时，$\Delta_V/\Delta_M < \frac{1}{400}$；$\Delta_N/\Delta_M < \frac{1}{1200}$。

可见，在竖向荷载作用下，对于一般的曲杆，剪切变形、轴向变形与弯曲变形引起的位移相比可以略去。对于短而粗的杆，要考虑剪切变形及轴向变形的影响。

【例 6-3】 求图 6-18a 所示简支梁截面 B 的转角 φ_B。$EI=$ 常数。

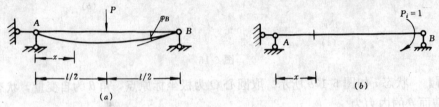

图 6-18

【解】 状态 i 应在截面 B 加一单位力偶（图 6-18b）。由于梁左右两半部的 M_P 表达式不同，所以要分段积分。设以 A 为坐标原点，x 轴向右为正。

当 $0 \leqslant x \leqslant \frac{l}{2}$ 时，$\overline{M}_i = -\frac{x}{l}$，$M_P = \frac{P}{2}x$

当 $\frac{l}{2} \leqslant x \leqslant l$ 时，$\overline{M}_i = -\frac{x}{l}$，$M_P = \frac{P}{2}x - P\left(x - \frac{l}{2}\right)$

由式（6-16）得

$$\varphi_B = \int_0^{l/2}\left(-\frac{x}{l}\right)\frac{Px}{2}\frac{\mathrm{d}x}{EI} + \int_{l/2}^{l}\left(-\frac{x}{l}\right)\left[\frac{Px}{2} - P\left(x - \frac{L}{2}\right)\right]\frac{\mathrm{d}x}{EI}$$

$$= -\frac{Pl^2}{16EI}(\curvearrowleft)$$

计算结果得负值，表明实际位移与所设单位力偶方向相反，即截面 B 的转角为逆时针方向。

第六节　图　乘　法

由上节可知，在计算梁和刚架的位移时，首先要列出 $\overline{M}_i$ 和 M_P 的表达式，然后代入位移计算公式

$$\Delta_{iP} = \Sigma \int \overline{M}_i \frac{M_P \mathrm{d}s}{EI} \tag{A}$$

进行积分运算。当杆件数目较多，荷载较复杂时，积分计算是很麻烦的。但是，对常见的直杆结构，上述积分可用图乘法来实现。从而使计算得到简化。

若在积分段内杆件为直杆，$\mathrm{d}s$ 变为 $\mathrm{d}x$，如为同材料等截面杆，EI 可以提到积分号外面。这样，对于等截面直杆体系，位移计算公式变为

$$\Delta_{iP} = \Sigma \frac{1}{EI} \int \overline{M}_i M_P \mathrm{d}x \qquad (B)$$

积分 $\int \overline{M}_i M_P \mathrm{d}x$ 在一定条件下可用图乘代替。

　　在梁和刚架的位移计算中，状态 i 的弯矩图（$P_i=1$ 引起的弯矩图）在一个杆上，或杆的一段上，常是直线图形（图 6-19b）。这里所说的直线图形不包括拆线图形，是由一条直线构成的。而 M_P 图则可以是任意图形——曲线的、折线的、直线的图形（图 6-19a）。在这种情况下，设以 $\overline{M}_i$ 图的延长线与 x 轴的交点 O 为坐标原点，则横坐标为 x 的截面上 $\overline{M}_i$ 可以表为

$$\overline{M}_i = x\,\mathrm{tg}\alpha$$

其中 α 为 $\overline{M}_i$ 图"图线"与轴线 x 的夹角（图 6-19b）。

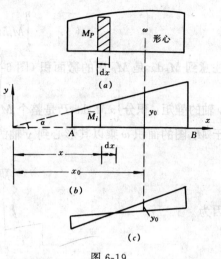

图 6-19

　　由此，在 AB 段上积分

$$\int_A^B \overline{M}_i M_P \mathrm{d}x = \int_A^B x\,\mathrm{tg}\alpha M_P \mathrm{d}x$$

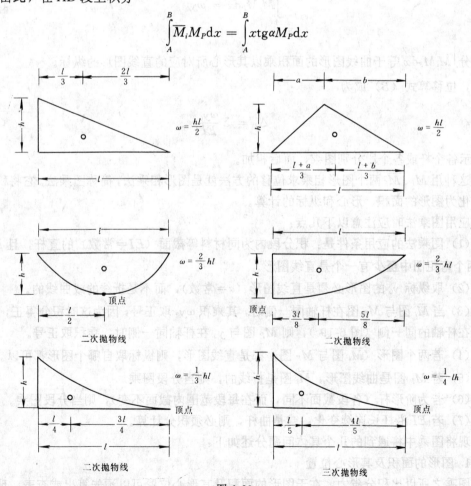

图 6-20

由于 $\overline{M}_i$ 图是直线图形，α 在此段内为常数，故可将 $\mathrm{tg}\alpha$ 提到积分号外，于是

$$\int_A^B \overline{M}_i M_P \mathrm{d}x = \mathrm{tg}\alpha \int_A^B x M_P \mathrm{d}x$$

注意到 $M_P \mathrm{d}x$ 是 M_P 图的微面积（图 6-19a 中阴影线所示面积），而 $x M_P \mathrm{d}x$ 是这个微面积对 y 轴的静矩，积分 $\int_A^B x M_P \mathrm{d}x$ 乃是整个 M_P 图的面积对 y 轴的静矩。根据合力矩定理，它应等于 M_P 图的面积 ω 乘以其形心到 y 轴的距离 x_0。由此

$$\int_A^B \overline{M}_i M_P \mathrm{d}x = \mathrm{tg}\alpha \omega x_0$$

因为

$$x_0 \mathrm{tg}\alpha = y_0$$

其中 y_0 为与 M_P 图形心相对应的 $\overline{M}_i$ 图的纵标，所以

$$\int_A^B \overline{M}_i M_P \mathrm{d}x = \omega y_0 \tag{6-20}$$

即积分 $\int_A^B \overline{M}_i M_P \mathrm{d}x$ 等于曲线图形的面积乘以其形心所对应的直线图形的纵标。

于是，位移算式（B）成为

$$\Delta_{iP} = \Sigma \frac{\omega y_0}{EI} \tag{6-21}$$

Σ 表示各个杆或各个段分别图乘，而后相加。

这种用 M_P、$\overline{M}_i$ 两个图形相乘求位移的方法就是图形相乘法，简称图乘法。它将积分运算简化为图形的面积、形心和纵标的计算。

应用图乘法时应注意以下几点：

（1）图乘法的应用条件是：积分段内为同材料等截面（EI＝常数）的直杆，且 M_P 和 $\overline{M}_i$ 两个弯矩图中至少有一个是直线图形。

（2）取纵标 y_0 的图形必须是直线图形（α＝常数），而不是折线的或曲线的。

（3）当 $\overline{M}_i$ 图与 M_P 图在杆轴同一侧时，其乘积 ωy_0 取正号，因为这时积分得正，若 $\overline{M}_i$ 图不在杆轴的同一侧（图 6-19c），则 M_P 图与 y_0 在杆轴同一侧时，乘积取正号。

（4）若两个图形（$\overline{M}_i$ 图与 M_P 图）都是直线图形，则纵标取自哪个图形都可以。

（5）若 M_P 图是曲线图形，$\overline{M}_i$ 图是折线的，则当分段图乘。

（6）若为阶形杆（各段截面不同，而在每段范围内截面不变），则当分段图乘。

（7）若 EI 沿杆长连续变化，或是曲杆，则必须积分计算。

现将图乘中将遇到的几个具体问题分述如下：

1. 图形的面积及其形心位置

图乘之所以比积分省力，在于图形的面积及其形心位置可以预先算出或查表。现将常

用的几种图形的面积及形心的位置列于图 6-20 中。需要指出，图中所示的抛物线均为标准抛物线。所谓标准抛物线是指含有顶点且顶点处的切线与基线平行的抛物线。

2. 图形的分解

当图形复杂，其面积及形心位置无现成图表可查时，应将其分解为几个易于确定面积和形心的简单图形，将它们分别与另一图形相乘，然后将所得结果叠加。举例如下。

图 6-21a 所示为一段直杆 AB 在均布荷载 q 作用下的弯矩图，应将其分解为简单图形。任何一段直杆的弯矩图都可以通过相应的简支梁（图 6-21b）来绘制。于是图 6-21a 所示的弯矩图可以分解为杆端弯矩 M_A、M_B 及均布荷载 q 分别在简支梁上引起的三个弯矩图（图 6-21c、d、e），这三个弯矩图的面积和形心位置是已知的。因此，当图 6-21a 所示的弯矩图与其他弯矩图相乘时，可分别用这三个弯矩图与之相乘而后叠加。通常不绘图 6-21c、d、e，而直接在图 6-21a 上分解（图 6-21f）。三角形 ACD 与 ABD 在杆轴线上面，二次抛物线图形 CED 在杆轴线下面。应当指出，这里的三个图形与图 6-21c、d、e 相应图形的形状虽然不同，但它们的面积与形心位置是相同的，因为弯矩图的叠加是指对应纵坐标的叠加。

根据上述图形分解的原则，梯形（图 6-22a）可分解为两个三角形❶（也可以分解为一个矩形和一个三角形）。

同样，反梯形（图 6-22b）也可分解为两个三角形，但一个（ADB）在杆轴线上面，一个（ABC）在杆轴线下面。

计算直线图形的纵标时，有时也需要作图形分解。求梯形的纵标（曲线图形形心所对应的纵标）y 时（图 6-23a），可分别求出三角形的纵标 y_1 及矩形的纵标 y_2，而后相加得 y。求反梯形的纵标时（图 6-23b），与此类似，但 $y = y_1 - y_2$。

【例 6-4】 求图 6-24a 所示简支梁中点 C 的竖向位移 Δ_C^v。EI＝常数。

【解】 M_P 图及 $\overline{M}_i$ 图如图 6-24b、c 所示。M_P 图的面积为 $\frac{2}{3} \times \frac{ql^2}{8} \times l$，其形心所对应的 $\overline{M}_i$ 图的纵标为 $\frac{l}{4}$，于是

---

❶ 梯形的形心位置有表可查，但不便记忆，通常采取分解的办法。

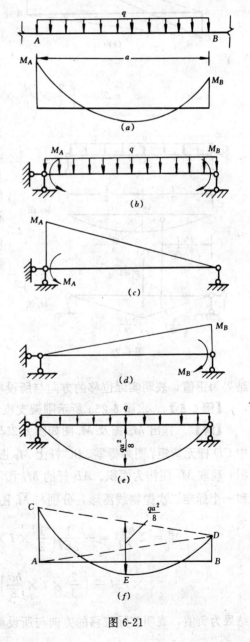

图 6-21

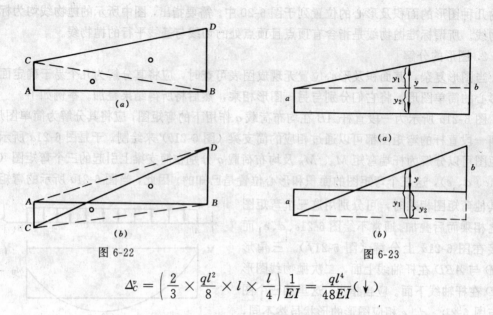

图 6-22

图 6-23

$$\Delta_C^v = \left(\frac{2}{3} \times \frac{ql^2}{8} \times l \times \frac{l}{4} \right) \frac{1}{EI} = \frac{ql^4}{48EI} (\downarrow)$$

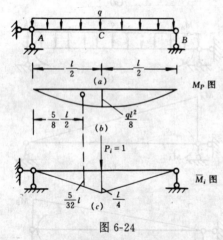

图 6-24

这个结果显然是错误的，原因在于 $\overline{M}_i$ 图是折线图形。应当分为 AC 和 CB 两段图乘。由于对称，只在左半跨图乘，再乘以 2 即可。M_P 图的左半部仍为标准二次抛物线，可应用图 6-20 所示的面积和形心横坐标。其形心所对应的 $\overline{M}_i$ 图的纵标，按比例为跨中央纵标 $\left(\frac{l}{4} \right)$ 的 $\frac{5}{8}$。两图在杆轴同侧，乘积取正号，由此得

$$\Delta_C^v = \frac{1}{EI} \left[\left(\frac{2}{3} \times \frac{l}{2} \times \frac{ql^2}{8} \right) \times \frac{5l}{32} \right] \times 2$$

$$= \frac{5ql^4}{384EI} (\downarrow)$$

结果为正值，表明实际位移的方向与所设单位力指向一致，即向下。

【例 6-5】 求图 6-25a 所示刚架支座 D 处的水平位移。$E =$ 常数。

【解】 作出 M_P 图及 $\overline{M}_i$ 图如图 6-25b、c 所示。逐杆进行图乘，而后相加。在 M_P 图中 CD 杆无弯矩，图乘得零。BC 杆上 M_P 图和 $\overline{M}_i$ 图都是直线图形，故可任取一图形作为面积，现取 M_P 图作为面积。AB 杆的 M_P 图不是标准二次抛物线，可将其分解为一个三角形和一个标准二次抛物线图形，分别与 $\overline{M}_i$ 图相乘。于是

$$\Delta_D^H = \Sigma \frac{\omega y_0}{EI} = -\frac{1}{2EI} \left(\frac{1}{2} \times l \times \frac{3ql^2}{2} \right) \times l - \frac{1}{EI} \left[\left(\frac{1}{2} \times l \times \frac{3}{2} ql^2 \right) \right.$$

$$\left. \times \frac{2}{3} l + \left(\frac{2}{3} \times l \times \frac{ql^2}{8} \right) \times \frac{l}{2} \right] = -\frac{11ql^4}{12EI} (\rightarrow)$$

结果为负值，表明实际位移的方向与所设单位力的指向相反，即向右。

114

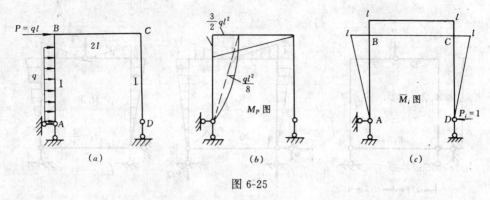

图 6-25

【例 6-6】 求图 6-26a 所示梁铰 C 两侧截面的相对转角 $\Delta\varphi$。EI＝常数。

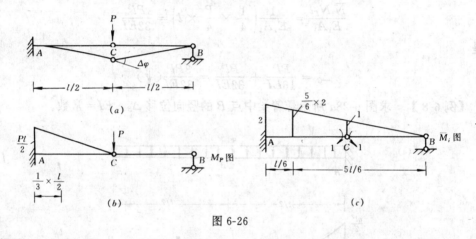

图 6-26

【解】 M_P 图如图 6-26b 所示。因系求铰 C 两侧截面的相对转角，所以状态 i 应在铰 C 两侧加一对方向相反的单位力偶，$\overline{M}_i$ 图如图 6-26c 所示。$\overline{M}_i$ 图是这样绘出的：体系是多跨静定梁，左边为基本部分，右边为附属部分，先算附属部分，后算基本部分，即得此弯矩图。

由于 M_P 图是折线图形，故取 M_P 图计算面积，在 $\overline{M}_i$ 图上取纵标。算得

$$\Delta\varphi = \frac{1}{EI}\left(\frac{1}{2} \times \frac{l}{2} \times \frac{Pl}{2}\right) \times \frac{5}{6} \times 2 = \frac{5Pl^2}{24EI}(\downarrow\curvearrowright\curvearrowleft)$$

【例 6-7】 求图 6-27a 所示组合结构（带拉杆的三铰刚架）铰 C 处的竖向位移 Δ_C^v。梁式杆的抗弯刚度均为 EI，桁式杆的抗拉刚度为 $E_1A_1 = 2\dfrac{EI}{l^2}$。

【解】 计算组合结构时，对梁式杆只考虑弯曲变形，对桁式杆考虑轴向变形。分别求出 M_P、N_P 及 $\overline{M}_i$、$\overline{N}_i$ 如图 6-27b、c 所示。按式（6-19）计算：

$$\Delta_{iP} = \sum_{梁}\int \frac{\overline{M}_i M_P \mathrm{d}s}{EI} + \sum_{桁}\frac{\overline{N}_i N_P l}{E_1 A_1}$$

前一项用图乘法可得 $\dfrac{Pl^3}{16EI}$。后一项为

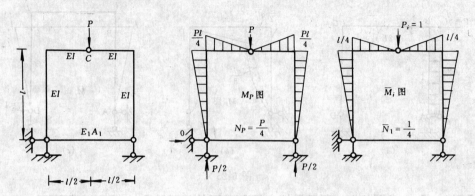

图 6-27

$$\frac{\overline{N}_i N_P l}{E_1 A_1} = \frac{1}{E_1 A_1}\left(\frac{1}{4} \times \frac{P}{4} \times l\right) = \frac{Pl^3}{32EI}$$

于是

$$\Delta_C^v = \frac{Pl^3}{16EI} + \frac{Pl^3}{32EI} = \frac{3Pl^3}{32EI}(\downarrow)$$

【例 6-8】 求图 6-28a 所示悬臂梁中点 B 的竖向位移 Δ_B^v。EI = 常数。

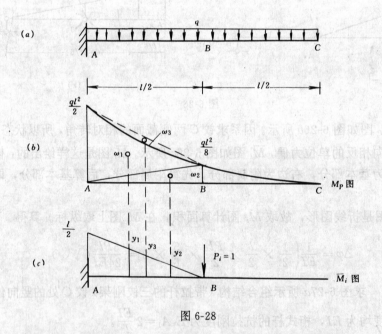

图 6-28

【解】 M_P 图和 $\overline{M}_i$ 图如图 6-28b、c 所示。$\overline{M}_i$ 图是折线图形，需分两段图乘。BC 段因 $\overline{M}_i$ 图为零，故图乘得零。AB 段上 M_P 图需要分解。分解的方式有两种。

（1）通过简支梁分解

AB 段上的 M_P 图可看作是图 6-29 所示简支梁的弯矩图，因之可分解为由杆端弯矩 M_A、M_B 及均布荷载单独引起的三个弯矩图。以此三个弯矩图分别与 $\overline{M}_i$ 图相乘再叠加即得所求位移。即

116

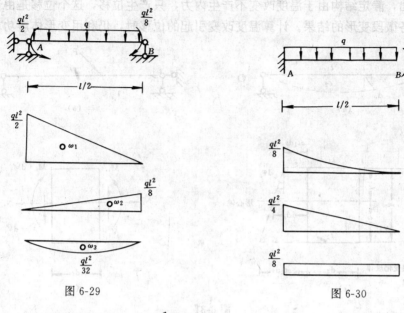

图 6-29   图 6-30

$$\Delta_B^v = \frac{1}{EI}(\omega_1 y_1 + \omega_2 y_2 - \omega_3 y_3)$$

其中

$$\omega_1 = \frac{1}{2} \times \frac{l}{2} \times \frac{ql^2}{2} = \frac{ql^3}{8}, y_1 = \frac{2}{3} \times \frac{l}{2} = \frac{l}{3}$$

$$\omega_2 = \frac{1}{2} \times \frac{l}{2} \times \frac{ql^2}{8} = \frac{ql^3}{32}, y_2 = \frac{1}{3} \times \frac{l}{2} = \frac{l}{6}$$

$$\omega_3 = \frac{2}{3} \times \frac{l}{2} \times \frac{ql^2}{32} = \frac{ql^3}{96}, y_3 = \frac{1}{2} \times \frac{l}{2} = \frac{l}{4}$$

于是得

$$\Delta_B^v = \frac{1}{EI}\left(\frac{ql^3}{8} \times \frac{l}{3} + \frac{ql^3}{32} \times \frac{l}{6} - \frac{ql^3}{96} \times \frac{l}{4} \right) = \frac{17ql^4}{384EI} (\downarrow)$$

为了简单，可以不绘图 6-29，直接在 M_P 图上分解。

（2）通过悬臂梁分解

AB 段的 M_P 图也可以看作是图 6-30 所示悬臂梁的弯矩图。因之可分解为由均布荷载、
B 端的集中力 $\left(\frac{ql}{2} \right)$ 及弯矩 $\left(\frac{ql^2}{8} \right)$ 单独引起的三个弯矩图，分别与 $\overline{M_i}$ 图相乘再叠加得

$$\Delta_B^v = \frac{1}{EI}\left[\left(\frac{1}{3} \times \frac{l}{2} \times \frac{ql^2}{8} \right) \times \frac{3}{4} \times \frac{l}{2} + \left(\frac{1}{2} \times \frac{l}{2} \times \frac{ql^2}{4} \right) \times \frac{2}{3} \times \frac{l}{2} \right.$$
$$\left. + \left(\frac{ql^2}{8} \times \frac{l}{2} \right) \times \frac{1}{2} \times \frac{l}{2} \right] = \frac{17ql^4}{384EI} (\downarrow)$$

与前面所得结果相同。

第七节　静定结构由于温度改变引起的位移计算

结构使用时与建造时温度不同，因而产生位移。这个位移取决于温度的改变量（两个

117

时期的温差），下面所说的温度均指温度的改变量而言，而非结构当前的温度。

前已指出，静定结构由于温度改变不产生内力，只产生位移，这个位移是由于材料自由伸缩引起各微段变形的结果。计算温度改变引起的位移时，仍利用变形体虚功方程。

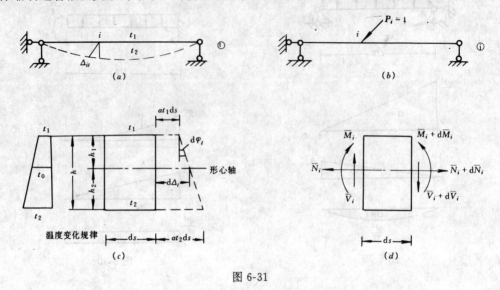

图 6-31

设图 6-31a 所示结构，杆件上侧温度升高 t_1 度，下侧温度升高 t_2 度，求任一点 i 沿任一方向的位移 Δ_{it}。这里 Δ 的第二个脚标"t"表示位移是由温度改变引起的。这是实际的位移状态，以 t 表示。为求 Δ_{it}，同样采用单位荷载法，选取与之相应的虚拟状态（图 6-31b），状态 i 的内力示于图 6-31d。此时，变形体虚功方程（式 6-11）为

$$1 \times \Delta_{it} = \Sigma \int \overline{M}_i \mathrm{d}\varphi_t + \Sigma \int \overline{N}_i \mathrm{d}\Delta_t + \Sigma \int \overline{V}_i \mathrm{d}\eta_t \qquad (A)$$

式中 $\mathrm{d}\varphi_t$、$\mathrm{d}\Delta_t$、$\mathrm{d}\eta_t$ 为实际状态中杆件微段 $\mathrm{d}s$ 由于温度改变产生的变形，导出如下。

计算温度变形时，为了简化计算，假定温度沿截面高度按直线规律变化，变形后截面仍将保持为平面。此时杆轴（形心轴）处的温度升高为

$$t_0 = \frac{h_1 t_2 + h_2 t_1}{h}$$

对于矩形截面或其他对称截面$\left(\text{即 } h_1 = h_2 = \dfrac{h}{2}\right)$

$$t_0 = \frac{t_1 + t_2}{2}$$

因而温度轴向变形（微段 $\mathrm{d}s$ 杆轴处的伸长）为

$$\mathrm{d}\Delta_t = \alpha t_0 \mathrm{d}s \qquad (B)$$

式中 α 为材料的线膨胀系数[①]。

由于变形很小，温度弯曲变形 $\mathrm{d}\varphi_t$（微段两端截面的相对转角，即图中所示右端截面的

[①] α 表示温度每升高（下降）1℃时，单位长度纤维的伸长（缩短）值。

转角）可用其正切值来代替。于是

$$d\varphi_t = \frac{\alpha t_2 ds - \alpha t_1 ds}{h} = \frac{\alpha(t_2 - t_1)ds}{h}$$

式中 $\alpha t_2 ds$ 为下侧纤维的伸长，$\alpha t_1 ds$ 为上侧纤维的伸长。$t_2 - t_1$ 为杆件上下两侧温度改变之差，其绝对值以 t' 表示（$t' = |t_2 - t_1|$），则有

$$d\varphi_t = \frac{\alpha t' ds}{h} \qquad\qquad (C)$$

由于温度改变只引起杆件纤维的伸长或缩短，不会引起微段两端截面的相对错动，所以微段不发生剪切变形，即

$$d\eta_t = 0 \qquad\qquad (D)$$

应当了解，当微段两端发生相对转角 $d\varphi_t$ 时，由于没有剪切变形，变形后各个纤维应垂直于截面，因而微段变弯了（图中未绘出）。

将式（B）、（C）、（D）代入式（A），得

$$\Delta_{it} = \Sigma \int \overline{M}_i \frac{\alpha t' ds}{h} + \Sigma \int \overline{N}_i \alpha t_0 ds \qquad\qquad (6\text{-}22)$$

这就是静定结构由于温度改变引起的位移的计算公式。

第一项为温度弯曲变形引起的位移，第二项为温度轴向变形引起的位移。要理解：它们不是弯矩、轴力引起的位移。$\overline{M}_i$、$\overline{N}_i$ 是虚拟状态的内力，只是计算位移的手段。实际状态是温度改变，对于静定结构，温度改变只产生位移，不产生内力。

通常温差 t' 及截面高度 h 在一个杆件（或杆件的一段）范围内是常数，第一项可改写为

$$\Sigma \int \overline{M}_i \frac{\alpha t' ds}{h} = \Sigma \frac{\alpha t'}{h} \int \overline{M}_i ds$$

对于直杆

$$\int \overline{M}_i ds = \int \overline{M}_i dx = \omega_{\overline{M}_i}$$

其中 $\omega_{\overline{M}_i}$ 是 $\overline{M}_i$ 图的面积。于是

$$\Sigma \int \overline{M}_i \frac{\alpha t' ds}{h} = \Sigma \frac{\alpha t'}{h} \omega_{\overline{M}_i}$$

通常 $\overline{N}_i$ 及 t_0 在一个杆的范围内也是常数，对于直杆，第二项可改写为

$$\Sigma \int \overline{N}_i \alpha t_0 ds = \Sigma N_i \alpha t_0 l$$

于是式（6-22）可改写为

$$\Delta_{it} = \Sigma \frac{\alpha t'}{h} \omega_{\overline{M}_i} + \Sigma \overline{N}_i \alpha t_0 l \qquad\qquad (6\text{-}23)$$

在应用上式时，应注意正负号的确定。由于它们都是内力所作的虚变形功，因此当虚拟状

态的内力与实际状态的温度变形方向一致时，变形虚功为正，相反时为负。据此，式（6-23）各项的正负号可以这样确定：温差 t' 采用绝对值，若 $\overline{M}_i$ 引起的弯曲变形与温度改变引起的弯曲变形方向一致，则乘积 $\frac{\alpha t'}{h}\omega_{\overline{M}_i}$ 即取正号，反之则取负号。乘积 $\overline{N}_i\alpha t_0 l$ 也可以按变形一致与否来定正负号，但更方便的方法是：规定 $\overline{N}_i$ 以拉力为正，压力为负，杆轴温度改变 t_0 以升高为正下降为负，这样就自然符合按变形确定正负号的规定。

对于桁架，式（6-23）变为

$$\Delta_{it} = \Sigma \overline{N}_i\alpha t l \tag{6-24}$$

式中 t 为桁架杆的温度改变，"Σ" 表示对桁架中温度改变各杆求和。该式由虚功方程可直接理解：等号右端代表各个杆件上的外力 $\overline{N}_i$ 在杆件温度变形 $\Delta l_t = \alpha t l$ 上的虚功之和，而左端是虚拟外力 $P_i = 1$ 的虚功。

按照温度改变引起的位移的分析思路，可得静定桁架由于制造误差引起的位移的计算公式为

$$\Delta_{i\Delta} = \Sigma \overline{N}_i\Delta l \tag{6-25}$$

式中 Δl 为杆件的制造误差（伸长为正，缩短为负）。"Σ" 表示对发生制造误差的各杆件求和。

【例 6-9】 图 6-32a 所示结构，内部温度上升 $t\,℃$，外部下降 $2t\,℃$，求 K 点的竖向位移 Δ_K^v。各杆截面相同，为矩形截面。

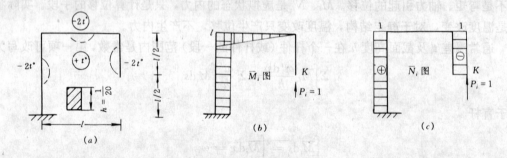

图 6-32

【解】 $\overline{M}_i$ 图及 $\overline{N}_i$ 图示于图 6-32b、c。

温差 $t' = |t - (-2t)| = 3t$，$\frac{\alpha t'}{h}$ 对于各杆均相同，其绝对值等于 $\frac{\alpha t'}{h} = \frac{\alpha \times 3t}{l/20} = \frac{60\alpha t}{l}$。左柱上 $\overline{M}_i$ 图的面积 $\omega_{\overline{M}_i} = l \times l = l^2$，左柱上 $\overline{M}_i$ 图在里面，里面拉长，温差也使里面伸长（里面温度高），因此 $\frac{\alpha t'}{h}\omega_{\overline{M}_i}$ 是正的：$\frac{\alpha t'}{h}\omega_{\overline{M}_i} = \frac{60\alpha t}{l} \times l^2 = 60\alpha t l$。横梁上 $\overline{M}_i$ 图的面积 $\omega_{\overline{M}_i} = \frac{1}{2}l^2$，$\frac{\alpha t'}{h}\omega_{\overline{M}_i}$ 也是正的（均使下面伸长）：$\frac{\alpha t'}{h}\omega_{\overline{M}_i} = \frac{60\alpha t}{l} \times \frac{l^2}{2} = 30\alpha t l$。右杆上无 $\overline{M}_i$ 图，$\frac{\alpha t'}{h}\omega_{\overline{M}_i} = 0$，于是

$$\Sigma \frac{\alpha t'}{h}\omega_{\overline{M}_i} = 60\alpha t l + 30\alpha t l = 90\alpha t l$$

下面计算 $\Sigma N_i\alpha t_0 l$。杆轴温度 $t_0 = \frac{t + (-2t)}{2} = -t/2$，于是

$$\Sigma \overline{N}_i \alpha t_0 l = (+1) \times \alpha \left(-\frac{t}{2}\right) l + 0 \times \alpha \left(-\frac{t}{2}\right) l$$
$$+ (-1)\alpha \left(-\frac{t}{2}\right) \times \frac{1}{2} = -\frac{1}{4}\alpha t l$$

位移 Δ_K^v 等于

$$\Delta_K^v = \Delta_{it} = \Sigma \frac{\alpha t'}{h} \omega_{\overline{M}_i} + \Sigma \overline{N}_i \alpha t_0 l = 90\alpha t l$$

$$-\frac{1}{4}\alpha t l = \frac{359}{4}\alpha t l \,(\uparrow)$$

【例 6-10】 图 6-33a 所示桁架，四根上弦杆在制造时均做长了 $\frac{2}{3}$cm，求桁架装配后下弦结点 C 的上拱度（即向上的竖向位移）。

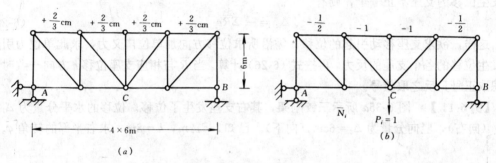

图 6-33

【解】 为了求 C 点的竖向位移，在 C 点加一竖向单位力 $P_i = 1$，并求出上弦各杆的 $\overline{N}_i$ 值（其它各杆内力无需求出）如图 6-33b 所示。由式（6-25）得

$$\Delta_C^v = \Sigma \overline{N}_i \Delta l = \left[\left(-\frac{1}{2}\right) \times \frac{2}{3} + (-1) \times \frac{2}{3}\right] \times 2 = -2\text{cm}\,(\uparrow)$$

结果得负值，表明 C 点的位移方向向上。

第八节 静定结构由于支座移动引起的位移计算

静定结构支座移动时不产生内力和变形，只产生刚体位移。这种位移对于简单结构可用几何方法求出，一般宜用虚功方程来求。

图 6-34

设静定结构任意一个支座 B 发生了向下的竖向位移 c（图 6-34a），求由此引起的任一点 i 沿任意方向的位移 Δ_{ic}。这里 Δ 的第二个脚标"c"表示位移是由支座移动引起的。这是实

际的位移状态，以 c 表示。

选取与所求位移 Δ_{ic} 相应的虚拟状态 i（图 6-34b）。设在 $P_i=1$ 作用下发生移动那个支座的反力为 $\overline{R}$。下面讨论状态 i 上的力在状态 c 上的虚功方程。状态 i 上的外力在状态 c 位移上的虚功 T_{ic} 为 $1\times\Delta_{ic}+\overline{R}\times c$，即除了单位力作功外，发生位移那个支座的反力 $\overline{R}$ 也作功。由于状态 c 没有变形，只发生刚体位移，所以状态 i 上各微段的外力 $\overline{M}_i$、$\overline{N}_i$、$\overline{V}_i$ 在状态 c 变形上的虚功 $V_{ic}^{变}$ 等于零。于是虚功方程

$$T_{ic}=V_{ic}^{变}$$

表为

$$1\times\Delta_{ic}+\overline{R}\times c=0$$

该方程也可由刚体虚功方程得到，因为所给的虚位移是刚性的。

由上式得

$$\Delta_{ic}=-\overline{R}c$$

若发生位移的支座不止一个，则有

$$\Delta_{ic}=-\Sigma\overline{R}c \tag{6-26}$$

这样，欲求支座移动引起的位移，需沿所求位移方向加单位广义力，求此单位力引起的发生位移的各个支座的反力，再按式（6-26）计算。当 $\overline{R}$ 与相应支座位移 c 方向一致时其乘积取正号，反之取负号。

【例 6-11】 图 6-35a 所示三铰刚架，其右支座发生了位移。位移的水平分量为 $\Delta_1=$ 4cm（向右），竖向分量为 $\Delta_2=6$cm（向下）。已知 $l=12$m，$h=8$m，求右半部的转角 φ。

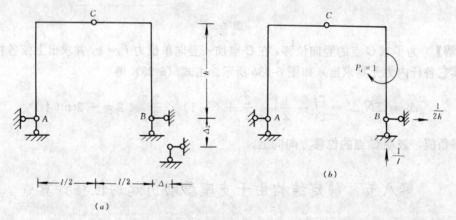

图 6-35

【解】 当支座移动时，左右两半部分别发生刚体位移（平面运动）。因此，右半部各截面的转角均相同。从而状态 i（图 6-35b）上的单位力偶可作用在右半部的任何截面上。利用平衡条件求得支座反力 $\overline{R}_1=\dfrac{1}{2h}$（→），$\overline{R}_2=\dfrac{1}{l}$（↑）。由式（6-26）得

$$\varphi=-\Sigma\overline{R}c=-\left[\frac{1}{2h}\Delta_1-\left(\frac{1}{l}\Delta_2\right)\right]$$

$$=-\frac{\Delta_1}{2h}+\frac{\Delta_2}{l}=-\frac{4}{1600}+\frac{6}{1200}$$

$$=0.0025(\downarrow)$$

*第九节　具有弹性支座的静定结构的位移计算

在静力强度计算、稳定计算和动力计算中往往遇到具有弹性支座的体系。这里研究静定的这类体系的位移计算。

所谓弹性支座即支座本身能产生弹性变形，而且支座反力与其变形的大小成正比。该比例系数称为弹性支座的刚度系数，以 K 表示。换句话说，刚度系数就是使支座发生单位位移（线位移或角位移）时所需施加的力（或力矩）。如图 6-36a 所示体系，其中下梁可看作上梁的弹性移动支座（也可称为弹性支杆），因而上梁即归结为具有弹性支座的梁，如图 6-37 所示。其中弹性支座的抗移刚度系数 K 可由下梁（图 6-36b）求得如下：

$$K = \frac{48EI_1}{l^3}$$

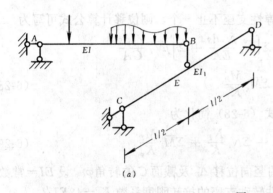
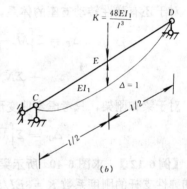

图 6-36

又如，图 6-38a 所示梁的支座 A 称为弹性转动支座，其抗转刚度系数 K_φ 表示使支座发生单位转角时所需施加的力矩（图 6-38b）。

现以图 6-37 所示梁（重绘于图 6-39a 中）为例，求荷载作用下的位移计算公式。

解决办法仍然是单位荷载法。选取相应的虚拟状态 i（图 6-39b），在 $P_i = 1$ 作用下弹性支杆反力为 $\overline{N_i}$。则状态 i 上的力在状态 P 上的虚功方程为

$$1 \times \Delta_{iP} = V_{\text{外}}$$

式中 $V_{\text{外}}$ 为状态 i 中各单元上外力在状态 P 变形上的虚功之和。这里，单元除了杆上的各微段 ds 之外，还包括弹性支杆。在状态 i 上弹性支杆的外力为 $\overline{N_i}$，在状态 P 上弹性支杆的变形为 $\Delta = N_P / K$。弹性支杆上外力 $\overline{N_i}$ 在状

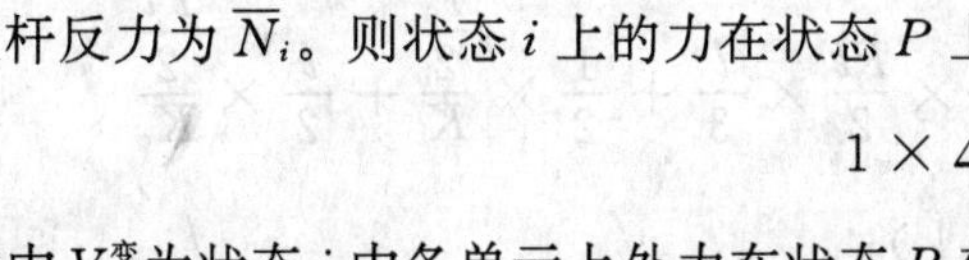

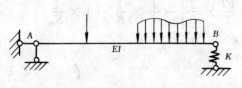

图 6-37

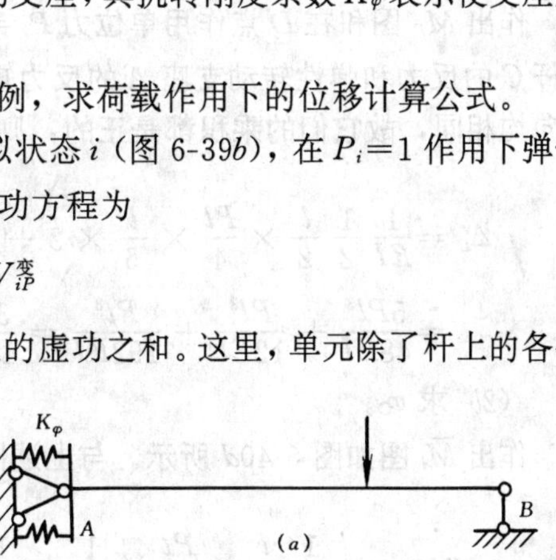

图 6-38

123

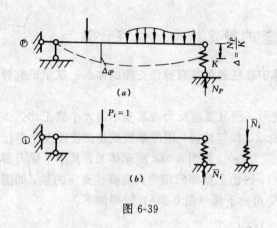

图 6-39

态 P 变形上的虚功为 $\overline{N}_i \dfrac{N_P}{K}$。当 $\overline{N}_i$ 与 N_P 同号时虚功为正。于是

$$V_{iP}^{\text{变}} = \Sigma \int \overline{M}_i \frac{M_P ds}{EI} + \Sigma \int \overline{N}_i \frac{N_P ds}{EA} + \Sigma \int \mu \overline{V}_i \frac{V_P ds}{GA} + \overline{N}_i \frac{N_P}{K}$$

由此，位移计算公式为

$$\Delta_{iP} = \Sigma \int \overline{M}_i \frac{M_P ds}{EI} + \Sigma \int \overline{N}_i \frac{N_P ds}{EA} + \Sigma \int \mu \overline{V}_i \frac{V_P ds}{GA} + \overline{N}_i \frac{N_P}{K} \tag{6-27}$$

式中前三项分别表示梁的弯曲变形、轴向变形和剪切变形对位移的影响。第四项表示弹性支杆的变形对位移的影响。

对于还有弹性转动支座的体系，并且弹性支座不止一个，则位移计算公式可写为

$$\Delta_{iP} = \Sigma \int \overline{M}_i \frac{M_P ds}{EI} + \Sigma \int \overline{N}_i \frac{N_P ds}{EA} + \Sigma \int \mu \overline{V}_i \frac{V_P ds}{GA}$$
$$+ \Sigma \overline{N}_i \frac{N_P}{K} + \Sigma \overline{M}_i \frac{M_P}{K_\varphi} \tag{6-28}$$

对于梁和刚架，只考虑弯曲变形，则式（6-28）简化为

$$\Delta_{iP} = \Sigma \int \overline{M}_i \frac{M_P ds}{EI} + \Sigma \overline{N}_i \frac{N_P}{K} + \Sigma \overline{M}_i \frac{M_P}{K_\varphi} \tag{6-29}$$

【例 6-12】 求图 6-40a 所示梁 D 点的竖向位移 Δ_D^v 及截面 C 的转角 φ_C。设 $EI=$ 常数。已知弹性支杆的刚度系数 $K=3EI/l^3$，弹性转动支座的抗转刚度系数 $K_\varphi=48EI/l$。

【解】 （1）求 Δ_D^v。

作出 M_P 图和在 D 点作用单位力 $P_i=1$ 时的 $\overline{M}_i$ 图如图 6-40b、c 所示（两个状态的弹性支杆 C 的反力和弹性转动支座 A 的反力矩均示于图中）。由于 $\overline{N}_i^C$ 与 N_P^C，以及 $\overline{M}_i^A$ 与 M_P^A 的方向均相同，故它们的乘积都是正的，则由公式（6-29）得

$$\Delta_D^v = \frac{1}{EI} \frac{1}{2} \times \frac{l}{2} \times \frac{Pl}{4} \times \frac{l}{6} \times 2 + \frac{1}{EI} \frac{l}{2} \times \frac{Pl}{2} \times \frac{l}{3} + \frac{1}{2} \times \frac{\frac{P}{2}}{K} + \frac{l}{2} \times \frac{\frac{Pl}{2}}{K_\varphi}$$

$$= \frac{5Pl^3}{48EI} + \frac{Pl^3}{12EI} + \frac{Pl^3}{192EI} = \frac{37Pl^3}{192EI}(\downarrow)$$

（2）求 φ_C。

作出 $\overline{M}_i$ 图如图 6-40d 所示。与上述同理可求得 φ_C。

$$\varphi_C = -\left(\frac{1}{EI} \frac{l}{2} \times \frac{Pl}{4} \times \frac{1}{2} + \frac{1}{EI} \frac{l}{2} \times \frac{Pl}{2} \times \frac{2}{3} \right) + \frac{1}{l} \times \frac{\frac{P}{2}}{K} - 1 \times \frac{\frac{Pl}{2}}{K_\varphi}$$

$$= -\frac{11Pl^2}{48EI} + \frac{Pl^2}{6EI} - \frac{Pl^2}{96EI}$$

$$= -\frac{7Pl^2}{96EI}(\curvearrowleft)$$

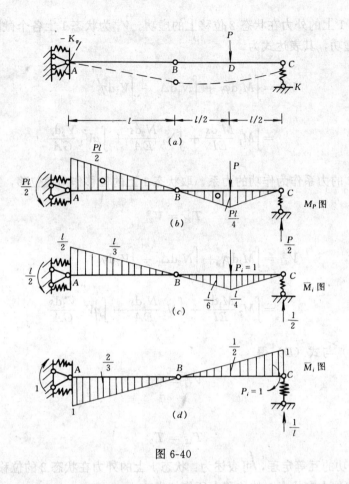

图 6-40

第十节 互 等 定 理

本节介绍弹性结构的四个互等定理，即功的互等定理、位移互等定理、反力互等定理及反力与位移互等定理。基中最基本的是功的互等定理，其他三个定理都可由此定理推导出来。这些定理在超静定结构的分析中要经常引用。

一、功的互等定理

功的互等定理可直接由变形体虚功原理推导出来。

考察同一结构的两种受力状态（图 6-41a、b）。分别称为状态 1 和状态 2。

取状态 1 上的力系作为作功的力系，取状态 2 上的位移作为虚位移，虚功方程为

$$T_{12} = V_{12}^{变} \qquad (A)$$

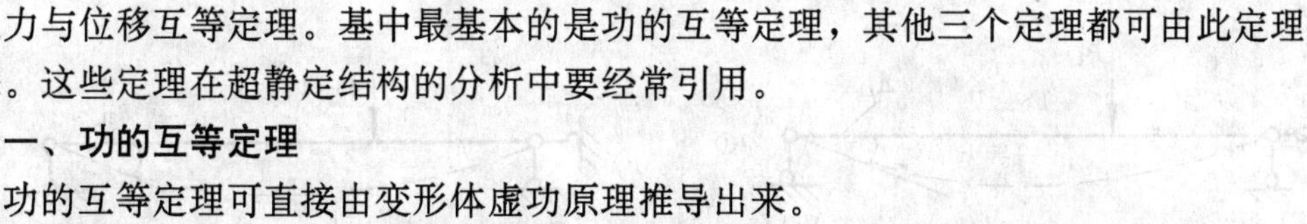

图 6-41

其中 T_{12} 为状态 1 上的外力在状态 2 位移上的虚功。$V_{12}^{变}$ 为状态 1 上各个微段上的外力在状态 2 变形上的虚功，其表达式为

$$V_{12}^{变} = \int M_1 \mathrm{d}\varphi_2 + \int N_1 \mathrm{d}\Delta_2 + \int V_1 \mathrm{d}\eta_2$$

$$= \int M_1 \frac{M_2 \mathrm{d}s}{EI} + \int N_1 \frac{N_2 \mathrm{d}s}{EA} + \int \mu V_1 \frac{V_2 \mathrm{d}s}{GA} \qquad (B)$$

再取状态 2 的力系作为作功的力系，取状态 1 上的位移作为虚位移，虚功方程为

$$T_{21} = V_{21}^{变} \qquad (C)$$

其中
$$V_{21}^{变} = \int M_2 \mathrm{d}\varphi_1 + \int N_2 \mathrm{d}\Delta_1 + \int V_2 \mathrm{d}\eta_1$$

$$= \int M_2 \frac{M_1 \mathrm{d}s}{EI} + \int N_2 \frac{N_1 \mathrm{d}s}{EA} + \int \mu V_2 \frac{V_1 \mathrm{d}s}{GA} \qquad (D)$$

对比式（B）与式（D）得

$$V_{12}^{变} = V_{21}^{变}$$

从而

$$T_{12} = T_{21} \qquad (6\text{-}30)$$

式（6-30）称为功的互等定理，可表述为：状态 1 上的外力在状态 2 的位移上所作的虚功，等于状态 2 上的外力在状态 1 的位移上所作的虚功。

二、位移互等定理

应用上述功的互等定理来研究一种特殊情况。考察两种状态（图 6-42a、b），在此两种状态中都只作用一个广义力（P_1 及 P_2）。

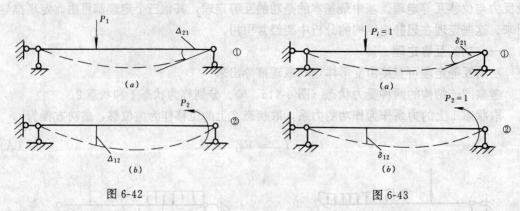

图 6-42   图 6-43

按功的互等定理有

$$T_{12} = T_{21}$$

T_{12} 为状态 1 上的外力 P_1 在状态 2 的相应位移 Δ_{12} 上所作的虚功，即

$$T_{12} = P_1\Delta_{12}$$

与此类似，

$$T_{21} = P_2\Delta_{21}$$

这里 P_2 是力偶，与之相应的广义位移为转角 Δ_{21}。

根据功的互等定理有

$$P_1\Delta_{12} = P_2\Delta_{21}$$

两端除以 P_1P_2 得

$$\frac{\Delta_{12}}{P_2} = \frac{\Delta_{21}}{P_1}$$

令比值

$$\frac{\Delta_{12}}{P_2} = \delta_{12}, \quad \frac{\Delta_{21}}{P_1} = \delta_{21}$$

则有

$$\delta_{12} = \delta_{21} \tag{6-31}$$

下面阐明 δ_{12} 及 δ_{21} 的物理意义。将图 6-42a 上的力 P_1 及位移 Δ_{21} 同除以力 P_1，则力即变为 $\frac{P_1}{P_1} = 1$（无名数），而位移即变为 $\frac{\Delta_{21}}{P_1}$，即 δ_{21}（图 6-43a）。于是 δ_{21} 的物理意义是单位力 P_1 $= 1$（无名数）引起的 P_2 作用点沿 P_2 方向的"位移"。这里要注意 δ_{21} 的量纲并非位移 Δ_{21} 的量纲，而是 Δ_{21} 的量纲除以力 P_1 的量纲。对于图示的具体情况，Δ_{21} 是转角，其量纲为无名数（弧度是弧长与半径的比值，是无名数），P_1 的量纲是力的量纲，例如是 kN，因而 δ_{21} 的量纲是 $1/\mathrm{kN}$。

同理，δ_{12} 的物理意义是单位力（力偶矩）$P_2 = 1$（无名数）引起的 P_1 作用点沿 P_1 方向的"位移"（图 6-43b），其量纲是线位移 Δ_{12} 的量纲（m）除以力偶矩 P_2 的量纲（kN·m），亦为 $1/\mathrm{kN}$。

所以 δ_{12} 与 δ_{21} 拥有相同的量纲。原因是它们并非一个是线位移，一个是角位移，而都是广义位移与广义力的比值。可称之为位移系数，因为它们乘以相应的广义力后得相应的广义位移。

尽管如此，为了简单，仍然称 δ_{12} 为线位移，δ_{21} 为角位移。

式（6-31）称为位移互等定理，可表述为：单位力 P_2 引起的单位力 P_1 的作用点沿 P_1 方向的位移 δ_{12}，等于单位力 P_1 引起的单位力 P_2 的作用点沿 P_2 方向的位移 δ_{21}。

由推导过程可知，P_1、P_2 可以是任何单位广义力。例如 P_1、P_2 可以都是单位集中力；也可以都是单位力偶；也可以一个是单位集中力，另一个是单位力偶。与此相应，δ_{12}、δ_{21} 可以都是线位移；都是角位移；一个是线位移，一个是角位移。

位移互等定理，将在用力法计算超静定结构中得到应用。

三、反力互等定理

反力互等定理也是功的互等定理的一个特殊情况。

在一个结构的诸约束中任取两个约束——约束 1 及约束 2。在图 6-44a 所示结构中约束 1 是固定端中限制转角的约束，约束 2 是右端支杆。

考察两种状态。令约束 1 发生单位位移 $\Delta_1 = 1$ 的状态（图 6-44a）为状态 1，此时支座

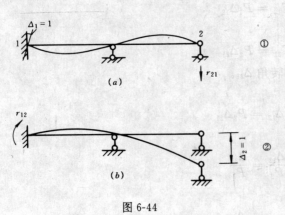

図 6-44

2 产生反力 r_{21}；令约束 2 发生单位位移 $\Delta_2 = 1$ 的状态（图 6-44b）为状态 2，此时支座 1 产生反力 r_{12}。这里 r 表示单位位移引起的支座反力，第一个脚标表示发生反力的地点和方向，第二个脚标表示引起反力的原因。

根据功的互等定理有

$$T_{12} = T_{21}$$

T_{12} 为状态 1 上的外力在状态 2 的位移上所作的虚功。由于在状态 2 上只有约束 2 发生位移 $\Delta_2 = 1$，所以只有反力 r_{21} 作功。于是

$$T_{12} = r_{21} \times 1$$

同理，状态 2 上的外力在状态 1 位移上只有 r_{12} 作功，则

$$T_{21} = r_{12} \times 1$$

由 $T_{12} = T_{21}$ 得

$$r_{21} = r_{12} \tag{6-32}$$

式（6-32）称为反力互等定理，可表述为：约束 1 的单位位移所引起的约束 2 的反力 r_{21}，等于约束 2 的单位位移所引起的约束 1 的反力 r_{12}。

需要指出，这里 r_{21} 与 r_{12} 拥有相同的量纲。原因是它们并非一个是支杆反力，一个是反力偶，而都是约束反力与引起此反力的位移的比值，它们乘以位移后得反力，是反力系数，不拥有反力的量纲。

反力互等定理将在用位移法计算超静定结构中得到应用。

四、反力与位移互等定理

本定理同样是功的互等定理的一个特殊情况。

考察两种状态（图 6-45）。状态 1 是体系中某一个约束（约束 1）发生单位位移 $\Delta_1 = 1$ 的状态（图 6-45a）。状态 2 是在某一点（点 2）作用单位力 $P_2 = 1$ 的状态（图 6-45b）。由于 $\Delta_1 = 1$ 产生的点 2 沿 P_2 方向的位移称为 δ'_{21}。δ'_{21} 是单位位移产生的位移，为了与单位力产生的位移 δ_{21} 相区别，加了肩标"'"。

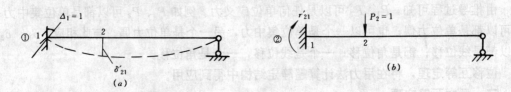

图 6-45

单位力 $P_2 = 1$ 产生的约束 1 沿 Δ_1 方向的反力称为 r'_{12}。r'_{12} 是单位力产生的反力，为了与单位位移产生的反力 r_{12} 相区别，加了肩标"'"。

对于上述两种状态应用功的互等定理，则得

$$0 = r'_{12} \times 1 + 1 \times \delta'_{21}$$

即

$$r'_{12} = -\delta'_{21} \tag{6-33}$$

式（6-33）称为反力与位移互等定理，可表述为：作用于 2 处的单位荷载所引起约束 1 中的反力 r'_{12}，等于约束 1 沿 r'_{12} 方向产生单位位移时在单位荷载作用点 2 处沿其作用方向产生的位移 δ'_{21}，但其符号相反。

反力与位移互等定理将在用混合法计算超静定结构时得到应用。

最后指出，上述几个互等定理，与叠加法一样，仅适用于线性弹性体系，即

（1）应力在弹性范围内，且应力与应变成正比。

（2）结构变形微小，内力可在未变形位置上计算。

思 考 题

1. 变形体虚功原理与刚体虚功原理有何区别和联系？

2. 变形体虚功方程推导中,在什么地方利用了体系的平衡条件?在什么地方利用了虚位移的变形连续

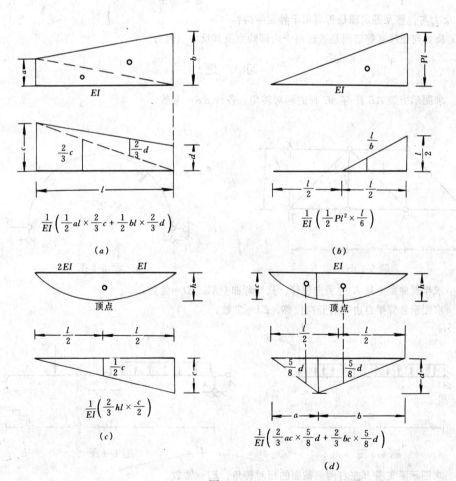

$$\frac{1}{EI}\left(\frac{1}{2}al \times \frac{2}{3}c + \frac{1}{2}bl \times \frac{2}{3}d\right)$$

(a)

$$\frac{1}{EI}\left(\frac{1}{2}Pl^2 \times \frac{l}{6}\right)$$

(b)

$$\frac{1}{EI}\left(\frac{2}{3}hl \times \frac{c}{2}\right)$$

(c)

$$\frac{1}{EI}\left(\frac{2}{3}ac \times \frac{5}{8}d + \frac{2}{3}bc \times \frac{5}{8}d\right)$$

(d)

图 6-46

条件？

3*. 前面已经说过相互作用力之功互相抵消，为什么式（6-14）右端不等于零，这不是矛盾吗？试予以解答。

4. 求位移时怎样确定虚拟的单位广义力？这个单位广义力具有什么量纲？为什么？

5. 杆件结构位移计算公式（式6-15）中各项的物理意义是什么？

6. 图乘法的应用条件是什么？求连续变截面梁和拱的位移时，是否可以用图乘法？

7. 下列图乘结果是否正确？为什么？图中曲线均为二次抛物线（图6-46）。

8. M_P图的面积为ω，形心位置如图6-47a所示。$\overline{M}_i$图不在杆轴线的同一侧，而由上下两部分组成（图b）。试说明M_P图与y_0在杆轴线的同一侧时积分$\int \overline{M}_i M_P \mathrm{d}x$是正的。

9. 在温度改变引起的静定结构位移的计算公式（式6-23）中不含剪力项，是因为温度改变只产生弯矩、轴力，而不产生剪力。这种说法是否正确？为什么？

10. 反力互等定理是否可用于静定结构？试述其理由。

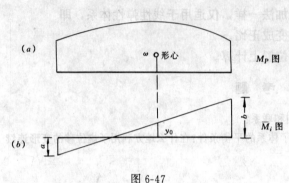

图 6-47

11. 反力与位移互等定理是否可用于静定结构？

12*. 反力与位移互等定理是否适用于内部约束及其反力（内力）？

习 题

6-1 求图示桁架 AB 杆与 AC 杆的相对转角。各杆 EA＝常数。

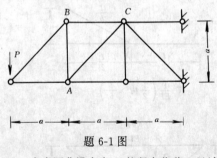

题 6-1 图

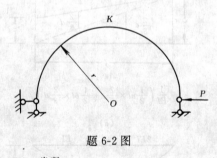

题 6-2 图

6-2 求半圆曲梁中点 K 的竖向位移。只计弯曲变形。EI＝常数。

6-3 求图示悬臂梁自由端的竖向位移。EI＝常数。

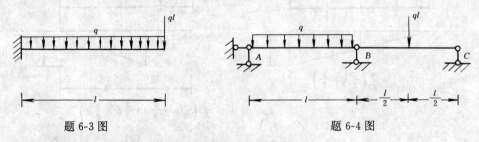

题 6-3 图

题 6-4 图

6-4 求图示梁支座 B 左右两侧截面的相对转角。EI＝常数。

6-5 求图示悬臂梁自由端的竖向位移。$EI = 3.84 \times 10^5 \text{kN} \cdot \text{m}^2$。

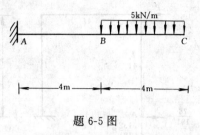

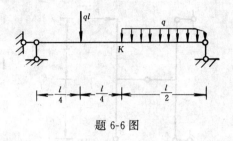

题 6-5 图   题 6-6 图

6-6 求简支梁中点 K 的竖向位移。$EI =$ 常数。

6-7 求图示刚架结点 K 的转角。$E =$ 常数。

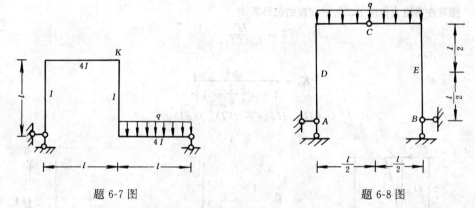

题 6-7 图   题 6-8 图

6-8 求图示三铰刚架 D、E 两点相对水平位移和铰 C 两侧截面的相对转角。$EI =$ 常数。

6-9 求图示刚架 A、B 两截面的水平相对位移 Δ_{AB}^H、竖向相对位移 Δ_{AB}^V 及相对转角 φ_{AB}。A、B 是切口两侧的截面。已知 $q = 10 \text{kN/m}$，$l = 5 \text{m}$，$EI = 2.6 \times 10^5 \text{kN} \cdot \text{m}^2$。分析计算结果。

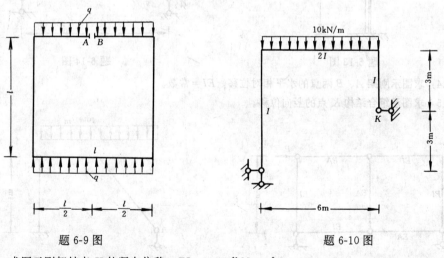

题 6-9 图   题 6-10 图

6-10 求图示刚架结点 K 的竖向位移。$EI = 3 \times 10^6 \text{kN} \cdot \text{m}^2$。

6-11 求图示刚架 B 点的水平位移。$EI =$ 常数。

6-12 求图示刚架 A 点的水平位移 Δ_A^H 及竖向位移 Δ_A^V。$E =$ 常数。

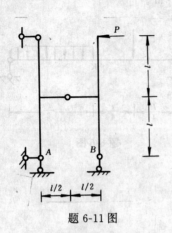

题 6-11 图

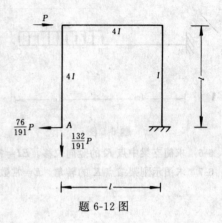

题 6-12 图

6-13 推导在单位力作用下二阶柱柱顶的位移算式

$$\delta = \frac{H^3}{K_0 (EI)_{\text{下}}}$$

其中

$$K_0 = \frac{3}{1 + \lambda^3 \left(\dfrac{1}{n} - 1 \right)}$$

$$\lambda = H_{\text{上}} / H_{\text{下}}, n = (EI)_{\text{上}} / (EI)_{\text{下}}$$

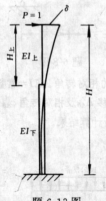

题 6-13 图

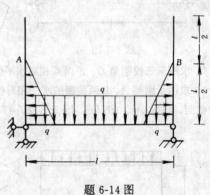

题 6-14 图

6-14 求图示刚架 A、B 两点的水平相对位移。$EI =$ 常数。

6-15 求图示组合结构 K 点的竖向位移。

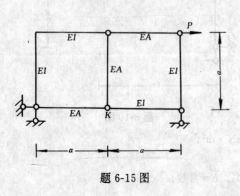

题 6-15 图

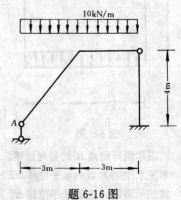

题 6-16 图

6-16 求图示刚架 A 点的水平位移。$EI = 3 \times 10^5 \text{kN} \cdot \text{m}^2$。

6-17 图示三铰刚架内部温度升高 $t \, ℃$，材料的线膨胀系数为 α。求中间铰 C 的竖向位移。各杆截面高度 h 相同。

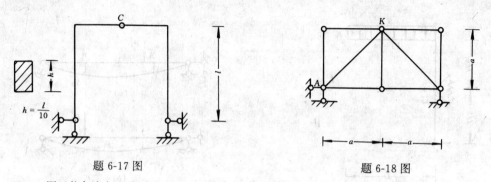

题 6-17 图　　　　　　　　题 6-18 图

6-18 图示桁架各杆温度升高 $t \, ℃$，材料的线膨胀系数为 α。求 K 点的竖向位移。

6-19 求题 6-18 桁架由于混凝土干缩引起的 K 点的水平位移。干缩率为 4×10^{-4}。$a = 5\text{m}$。

6-20 题 6-18 桁架中杆件 AK 在制造时比原设计长度做长了 5mm，求由此引起的 K 点的水平位移。

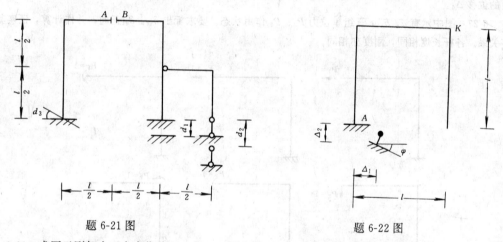

题 6-21 图　　　　　　　　题 6-22 图

6-21 求图示刚架由于支座位移 d_1、d_2、d_3 引起的 A、B 两截面的相对竖向位移。

6-22 图示刚架支座 A 发生水平线位移 Δ_1、竖向线位移 Δ_2 及顺时针向转角 φ，求由此引起的刚结点 K 的水平位移。

6-23 求图示简支梁中点 C 的竖向位移。弹性支座的刚度系数 $K = \dfrac{48EI}{l^3}$，$EI =$ 常数。

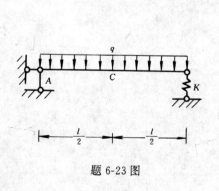

题 6-23 图

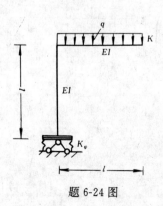

题 6-24 图

6-24　求图示刚架 K 点的水平位移。弹性转动支座的刚度系数 $K_\varphi=\dfrac{EI}{L}$。

6-25　求图示刚架 K 点的水平位移。各杆为刚性杆，弹性铰的抗转刚度系数 $K_\varphi=\dfrac{EI}{l}$。

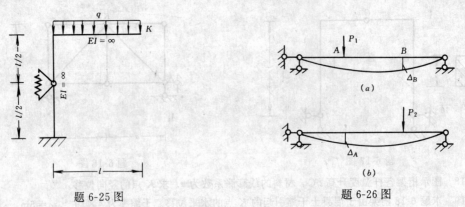

题 6-25 图　　　　　　　　　　　　题 6-26 图

6-26　已知简支梁在点 A 作用 P_1 时（图 a）点 B 产生的位移 Δ_B，求在点 B 作用 P_2 时（图 b）点 A 产生的位移 Δ_A。

6-27　图中示有 a、b、c 三组单位力 P_1、P_2 作用状态。要求标出 δ_{12}、δ_{21} 正向，并作计算，证实其互等关系。各杆长度相同，刚度亦相同。

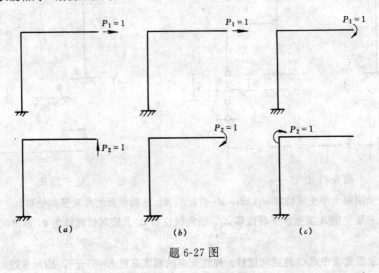

题 6-27 图

134

第七章 力 法

第一节 超静定结构的一般概念和超静定次数的确定

一、超静定结构的性质

超静定结构，又名静不定结构。它的几何特征表现为，是一个具有多余约束的几何不变体系。它的静力特征是，仅仅根据平衡条件不能求出其全部内力（包括支座反力）。

所谓多余约束是指单独去掉它时，体系仍保持为几何不变的那种约束。例如在图7-1a所示体系中竖向支杆 A、B、C 均可视为多余约束，因为单独去掉支杆 A 时，或单独去掉 B 或 C 时，体系仍然是几何不变的。但是同时去掉它们是不行的，只能去掉一个，所以图7-1a 所示体系只有一个多余约束。

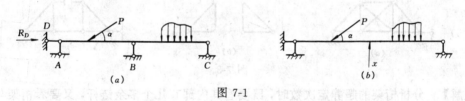

图 7-1

不言而喻，多余约束并不是没用的，在结构使用或为调整结构的内力、位移时是需要的，它可以减小弯矩，减小挠度等。

与多余约束相对应，还有必要约束，单独去掉它时，体系即几何可变。例如图7-1a 中的水平支杆 D 就是必要约束。

多余约束的反力，单独利用平衡条件是求不出来的。例如支杆 B 的反力 X（图7-1b）与外载一样，不论它等于多少，图7-1b 所示的静定梁都能平衡，从而不可能仅由平衡条件来确定。因此，称多余约束的反力为多余约束力（简称多余力）。

与此相反，必要约束的反力常能由平衡条件确定，因为它是维持平衡所必需的，例如支杆 D 是用以阻止水平位移的。它的反力 R_D 可由 $\Sigma X=0$ 求出：$R_D=P\cos\alpha$。

根据超静定结构的静力特征和几何特征，超静定结构的主要性质如下：

（1）仅由平衡条件不能确定多余约束的反力，欲求全部反力和内力除使用平衡条件外，还须考察变形条件；

（2）其受力情况与材料的物理性质、截面的几何性质有关；

（3）由于去掉一些约束后，体系仍可保持几何不变，所以因制造误差、支座移动、温度改变等原因，超静定结构能够产生内力。称这种内力为初内力或原始内力，因为它是在

135

无荷载情况下产生的。

二、超静定次数的确定

超静定结构多余约束的数目，或者多余力的数目，称为超静定次数。

结构的超静定次数可以这样来确定：如果去掉 n 个约束后即变为静定结构，它的超静定次数就等于 n；或者，如果变成静定结构后暴露出 n 个多余力，它的超静定次数就等于 n。

【例 7-1】 确定图 7-2a 所示体系的超静定次数。

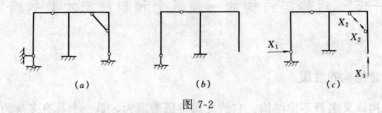

图 7-2

【解】 它可以变为图 7-2b 所示的静定体系（右部为基本部分，左部为附属部分）。由图 7-2a 变为图 7-2b 共去掉了三个联系（两个支杆，一个链杆），暴露出三个多余力（图 7-2c）。所以图 7-2a 所示体系是三次超静定，可记为 $n=3$。

【例 7-2】 确定图 7-3a 所示桁架的超静定次数。

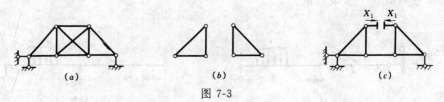

图 7-3

【解】 分析桁架的超静定次数时，既要看其内部有几个多余链杆，又要看桁架与地面相连时有无多余支杆。本例去掉与地面相连的三个支杆后，桁架内部可视为两刚片（图 7-3b）用四根链杆相连，多了一个链杆，是一次超静定。欲使其变成静定结构，在这四根链杆中去掉哪一个都可以。为保持其对称性，截断上面的水平链杆，形成的静定桁架如图 7-3c 所示，被截断的杆件的作用力以力 X_1 代替。

超静定桁架有三种类型：

(1) 内部有多余杆件（如上例）。

(2) 外部有多余杆件（图 7-4a）。

(3) 内部、外部都有多余杆件（图 7-4b）。

【例 7-3】 确定图 7-5a 所示组合结构的超静定次数。

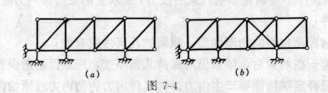

图 7-4

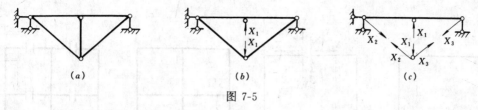

图 7-5

【解】 去掉一个链杆即得静定结构（图 7-5b），所以是一次超静定。

可是，去掉三个链杆后，得一静定梁（图 7-5c），为什么图 7-5a 所示的组合结构不是三次超静定呢？请思考。

【例 7-4】 确定图 7-6a 所示刚架的超静定次数。

【解】 在铰处切断得静定体系（两个悬臂刚架，图 7-6b）。铰相当于两个约束。原体系是二次超静定。切开铰后暴露出来两个多余力，如图 7-6b 所示。

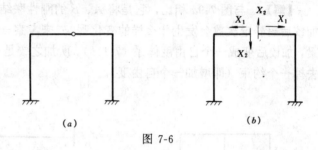

图 7-6

【例 7-5】 确定图 7-7a 所示刚架的超静定次数。

【解】 图 7-7b 所示体系是静定的。由图 7-7a 变为图 7-7b 暴露出三个多余力（图 7-7c），故图 7-7a 所示刚架是三次超静定。

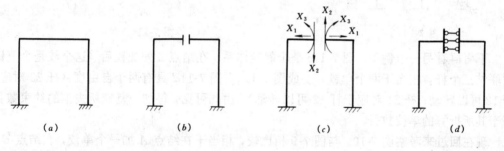

图 7-7

也可以从几何观点来解释：图 7-7a 与图 7-7b 的差别在于，图 7-7b 有切口，图 7-7a 无切口。图 7-7b 切口两边截面可以发生相对运动，而图 7-7a 则不能，它是连续的。为了阻止图 7-7b 切口两边截面发生相对运动，只需加上三个约束（图 7-7d）。因此，图 7-7a 相当于 7-7d，而图 7-7d 有三个多余约束，从而图 7-7a 所示刚架是三次超静定。

与图 7-7a 相似，图 7-8a 也是三次超静定的。三对力 X_1、X_2、X_3（图 7-8b）等于多少都能满足平衡条件，所以是多余力。

由此可以得出结论：一个无铰的闭合框有三个多余约束。

利用这个结论，可以计算具有若干个闭合框的体系的超静定次数。

例如，图 7-9a 共有四个闭合框，其超静定次数为 $4 \times 3 = 12$。也可以直接判断：为将图 7-9a 变为静定的（图 7-9b）需作四个切口，每个切口去掉三个约束，故超静定次数为 12。

【例 7-6】 确定图 7-10 所示体系的超静定次数。

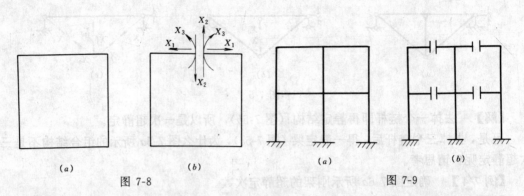

(a)   (b)   (a)   (b)

图 7-8   图 7-9

【解】　与图 7-9a 相比，它是将 A、B 的刚性联结换成了铰结（简称加铰）而得到的。加铰后超静定次数会发生什么样的变化呢?先来考察一些简单的例子。图 7-11a 是一个静定梁，加铰后变成一个自由度体系（7-11b）。所加之铰是一个单铰。由此可见，加一个单铰就去掉一个约束（即增加一个自由度）。

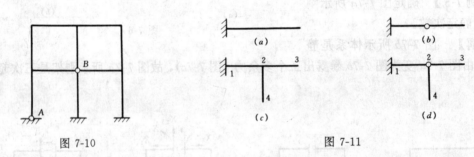

图 7-10   图 7-11

下面再看另一个例子。图 7-11c 是个静定体系。在结点 2 处加铰后（这个铰是个复铰，它联结三个杆，相当于两个单铰）变成图 7-11d。图 7-11d 具有两个自由度（杆 23 对应于杆 12 可以转动；杆 24 对应于杆 12 可以转动）。由此可见，每加一复铰所去掉的约束数目，等于其所折算的单铰数目。

现在回过来考察图 7-10。与图 7-9 相比较，相当于在结点 A 加一个单铰，在结点 B 加一复铰，这个复铰相当于三个单铰（联结四个杆）。故图 7-10 较图 7-9a 少 1+3＝4 个约束。而图 7-9a 共有 4×3＝12 个多余约束，因之图 7-10 有 4×3－4＝8 个多余约束，即它是八次超静定结构。

应当注意，在一个刚架杆上加一个单铰（相当于把两部分的刚结换为铰结），就增多一个自由度，即减少一个约束（图 7-11a、b）。而去一个单铰，则增多两个自由度，即减少两个约束（例 7-4）。

应当指出，一个超静定体系可以化为不同的静定体系。例如，图 7-12a 所示的连续梁可以化为 b~f 所示的静定体系；图 7-13a 所示体系可以化为 b~d 所示的静定体系。随所去约束的不同，所暴露出的未知力亦不同，但超静定次数是不变的。

三、计算超静定结构的基本方法

计算超静定结构的方法很多，但基本方法只有两种——力法与位移法。

力法是以多余约束力作为基本未知量，即先把多余力求出来，而后求出原结构的全部

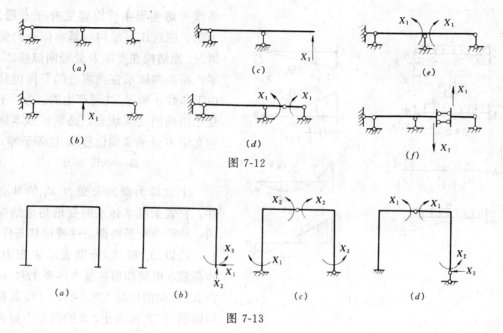

图 7-12

图 7-13

内力。

位移法是以位移（结点的线位移及角位移）作为基本未知量，先求位移，再求结构的内力。

不论力法或位移法，处理问题的基本思路都一样：把不会算的结构（超静定结构）通过会算的结构来计算。把这种会算的结构称为基本结构。计算的步骤可以概括为

（1）选取基本结构；

（2）消除基本结构与原有体系之间的差别。

消除差别的条件将表现为一组代数方程（关于力的或位移的），解之可求出基本未知量。有了基本未知量即不难求出其他任何未知量。

第二节　力法基本原理与力法的典型方程

一、力法基本原理

图 7-14a 所示为一端固定、另一端铰支的一次超静定梁，受有均布荷载 q 作用，抗弯刚度 EI 为常数。现以这一超静定梁的内力分析过程说明力法的基本原理。

如果把支座 B 作为多余约束去掉，则得到图 7-14b 所示的静定结构。将原超静定结构中去掉多余约束后所得到的静定结构称为力法的基本结构。所去掉的多余约束，则以相应的多余未知力 X_1 来代替其作用。这样，基本结构就同时承受着已知荷载 q 和多余未知力 X_1 的作用，基本结构在原有荷载和多余未知力共同作用下的体系称为力法的基本体系，如图 7-14b 所示。多余力 X_1 称为力法的基本未知量。

显然，只要能设法确定多余未知力 X_1 的大小，就可在基本体系上用静力平衡条件求得原结构的所有反力和内力。因此，多余未知力是求解该问题的关键。为了确定 X_1 的数值，

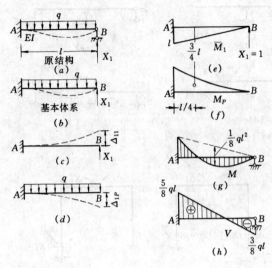

必须考虑变形条件以建立补充方程式。为此，应对比原结构与基本体系的变形情况。原结构在支座 B 处竖向位移 Δ_B^V 为零；而基本体系在约束处的竖向位移是由于荷载 q 和 X_1 共同产生的。为了不改变原结构的变形状态，必须使基本体系在支座 B 处的竖向位移 Δ_1 也等于零，即

$$\Delta_1 = \Delta_B^V = 0 \qquad (a)$$

上式即为确定未知力 X_1 的补充条件，它表示基本体系的变形与原结构相同，故称为变形协调条件或位移条件。

若以 Δ_{11} 和 Δ_{1P} 分别表示未知力 X_1 和荷载 q 单独作用在基本体系上时，B 点沿 X_1 方向的位移 (图 7-14c、d)，其符号均以沿 X_1 方向为正。Δ 的两个下标含意

图 7-14

是：第一个下标表示产生位移的地点和方向；第二个下标表示产生位移的原因。例如：Δ_{11} 表示 X_1 作用点处沿 X_1 方向由 X_1 所产生的位移；Δ_{1P} 表示 X_1 作用点处沿 X_1 方向由外荷载 q 所产生的位移。根据线性变形体系叠加原理，B 支座处的竖向位移为

$$\Delta_1 = \Delta_{11} + \Delta_{1P} \qquad (b)$$

若以 δ_{11} 表示单位力 (即 $X_1 = 1$) 时基本体系沿 X_1 方向所产生的位移，则 $\Delta_{11} = \delta_{11} X_1$。于是上述变形条件 ($b$) 式变为

$$\delta_{11} X_1 + \Delta_{1P} = 0 \qquad (c)$$

所以

$$X_1 = -\frac{\Delta_{1P}}{\delta_{11}} \qquad (d)$$

由于 δ_{11} 和 Δ_{1P} 都是静定结构在已知力作用下的位移，均可采用静定结构的位移计算方法求得。因此，多余未知力 X_1 的大小，可由 (d) 式确定。

(c)式就是根据原结构的变形条件建立的用来确定 X_1 的变形协调方程，称为力法方程。

为了具体计算系数 δ_{11} 和 Δ_{1P}，首先分别画出 $X_1 = 1$ 和荷载 q 作用下基本结构的弯矩图 $\overline{M_1}$ 和 M_P，如图 7-14e、f 所示，然后用图乘法计算上述位移。

计算 δ_{11} 时，可用 $\overline{M_1}$ 图乘 $\overline{M_1}$ 图，叫做 $\overline{M_1}$ 图的"自乘"。即

$$\delta_{11} = \Sigma \int \frac{\overline{M_1}\,\overline{M_1}}{EI} dx = \Sigma \int \frac{\overline{M_1}^2}{EI} dx$$

$$= \frac{1}{EI} \cdot \frac{1}{2} \cdot l \cdot l \cdot \frac{2}{3} \cdot l = \frac{l^3}{3EI}$$

计算 Δ_{1P} 时，将 $\overline{M_1}$ 图与 M_P 图相乘，即

$$\Delta_{1P} = \Sigma \int \frac{\overline{M_1}\,\overline{M_P}}{EI}\mathrm{d}x$$

$$= -\frac{1}{EI}\left(\frac{1}{3}\cdot l\cdot\frac{ql^2}{2}\cdot\frac{3}{4}\cdot l\right) = -\frac{ql^4}{8EI}$$

再将 δ_{11} 和 Δ_{1P} 之值代入（d）式，即可解出多余未知力 X_1 的值为

$$x_1 = -\frac{\Delta_{1P}}{\delta_{11}} = -\left(-\frac{ql^4}{8EI}\right)\bigg/\frac{l^3}{3EI} = \frac{3}{8}ql(\uparrow)$$

多余未知力 X_1 求得后，其余反力、内力的计算均可用静力平衡条件解得。最后，弯矩图 M 也可利用 $\overline{M_1}$ 和 M_P 图由叠加法绘出，即

$$M = \overline{M}X_1 + M_P \qquad\qquad (e)$$

在作法上只要将 $\overline{M_1}$ 图的纵坐标乘以 X_1，再与 M_P 图对应的纵坐标相加，便可绘出 M 图（图 7-14g）。由 M 图可进一步绘出剪力图（图 7-14h）。

综上所述，力法是以超静定结构的多余约束力（反力、内力）作为基本未知量，再根据基本体系在多余约束处与原结构位移相同的条件，建立变形协调的力法方程以求解多余未知力，从而把超静定结构的求解问题转化为静定结构分析问题。这就是用力法分析超静定结构的基本原理和计算方法。

二、力法典型方程

根据上述基本原理，现以一个二次超静定刚架为例，说明如何建立多次超静定结构的力法方程，再进一步推及 n 次超静定结构的求解，即得到力法典型方程。

图 7-15a 所示刚架为二次超静定结构，分析时必须解除两个多余约束。现去掉支座 B，相应的代以多余未知力 X_1 和 X_2，得到图 7-15b 所示的基本体系。由于原结构在支座 B 处没有水平线位移和竖向线位移，因此，基本结构在荷载和多余未知力 X_1、X_2 共同作用下，必须保证同样的变形条件。即 B 点沿 X_1 和 X_2 方向的位移 Δ_1、Δ_2 都应等于零，即

$$\Delta_1 = 0, \quad \Delta_2 = 0$$

设各单位未知力 $X_1=1$、$X_2=1$ 和荷载分别作用于基本结构上，B 点沿 X_1 方向的位移分别为 δ_{11}、δ_{12} 和 Δ_{1P}；沿 X_2 方向的位移分别为 δ_{21}、δ_{22} 和 Δ_{2P}（图 7-15c、d、e）。根据叠加原理，上述位移条件可表示为

$$\left.\begin{aligned}\Delta_1 &= \delta_{11}X_1 + \delta_{12}X_2 + \Delta_{1P} = 0\\ \Delta_2 &= \delta_{21}X_1 + \delta_{22}X_2 + \Delta_{2P} = 0\end{aligned}\right\} \qquad (7\text{-}1)$$

这就是根据位移条件建立的求解多余未知力 X_1、X_2 的联立方程式，即为二次超静定结构的力法方程式。

对于一个 n 次超静定结构，相应地有 n 个多余未知力，而每一个多余未知力处结构总

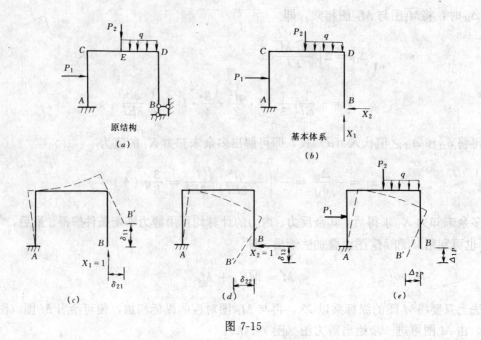

图 7-15

有一个已知的位移条件相对应，故可按已知位移条件建立一个含 n 个未知量的代数方程组，从而可解出 n 个多余未知力。设原结构上各多余未知力作用处的位移为 Δ_i $(i=1,2,\cdots n)$，则此 n 个方程式为

$$\left.\begin{array}{l} \Delta_1 = \delta_{11}X_1 + \delta_{12}X_2 + \cdots + \delta_{1n}X_n + \Delta_{1P} = 0 \\ \Delta_2 = \delta_{21}X_1 + \delta_{22}X_2 + \cdots + \delta_{2n}X_n + \Delta_{2P} = 0 \\ \cdots\cdots\cdots\cdots\cdots\cdots\cdots\cdots\cdots\cdots\cdots\cdots\cdots\cdots\cdots\cdots\cdots\cdots \\ \Delta_n = \delta_{n1}X_1 + \delta_{n2}X_2 + \cdots + \delta_{nn}X_n + \Delta_{nP} = 0 \end{array}\right\} \tag{7-2}$$

上式是用力法求解超静定结构的最一般方程式，通常称为力法典型方程。典型方程的物理意义是：基本结构在多余未知力和荷载的共同作用下，多余约束处的位移与原结构相应的位移相等。

在上述方程组中，主对角线上未知力的系数 δ_{ii} $(i=1,2,\cdots n)$ 称为主系数，它代表单位未知力 $X_i=1$ 单独作用在基本结构上时，在 i 处沿 X_i 自身方向上所引起的位移，其值恒为正，不会等于零。其余的系数 δ_{ij} $(i \neq j)$ 称为副系数，它代表基本结构在未知力 X_i 处，由于未知力 $X_j=1$ 单独作用时引起的位移。Δ_{iP} 称为自由项，它是由广义荷载（如外荷载、温度改变、支座移动等）作用下，沿未知力 X_i 方向所引起的位移。副系数 δ_{ij} 和自由项 Δ_{iP} 的值可为正、负或为零。根据位移互等定理，副系数存在以下关系

$$\delta_{ij} = \delta_{ji}$$

典型方程中的各系数和自由项，都是基本结构在已知力作用下的位移计算，完全可用第六章所述方法求得。

对于梁和刚架在荷载作用下，可按下式计算：

$$\delta_{ii} = \Sigma \int \frac{\overline{M_1}^2}{EI} dx$$

$$\delta_{ij} = \Sigma \int \frac{\overline{M_i}\,\overline{M_j}}{EI} dx \qquad (7-3)$$

$$\Delta_{iP} = \Sigma \int \frac{\overline{M_i}\,M_P}{EI} dx$$

对于桁架，按下式计算：

$$\delta_{ii} = \Sigma \frac{\overline{N_i}^2 l}{EA}$$

$$\delta_{ij} = \Sigma \frac{\overline{N_i}\,\overline{N_j}}{EA} l \qquad (7-4)$$

$$\Delta_{iP} = \Sigma \frac{\overline{N_i}\,N_P}{EA} l$$

将求得的系数与自由项代入力法典型方程，解出各多余未知力 X_1、X_2、$\cdots X_n$。然后将已求得的多余未知力和荷载共同作用在基本结构上，利用平衡条件，求出其余的反力和内力。在绘制原结构的最后内力图时，可利用基本结构的单位内力图与荷载内力图按叠加法得到。

即

$$M = \overline{M_1}X_1 + \overline{M_2}X_2 + \cdots + M_P$$

$$V = \overline{V_1}X_1 + \overline{V_2}X_2 + \cdots + V_P \qquad (7-5)$$

$$N = \overline{N_1}X_1 + \overline{N_2}X_2 + \cdots + N_P$$

式中　$\overline{M_i}$、$\overline{V_i}$、$\overline{N_i}$——分别为单位未知力作用在基本结构上的弯矩、剪力和轴力；

M_P、V_P、N_P——分别为荷载作用在基本结构上的弯矩、剪力和轴力。

第三节　荷载作用下各种结构的力法计算

根据以上所述，现将力法的计算步骤归纳如下：

（1）确定结构的超静定次数，去掉多余约束，并以多余未知力 X 代替相应多余约束的作用，得到原结构的力法基本体系。

（2）根据基本结构在多余未知力和荷载共同作用下，在所去掉各多余约束处的位移与原结构各相应位移相等的条件，建立力法的典型方程。

（3）作出基本结构的各单位内力图和荷载内力图（或写出内力表达式），计算典型方程中的各类系数和自由项。

（4）求解典型方程，得出各多余未知力。

（5）按分析静定结构的方法，由平衡条件和叠加法绘制结构的内力图。

（6）校核。

下面结合示例说明力法的应用。

一、超静定梁

【例 7-7】 试用力法计算图 7-16a 所示两跨连续梁,并绘制弯矩图 M 和剪力图 V。EI =常数。

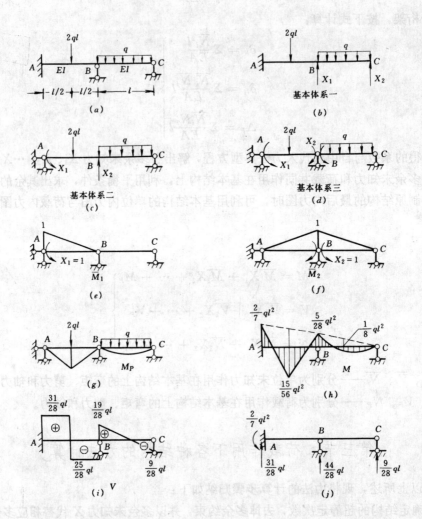

图 7-16

【解】 (1) 确定基本体系

该梁是一个两次超静定梁,有两个多余约束,可采用不同的方式解除这两个多余约束,图 7-16b、c、d 选出了三种不同的基本体系,分别为悬臂梁、简支梁和两跨简支梁。本题只选取图 7-16d 所示的基本体系进行计算。建议读者对其余两种基本体系进行计算,比较其繁简程度。

(2) 建立力法典型方程

把支座 A 的弯矩约束去掉,并把 B 处变成全铰,代以的多余未知力 X_1、X_2 应是一个力偶和一对力偶。根据 A、B 支座处变形条件,A 处的转角应为零,B 处左右截面相对转角

144

应为零，即 $\Delta_1 = 0$，$\Delta_2 = 0$，故有

$$\left.\begin{array}{l} \delta_{11}X_1 + \delta_{12}X_2 + \Delta_{1P} = 0 \\[2mm] \delta_{21}X_1 + \delta_{22}X_2 + \Delta_{2P} = 0 \end{array}\right\}$$

（3）计算系数和自由项

本题的系数和自由项，可以用图乘法计算。为此绘出 $\overline{M}_1$、$\overline{M}_2$ 和 M_P 图（图 7-16e、f、g），用图乘法求得

$$\delta_{11} = \Sigma \int \frac{\overline{M}_1^2}{EI} \mathrm{d}x = \frac{1}{EI} \left(\frac{1}{2} \cdot l \cdot 1 \cdot \frac{2}{3} \cdot 1 \right) = \frac{l}{3EI}$$

$$\delta_{22} = \Sigma \int \frac{\overline{M}_2^2}{EI} \mathrm{d}x = \frac{2}{EI} \left(\frac{1}{2} \cdot l \cdot 1 \cdot \frac{2}{3} \cdot 1 \right) = \frac{2l}{3EI}$$

$$\delta_{12} = \delta_{21} = \Sigma \int \frac{\overline{M}_1 \overline{M}_2}{EI} \mathrm{d}x = \frac{1}{EI} \left(\frac{1}{2} \cdot l \cdot 1 \cdot \frac{1}{3} \cdot 1 \right) = \frac{l}{6EI}$$

$$\Delta_{1P} = \Sigma \int \frac{\overline{M}_1 M_P}{EI} \mathrm{d}x = \frac{1}{EI} \left(-\frac{1}{2} \cdot \frac{1}{2}ql^2 \cdot l \cdot \frac{1}{2} \cdot 1 \right) = -\frac{ql^3}{8EI}$$

$$\Delta_{2P} = \Sigma \int \frac{\overline{M}_2 M_P}{EI} \mathrm{d}x = -\frac{1}{EI} \left(\frac{1}{2} \cdot \frac{1}{2}ql^2 \cdot l \cdot \frac{1}{2} + \frac{2}{3} \cdot \frac{1}{8}ql^2 \cdot l \cdot \frac{1}{2} \right) = -\frac{ql^3}{6EI}$$

（4）将各系数、自由项代入力法典型方程，解出多余未知力 X_1、X_2。

$$\left.\begin{array}{l} \dfrac{l}{3EI}X_1 + \dfrac{l}{6EI}X_2 - \dfrac{ql^3}{8EI} = 0 \\[4mm] \dfrac{l}{8EI}X_1 + \dfrac{2l}{3EI}X_2 - \dfrac{ql^3}{6EI} = 0 \end{array}\right\}$$

整理，得

$$\left.\begin{array}{l} 8X_1 + 4X_2 = 3ql^2 \\[2mm] X_1 + 4X_2 = ql^2 \end{array}\right\}$$

解得 $X_1 = \dfrac{2}{7}ql^2$，$X_2 = \dfrac{5}{28}ql^2$

（5）绘制内力图

按照 $M = \overline{M}_1 X_1 + \overline{M}_2 X_2 + M_P$ 作出原结构的弯矩图如图 7-16h 所示。由弯矩图可作出剪力图（图 7-16i）。根据剪力图容易求出各支座的反力（图 7-16j）。

【例 7-8】 试分析图 7-17a 所示两端固定梁。EI = 常数。

【解】 （1）图 7-17a 所示结构为三次超静定梁。取简支梁为基本结构，其基本体系如图 7-17b 所示。

（2）建立力法典型方程

$$\left.\begin{array}{l} \delta_{11}X_1 + \delta_{12}X_2 + \delta_{13}X_3 + \Delta_{1P} = 0 \\[1mm] \delta_{21}X_1 + \delta_{22}X_2 + \delta_{23}X_3 + \Delta_{2P} = 0 \\[1mm] \delta_{31}X_1 + \delta_{32}X_2 + \delta_{33}X_3 + \Delta_{3P} = 0 \end{array}\right\}$$

（3）计算系数和自由项

首先作出基本结构的单位弯矩图$\overline{M_1}$、$\overline{M_2}$、$\overline{M_3}$和荷载作用下的M_P图（图7-17c、d、e、f），利用图乘法计算各系数。由于$\overline{M_3}=0$，故知$\delta_{13}=\delta_{31}=0$，$\delta_{23}=\delta_{32}=0$，$\Delta_{3P}=0$。因此典型方程的第三式则为

$$\delta_{33}X_3 = 0$$

在计算δ_{33}时，若同时考虑弯曲变形和轴向变形对位移的影响时，则有

$$\delta_{33} = \Sigma\int \frac{\overline{M_3}^2}{EI}\mathrm{d}x + \Sigma\int \frac{\overline{N_3}^2}{EA}\mathrm{d}s$$

$$= 0 + \frac{1^2 \cdot l}{EA} = \frac{l}{EA} \neq 0$$

于是有

$$X_3 = 0$$

这表明两端固定梁在垂直于梁轴线荷载作用下并不产生水平反力，因此，可简化为只需求解两个多余未知力的问题，其典型方程式为

$$\left.\begin{array}{l}\delta_{11}X_1 + \delta_{12}X_2 + \Delta_{1P} = 0\\ \delta_{21}X_1 + \delta_{22}X_2 + \Delta_{2P} = 0\end{array}\right\}$$

由图乘法求得各系数和自由项为：

$$\delta_{11} = \frac{l}{3EI},\ \delta_{22} = \frac{l}{3EI},\ \delta_{12} = \delta_{21} = \frac{l}{6EI}$$

$$\Delta_{1P} = -\frac{1}{EI}\left(\frac{1}{2}\times\frac{Pab}{l}\times l\right)\left(\frac{l+b}{3}\right)$$

$$= -\frac{Pab(l+b)}{6EIl}$$

$$\Delta_{2P} = -\frac{Pab(l+a)}{6EIl}$$

（4）解方程求多余未知力

将系数和自由项代入典型方程，并以$\frac{6EI}{l}$乘以各项，得

$$\left.\begin{array}{l}2X_1 + X_2 = \dfrac{Pab(l+b)}{l^2}\\ X_1 + 2X_2 = \dfrac{Pab(l+a)}{l^2}\end{array}\right\}$$

解得

$$X_1 = \frac{Pab^2}{l^2},\quad X_2 = \frac{Pa^2b}{l^2}$$

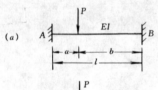

(a)

(b) 基本体系

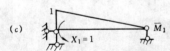

(c) $\overline{M_1}$ $X_1=1$

(d) $\overline{M_2}$ $X_2=1$

(e) $\overline{M_3}$ $X_3=1$

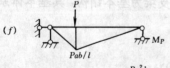

(f) M_P Pab/l

(g) $\dfrac{Pab^2}{l^2}$ $\dfrac{Pa^2b}{l^2}$ M

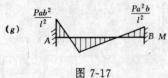

图 7-17

146

(5) 绘弯矩图，如图 7-17g 所示。

当 $a=b=\dfrac{l}{2}$ 时，$X_1=\dfrac{Pl}{8}$ （↘），$X_2=\dfrac{Pl}{8}$ （↓）

【例 7-9】　用力法计算图 7-18a 所示结构，绘 M 图。弹簧刚度为 k。

【解】　此结构仍为一次超静定。基本体系可以分成两类，一类不带弹性支座（去掉弹性支座），另一类带弹性支座（去掉别的约束）。下面分别讨论。

(1) 去掉弹性支杆，以悬臂梁为基本体系（图 7-18b）

由于支座 B 为弹性支座，在荷载作用下弹簧将被压缩，故 B 处向下移动 $\Delta=-\dfrac{X_1}{k}$ （负号表示移动方向与 X_1 方向相反）。

建立力法方程得

$$\delta_{11}X_1 + \Delta_{1P} = -\frac{X_1}{k}$$

或

$$\left(\delta_{11} + \frac{1}{k}\right)X_1 + \Delta_{1P} = 0$$

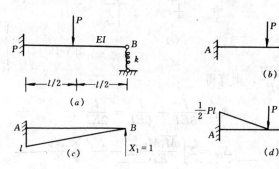

图 7-18

计算系数和自由项，绘出 $\overline{M_1}$、M_P 图如图 7-18c、d 所示，图乘得

$$\delta_{11} = \frac{l^3}{3EI}, \Delta_{1P} = -\frac{5Pl^3}{48EI}$$

所以

$$X_1 = -\frac{\Delta_{1P}}{\delta_{11} + 1/k} = \frac{\dfrac{5}{16}P}{1 + \dfrac{3EI}{kl^3}}$$

由上式可见，弹簧愈硬（k 愈大），弹簧内力 X_1 愈大。当为刚性支杆时（$k \to \infty$），弹簧受力最大，$X_1=\dfrac{5}{16}P$；当弹簧刚度极小时（$k \to 0$），$X_1=0$，弹簧不受力，梁即成为悬臂梁。

(2) 保留弹性支座，左端换成铰，将图 7-19a 所示基本体系。

变形条件为 A 端转角等于零，力法方程为

$$\delta_{11}X_1 + \Delta_{1P} = 0$$

δ_{11}、Δ_{1P} 按有弹性支座体系的位移算式（6-27）计算。绘出 $\overline{M_1}$、M_P 图如图 7-19b、c 所示。由此可得

$$\delta_{11} = \Sigma \int \frac{\overline{M_1}^2}{EI}dx + \frac{\overline{N_1^j} \cdot \overline{N_1^j}}{k_j}$$

$$= \frac{1}{2} \times 1 \times l \times \frac{2}{3} \times 1 \times \frac{1}{EI} + \frac{\dfrac{1}{l} \times \dfrac{1}{l}}{k}$$

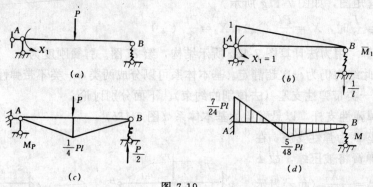

图 7-19

若令 $k = \dfrac{6EI}{l^3}$，则算得

$$\delta_{11} = \frac{l}{3EI} + \frac{l}{6EI} = \frac{l}{2EI}$$

$$\Delta_{1P} = \Sigma \int \frac{\overline{M_1} M_P}{EI} \mathrm{d}x + \frac{\overline{N_1^j} \times N_P^i}{k}$$

$$= -\frac{1}{EI} \times \frac{1}{2} \times \frac{Pl}{4} \times l \times \frac{1}{2} + \frac{\dfrac{1}{l} \times \left(-\dfrac{P}{2}\right)}{6EI} \times l^3$$

$$= -\frac{7}{48} \frac{Pl^2}{EI}$$

代入力法方程解出

$$X_1 = -\frac{\Delta_{1P}}{\delta_{11}} = \frac{7}{24} Pl$$

由 $M = \overline{M_1} X_1 + M_P$ 绘出弯矩图如图 7-19d 所示。

二、超静定刚架

对于直杆所组成的超静定刚架，其力法典型方程中的系数和自由项均可用图乘法计算。

【例 7-10】 试作图 7-20a 所示刚架的内力图。

【解】 （1）确定基本体系

此刚架为二次超静定结构，去掉 A 支座的固定铰代以未知力 X_1、X_2，得如图 7-20b 所示的基本体系。

（2）建立力法方程

根据原结构在 A 支座处的水平位移和竖向位移为零，则有

$$\left. \begin{aligned} \delta_{11} X_1 + \delta_{12} X_2 + \Delta_{1P} &= 0 \\ \delta_{21} X_1 + \delta_{22} X_3 + \Delta_{2P} &= 0 \end{aligned} \right\}$$

（3）计算系数和自由项

作基本结构的 $\overline{M_1}$、$\overline{M_2}$、M_P 图（图 7-20c、d、e），利用图乘法求得系数和自由项如下：

$$\delta_{11} = \frac{2l^3}{3EI}, \delta_{22} = \frac{13}{12} \frac{l^3}{EI}, \delta_{12} = \delta_{21} = -\frac{5}{8} \frac{l^3}{EI}$$

$$\Delta_{1P} = -\frac{1}{6}\frac{Pl^3}{EI}, \Delta_{2P} = \frac{1}{2}\frac{Pl^3}{EI}$$

（4）解方程求多余未知力

将系数和自由项代入力法方程得

$$\left.\begin{array}{l} \dfrac{2}{3}X_1 - \dfrac{5}{8}X_2 - \dfrac{1}{6}P = 0 \\[3mm] -\dfrac{5}{8}X_1 + \dfrac{13}{12}X_2 + \dfrac{1}{2}P = 0 \end{array}\right\}$$

解得 $\qquad X_1 = -0.398P\ (\leftarrow),\ X_2 = -0.691P\ (\downarrow)$

所得 X_1 与 X_2 为负值，说明 A 支座反力的实际方向与假定方向相反。

（5）绘内力图

根据 $M = \overline{M}_1 X_1 + \overline{M}_2 X_2 + M_P$，可绘出刚架的 M 图（图 7-20f）；利用 M 图或直接利用平衡条件可求得剪力图 V（图 7-20g）；由剪力图通过选取结点 C 和 D 的平衡，可求得轴力图（图 7-20h）。

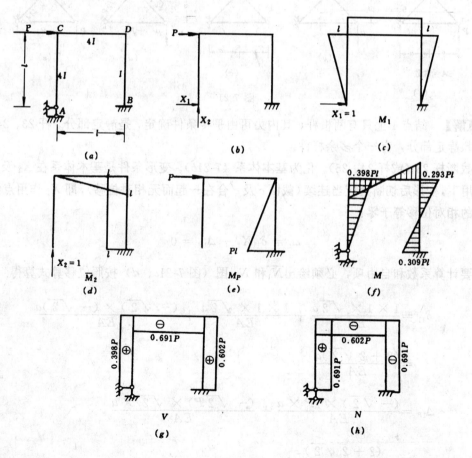

图 7-20

三、超静定桁架的计算

超静定桁架的计算，在基本方法上与超静定刚架相同。其特点仅仅在于，基本结构的位移是由杆件轴向变形引起的，即位移（典型方程中的系数及自由项）按 (7-4) 式计算，即

$$\left.\begin{aligned}\delta_{ii} &= \Sigma \frac{\overline{N_i}^2 l}{EA} \\[2ex] \delta_{ij} = \delta_{ji} &= \Sigma \frac{\overline{N_i}\,\overline{N_j}l}{EA} \\[2ex] \Delta_{iP} &= \Sigma \frac{\overline{N_i}N_P l}{EA}\end{aligned}\right\}$$

下面举例说明具体解法。

【例 7-11】 计算图 7-21a 所示桁架各杆内力。

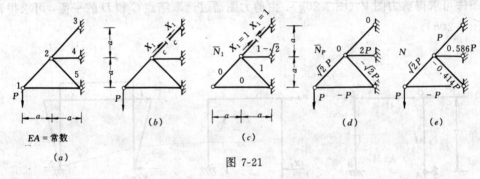

EA = 常数

(a)　(b)　(c)　(d)　(e)

图 7-21

【解】 结点 1 上只有两根杆，其内力可由平衡条件确定，是静定部分。杆 23、24、25 构成超静定部分，有一个多余杆件。

截断杆 23（或杆 24、25），化为基本体系 (7-21b)。变形条件是基本体系在 X_1 及 P 共同作用下，变形后切断处应当连续（截面 c 及 c' 合在一起而无相对位移），即 X_1 作用点沿 X_1 方向的相对位移等于零：

$$\Delta_1 = \delta_{11}X_1 + \Delta_{1P} = 0$$

要计算系数和自由项，必须绘出 $\overline{N_1}$ 和 N_P 图（图 7-21c、d）按照位移算式算得

$$\delta_{11} = \frac{1 \times 1 \times \sqrt{2}\,a}{EA} + \frac{1 \times 1 \times \sqrt{2}\,a}{EA} + \frac{(-\sqrt{2}) \times (-\sqrt{2})a}{EA}$$

$$= \frac{(2 + 2\sqrt{2})a}{EA}$$

$$\Delta_{1P} = \frac{(-\sqrt{2}) \times 2P \times a}{EA} + \frac{(-\sqrt{2}P) \times \sqrt{2} \times a}{EA}$$

$$= -\frac{(2 + 2\sqrt{2})}{EA}Pa$$

150

计算 δ_{11} 时不要忘记考虑被切杆变形的影响。

由此，得

$$X_1 = -\frac{\Delta_{1P}}{\delta_{11}} = P$$

最终内力按式 $N = \overline{N}_1 X_1 + N_P$ 计算。轴力图如图 7-21e 所示。

四、超静定组合结构

超静定组合结构与静定组合结构一样，也是由梁式杆和桁架杆件组成。用力法计算超静定组合结构时，一般可切断桁杆得到的基本体系为静定的组合结构。在力法方程的系数和自由项计算中，常略去梁式杆的剪切变形和轴向变形的影响，而只考虑弯曲变形产生的位移。

【例 7-12】 试用力法分析图 7-22a 所示组合结构。已知：横梁 $EI=1400\text{kN}\cdot\text{m}^2$，腹杆和下弦杆的 $EA=2.56\times10^5\text{kN}$。

【解】 （1）此题为一次超静定结构。切断链杆 CD，选取图 7-22b 所示的基本体系，作出其 M_P 和 $\overline{M}_1$ 图，并将相应各杆的 N_P、$\overline{N}_1$ 在各杆侧标明，如图 7-22c、d 所示。

（2）计算 δ_{11} 和 Δ_{1P}

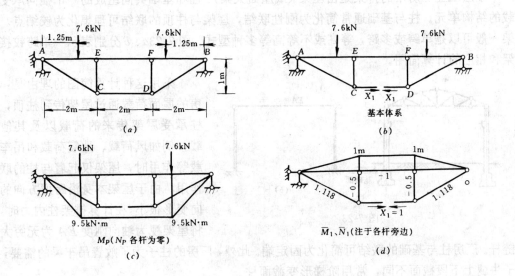

M_P（N_P 各杆为零）

(c)

$\overline{M}_1$、$\overline{N}_1$（注于各杆旁边）

(d)

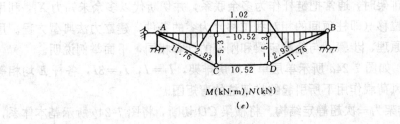

$M(\text{kN}\cdot\text{m}), N(\text{kN})$

(e)

图 7-22

$$\delta_{11} = \Sigma \int \frac{\overline{M_1}^2}{EI} dx + \Sigma \frac{\overline{N_1}^2 l}{EA}$$

$$= \frac{1}{1400} \times \left(\frac{1}{2} \times 1 \times 2 \times \frac{2}{3} \times 1 \times 2 + 1 \times 2 \times 1 \right)$$

$$+ \frac{1}{2.56 \times 10^5}(1^2 \times 2 + 0.5^2 \times 1 \times 2 + 1.118^2 \times 2.236 \times 2)$$

$$= 2.413 \times 10^{-3} \text{m/kN}$$

$$\Delta_{1P} = -\frac{1}{1400} \left(\frac{1}{2} \times 9.5 \times 1.25 \times \frac{2}{3} \times 0.625 \times 2 \right.$$

$$\left. + \frac{1 + 0.625}{2} \times 0.75 \times 9.5 \times 2 + 2 \times 9.5 \times 1 \right)$$

$$= -25.375 \times 10^{-3} \text{m}$$

（3）求多余未知力 X_1

$$X_1 = -\frac{\Delta_{1P}}{\delta_{11}} = \frac{25.375 \times 10^{-3}}{2.413 \times 10^{-3}} = 10.52 \text{kN}$$

（4）作内力图

横梁的 M 图及各杆的轴力图如图 7-22e 所示。

五、铰接排架

单层工业厂房中的排架是由屋架（或屋面大梁）、柱和基础共同组成的一个横向承受荷载的结构单元。柱与基础通常简化为刚性联结，屋架与柱顶的联结可理想化为铰结点。排架一般可以是单跨或多跨，等高或不等高等多种型式。图 7-23a、b 分别表示一单跨铰接排架和相应的计算简图。

采用这种计算简图的理由是：厂房的屋面荷载通过屋架传到柱顶，当柱承受屋架传来的荷载以及其他荷载，例如风荷载、地震荷载和吊车荷载等作用时，屋架仅起着与柱的联系作用。由于屋架本身沿跨度方向的轴向变形很小，在计算排架柱内力时，可将屋架视为轴向刚度 EA 为无穷大的链杆。厂房柱与基础的联结可简化为固定端。此外，厂房的柱子为了放置吊车梁的需要，柱子牛腿上下段截面不同，常用阶梯形变截面柱。

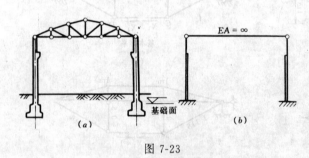

图 7-23

用力法计算排架时，通常把链杆作为多余联系，并切断代以多余未知力 X_1，利用切口两侧截面相对线位移（即柱顶间的相对线位移）为零的条件，建立力法典型方程。用力法计算铰接排架的原理、步骤，与超静定梁和刚架的计算相同，下面举例说明。

【例 7-13】 如图 7-24a 所示单层单跨厂房排架，$I_1 = I$，$I_2 = 3I$，各杆 E 均相等，试用力法计算图示风荷载作用下所引起的排架柱的弯矩图。

【解】 此排架为一次超静定结构。将横梁 CD 切断，将图 7-24b 所示基本体系，根据切口的变形连续条件，建立力法方程

$$\delta_{11}X_1 + \Delta_{1P} = 0$$

为了计算系数和自由项，绘出 $\overline{M_1}$、M_P 图如图 7-24c、d 所图。利用图乘法计算位移，得

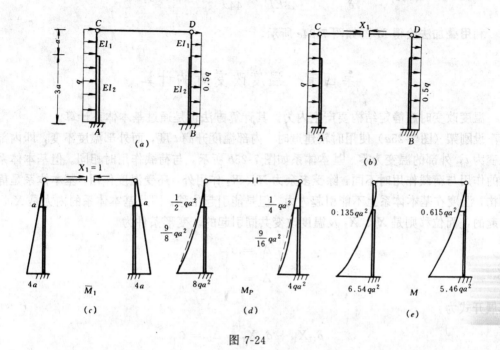

图 7-24

到

$$\delta_{11} = \frac{1}{EI} \times \frac{1}{2} \times a^2 \times \frac{2}{3}a \times 2 + \frac{2}{3EI}$$

$$\times \left[\frac{1}{2} \times a \times 3a \times \left(\frac{2}{3}a + \frac{4a}{3} \right) + \frac{1}{2} \times 4a \times 3a \times \left(\frac{2}{3} \times 4a + \frac{a}{3} \right) \right]$$

$$= \frac{44a^3}{3EI}$$

$$\Delta_{1P} = \frac{1}{EI} \left(\frac{1}{3} \times \frac{1}{2}qa^2 \times a \times \frac{3}{4}a - \frac{1}{3} \times \frac{1}{4}qa^2 \times a \times \frac{3}{4}a \right)$$

$$+ \frac{1}{3EI} \Big[\frac{1}{2} \times \frac{1}{2}qa^2 \times 3a \times \left(\frac{2}{3}a + \frac{4a}{3} \right) + \frac{1}{2}$$

$$\times 8qa^2 \times 3a \times \left(\frac{2}{3} \times 4a + \frac{9}{3} \right) - \frac{2}{3} \times \frac{9}{8}qa^2 \times 3a \times \frac{5a}{2}$$

$$- \frac{1}{3} \times \frac{1}{4}qa^2 \times a \times \frac{3}{4}a - \frac{1}{2} \times \frac{1}{4}qa^2 \times 3a \times \left(\frac{2}{3}a + \frac{4a}{3} \right)$$

$$- \frac{1}{2} \times 4qa^2 \times 3a \times \left(\frac{2}{3} \times 4a + \frac{a}{3} \right) + \frac{2}{3} \times \frac{9}{16}qa^2 \times 3a \times \frac{5a}{2} \Big]$$

$$= \frac{257qa^4}{48EI}$$

解出多余力

$$X_1 = -\frac{\Delta_{1P}}{\delta_{11}} = -\frac{257qa^4}{48EI} \times \frac{3EI}{44a^3} = -0.365qa (\leftarrow \rightarrow)$$

利用叠加法绘得 M 图如图 7-24e 所示。

第四节　温度改变时的计算

温度改变时超静定结构要产生内力。其计算方法也是通过基本体系计算。

设刚架（图 7-25a）使用时较建造时，内部温度升高 t 度，而外部温度不变，即内部的温变为 t，外部的温变为零。基本体系如图 7-25b 所示，与荷载作用时相同。但基本体系所受的作用与荷载作用时不同：除受多余力 X_1、X_2 作用外，还受温度作用。基本体系是静定结构，温度在基本体系上不能引起内力，但是能引起位移。因此基本体系的内力是 X_1、X_2 引起的，而位移则是 X_1、X_2 及温度改变共同引起的。变形条件为

$$\left.\begin{array}{l} \Delta_1 = 0 \\ \Delta_2 = 0 \end{array}\right\}$$

其展开式为

$$\left.\begin{array}{l} \delta_{11}X_1 + \delta_{12}X_2 + \Delta_{1t} = 0 \\ \delta_{21}X_2 + \delta_{22}X_2 + \Delta_{2t} = 0 \end{array}\right\}$$

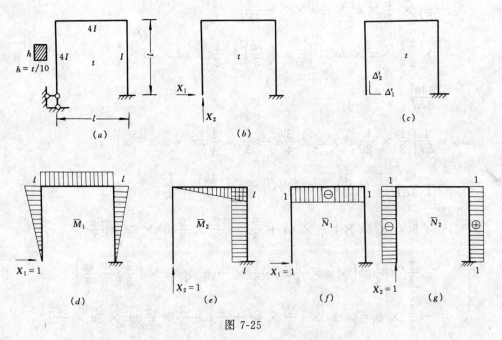

图 7-25

其中 Δ_{1t}、Δ_{2t}（图 7-25c）为基本体系在温度作用下产生的沿 X_1 方向及 X_2 方向的位移。主、副系数与外界作用无关，是体系常数，与前一节荷载作用情况所得的结果相同：

$$\delta_{11} = \Sigma \int \overline{M_1} \frac{\overline{M_1} \mathrm{d}s}{EI} = \frac{2}{3} \frac{l^3}{EI}$$

$$\delta_{12} = \delta_{21} = \Sigma \int \overline{M_2} \frac{\overline{M_1} \mathrm{d}s}{EI} = -\frac{5}{8} \frac{l^3}{EI}$$

$$\delta_{22} = \Sigma \int \overline{M_2} \frac{\overline{M_2} \mathrm{d}s}{EI} = \frac{13}{12} \frac{l^3}{EI}$$

这里只考虑了弯曲变形，没有考虑轴力引起的变形。

Δ_{1t}、Δ_{2t}是基本体系（静定体系）由于温度改变产生的位移，应当按温度改变引起的位移算式

$$\Delta_{it} = \Sigma \frac{\alpha t'}{h} \omega M_i + \Sigma N_i \alpha t_0 l$$

计算。据此，为了求 Δ_{1t}、Δ_{2t}，除应画出$\overline{M_1}$、$\overline{M_2}$图外，还应画出$\overline{N_1}$、$\overline{N_2}$图（图 7-25$d \sim g$）。

温差绝对值

$$t' = t - 0 = t$$

杆轴温度

$$t_0 = \frac{t + 0}{2} = \frac{t}{2}$$

因此

$$\frac{\alpha t'}{h} = \frac{\alpha t}{l/10} = 10 \frac{\alpha}{l}$$

$$\Delta_{1t} = \Sigma \frac{\alpha t'}{h} \omega M_1 + \Sigma N_1 \cdot \alpha t_0 l$$

$$= -10 \frac{\alpha t}{l} \frac{l^2}{2} - 10 \frac{\alpha t}{l} l^2 - 10 \frac{\alpha t}{l} \frac{l^2}{2} + \alpha \frac{t}{2} l(-1)$$

$$= -20.5 \alpha t l$$

$$\Delta_{2t} = 10 \frac{\alpha t}{l} \frac{l^2}{2} + 10 \frac{\alpha t}{l} l^2 + \alpha \frac{t}{2} l(-1) + \alpha \frac{t}{2} l(+1)$$

$$= 15 \alpha t l$$

在 Δ_{1t}、Δ_{2t}计算中利用了轴力图$\overline{N_1}$、$\overline{N_2}$，这是不是考虑了轴力引起的变形呢？不是的。作$\overline{N_1}$图、$\overline{N_2}$图只是求由于杆轴温度改变引起的位移的手段，并不是考虑轴力引起的变形。

解方程得

$$X_1 = 38.7 \frac{\alpha t EI}{l^2}$$

$$X_2 = 8.48 \, \frac{\alpha t EI}{l^2}$$

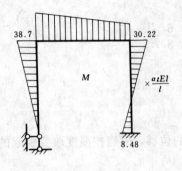

图 7-26

绘得弯矩图，如图 7-26 所示。

温度改变时产生的内力，不仅与刚度比值有关，而且与刚度的绝对数值有关，这与荷载作用的情况不同。其原因是主、副系数与刚度 EI 有关，而 Δ_{1t}、Δ_{2t} 与 EI 无关，在解方程中 EI 不能消去。按叠加法绘弯矩图，有

$$M = \overline{M_1} X_1 + \overline{M_2} X_2$$

注意，温度在基本体系上产生的弯矩图为零，因为基本体系是静定体系。

第五节　支座移动时的计算

支座移动时超静定结构产生内力。多余力通过基本体系计算。

设刚架（图 7-27a）左支座 A 发生水平位移 c，右支座 B 发生竖向位移 c，求由此而产生的内力。这里 c 是已知量。

实际上，支座移动也是荷载作用的结果，只不过在计算上分为两步。第一步，当作支座不动计算结构；第二步，如果由于土质不好或别的原因支座发生了显著位移，则计算支座移动引起的内力改变。这里讨论的是后者。

去掉多余约束，变成基本体系（图 7-27b）。这个基本体系保留了发生位移的右支座 B，而去掉了左支座 A。

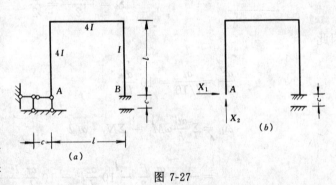

图 7-27

变形条件是基本体系沿 X_1、X_2 方向的位移，应与原体系相同。于是有

$$\left.\begin{aligned} \Delta_1 &= -c \\ \Delta_2 &= 0 \end{aligned}\right\}$$

前一式右端之所以为负的，是因为 X_1 向右，而 A 点位移向左。

基本体系（图 7-27b）的位移 Δ_1、Δ_2 是 X_1、X_2 作用和支座 B 位移所引起的，与支座 A 的位移无关，因为支座 A 已经去掉，基本体系上没有支座 A。于是按叠加法

$$\left.\begin{aligned} \Delta_1 &= \delta_{11} X_1 + \delta_{12} X_2 + \Delta_{1c} \\ \Delta_2 &= \delta_{21} X_1 + \delta_{22} X_2 + \Delta_{2c} \end{aligned}\right\}$$

变形条件改为

$$
\left.
\begin{array}{l}
\delta_{11}X_1 + \delta_{12}X_2 + \Delta_{1c} = -c \\
\delta_{21}X_1 + \delta_{22}X_2 + \Delta_{2c} = 0
\end{array}
\right\}
$$

为了求 δ_{11}、δ_{12}、δ_{21}、δ_{22}，需画 $\overline{M_1}$、$\overline{M_2}$ 图（见图 7-25d、e），用图乘法求得

$$
\delta_{11} = \frac{2}{3}\frac{l^3}{EI}
$$

$$
\delta_{12} = \delta_{21} = -\frac{5}{8}\frac{l^3}{EI}
$$

$$
\delta_{22} = \frac{13}{12}\frac{l^3}{EI}
$$

由于单位弯矩图 $\overline{M_1}$、$\overline{M_2}$ 与外界作用无关，所以主、副系数与荷载作用、温度改变作用情况所得的结果相同。

Δ_{1c}、Δ_{2c} 是基本体系由于支座位移产生的位移，其正向如图 7-28a 所示。Δ_{1c}、Δ_{2c} 可以利用前面介绍的支座位移引起的位移的算式

$$
\Delta_{1c} = -\Sigma\overline{R}\cdot c
$$

来求。按此式，在所求位移方向上加单位力（图 7-28b、c），求出发生位移那个约束的反力，

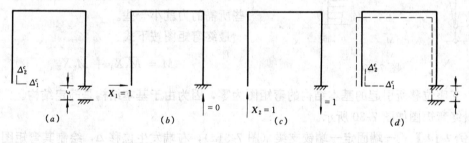

图 7-28

算得：

$$
\Delta_{1c} = -(0)\cdot c = 0
$$

$$
\Delta_{2c} = -(tl)\cdot c = -c
$$

对于这种简单情况也可以用几何方法（图 7-28d）得到

$$
\Delta_{1c} = 0
$$

$$
\Delta_{2c} = -c
$$

结果一致。

由方程组解得

$$
X_1 = -1.382\frac{El}{l^3}c
$$

$$X_2 = 0.126 \frac{EI}{l^3} c$$

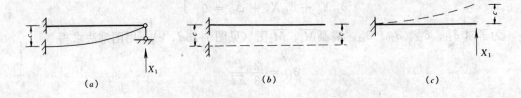

图 7-29

与温度改变作用的情况一样，支座位移产生的多余力也与刚度成比例，而不是象荷载作用情况那样，只与刚度比值有关。其原因是，支座位移产生的基本结构的位移与刚度无关，而多余力产生的位移与刚度有关。为了清楚，用简单的例子（图 7-29a）形象地说明如

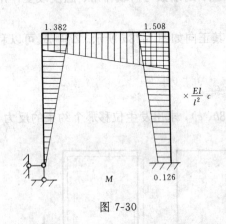

图 7-30

下。去掉右支杆后，由于左端发生位移 c，右端产生向下的位移 c（$\Delta_{1c} = -c$）（图 7-29b），这个位移与杆件刚度无关，杆件刚一些，柔一些，这个位移都是 c。多余力 X_1 所起的作用在于使右端向上发生位移 c（图 7-29c），以使基本体系与原体系变形一致（图 7-29a）。显然，为了发生相同的位移 c（图 7-29c），杆刚一些所需的力就大一些，杆柔一些所需的力就小一些。

最终弯矩图按下式

$$M = \overline{M_1} X_1 + \overline{M_2} X_2$$

计算。支座位移所引起的基本结构的弯矩图为零，因为由于基本结构是静定结构。

最终弯矩图如图 7-30 所示。

【例 7-14】 一端固定一端铰支梁（图 7-31a），右端发生位移 Δ，绘制其弯矩图

【解】 用两种基本体系求解。

（1）去掉发生位移的支座，得一悬臂梁（7-31b），作为基本体系。变形条件为

$$\Delta_1 = \Delta$$

基本体系的位移 Δ_1（图 7-31b）只是力 X_1 引起的，所以

$$\Delta_1 = \delta_{11} X_1$$

它不包含 Δ_{1c} 一项，因为基本体系的支座并无位移。原体系发生位移的支座并不在基本体系上。

于是变形条件为

$$\delta_{11} X_1 = \Delta$$

由 $\overline{M_1}$ 图（图 7-31c）自乘得

$$\delta_{11} = \frac{l^3}{3EI}$$

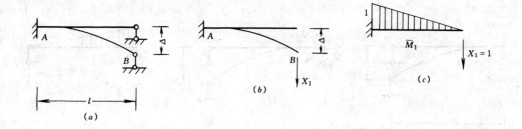

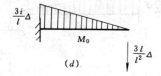

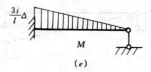

图 7-31

由此

$$X_1 = \Delta/\delta_{11} = \frac{3EI}{l^3}\Delta$$

这个结果在后面计算中经常使用。令

$$EI/l = i$$

称为杆的线刚度或单位刚度。于是

$$X_1 = \frac{3i}{l^2}\Delta$$

体系的受力情况如图 7-31d 所示。X_1 引起的弯矩图（图 7-31d）即原体系的弯矩图（图 7-31e）。

（2）取简支梁为基本体系（图 7-32b），保留发生位移的支座。

由于基本体系的支座有位移，所以基本体系的位移包含 Δ_{1c} 一项，而变形条件为

$$\delta_{11}X_1 + \Delta_{1c} = 0$$

为了计算系数，绘出 $\overline{M_1}$ 图（图 7-32c），图乘得

$$\delta_{11} = \Sigma\int \overline{M_1}\frac{\overline{M_1}\mathrm{d}s}{EI} = \frac{l}{3El}$$

Δ_{1c} 为由于支座位移引起的转角（图 7-32d）

$$\Delta_{1c} = -\Delta/l$$

之所以是负的，是因为转角与 X_1 正向相反。Δ_{1c} 也可利用公式计算：

$$\Delta_{1c} = -\Sigma \overline{R}C = -\left(\frac{1}{l}\cdot\Delta\right) = -\frac{\Delta}{l}$$

由此

$$X_1 = -\frac{\Delta_{1c}}{\delta_{11}} = \frac{3EI}{l^2}\Delta = \frac{3i}{l}\Delta$$

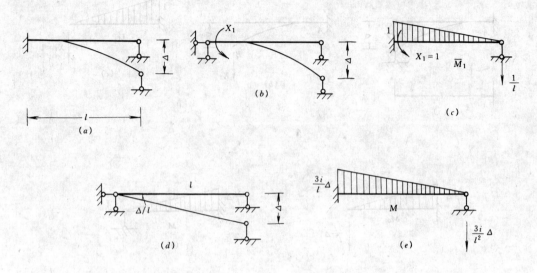

图 7-32

X_1 为固定端力矩。由平衡方程得右支座反力为 $\dfrac{3i}{l^2}\Delta$，与用前一种基本体系所得的结果相同。M 图示于图 7-32e。

第六节　超静定结构的位移计算

求超静定结构的位移仍可以使用前面用单位荷载法推导出的位移计算公式。例如拟求图 7-33a 所示超静定梁的位移 Δ_{iP}，计算公式为

$$\Delta_{iP} = \Sigma \int \overline{M}_i \frac{M_P \mathrm{d}s}{EI}$$

式中，M_P 为该超静定梁的弯矩，需按超静定梁的计算方法求出；$\overline{M}_i$ 为虚单位荷载（图 7-33b）使超静定梁产生的弯矩。求 $\overline{M}_i$ 也需解算超静定结构，计算比较麻烦。

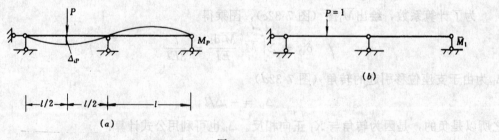

图 7-33

下面介绍较为简单的方法——化成静定结构的位移计算。做法及道理为：

1. 解算超静定结构，绘出 M 图（图 7-34a）。

2. 把原来的超静定结构化成任意基本体系（图 7-34b）。这个基本体系承受外载及暴露出来的多余力作用。这个基本体系的受力情况与原体系无差别，因此基本体系的位移即原

体系的位移。

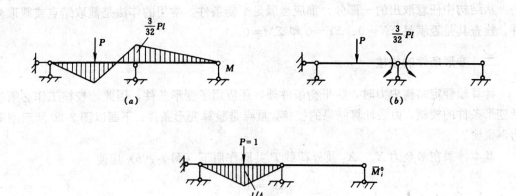

图 7-34

3. 求基本体系的位移（图 7-34b）。为此要画出基本体系的荷载弯矩图，原体系的 M 图（图 7-34a）就是这个弯矩图。另外要画出虚拟的单位弯矩图。由于是求基本体系的位移，这个单位力当然加在基本体系上（图 7-34c）。以 $\overline{M}_i^0$ 表示，以便与原体系的单位弯矩图（图 7-33b）相区别。于是，基本体系的位移等于

$$\Delta_{iP} = \Sigma \int \overline{M}_i^0 \frac{M\mathrm{d}s}{EI} = \frac{23}{1536} \frac{Pl^3}{EI}$$

这个位移亦即原体系的位移。

这样，在荷载作用下超静定结构位移的计算步骤为

（1）解算超静定结构，绘出 M 图。

（2）将单位力加在任意的基本体系上，绘 $\overline{M}_i^0$ 图。

（3）按下式

$$\Delta_{iP} = \Sigma \int \overline{M}_i^0 \frac{M\mathrm{d}s}{EI}$$

计算位移。

若超静定结构的位移不是荷载引起的，而是温度改变或支座移动引起的，则与此类似。计算方法为：

（1）在温度改变或支座移动作用下解算超静定结构，绘 M 图。

（2）化为基本体系。

（3）求基本体系的位移，它就是原体系的位移。基本体系的位移是多余力与温度或支座移动联合作用下产生的。

第七节 超静定结构最后内力图的校核

校核要从平衡条件和变形条件两个方面进行。

一、平衡条件的校核

从结构中任意取出的一部分,都应当满足平衡条件。常用的作法是截取结点或截取杆件,检查其是否满足 $\Sigma X=0$、$\Sigma Y=0$ 和 $\Sigma M=0$。

二、变形条件的校核

计算超静定结构内力时,除平衡条件外,还应用了变形条件。因此,校核工作必须包括变形条件的校核。力法计算结果的校核,重点是验算变形条件。下面以图 7-20 所示刚架为例说明。

基本体系在多余力 X_1、X_2 及外荷载 P 共同作用下(图 7-20b)应使

$$
\left.\begin{array}{l}
\Delta_1 = 0 \\
\Delta_2 = 0
\end{array}\right\}
$$

计算 Δ_1 时 $\overline{M}_1^0$ 图为 $\overline{M}_1$(图 7-20c),M 图即为超静定结构的弯矩图(图 7-20f)。由此,得

$$
\Delta_1 = \Sigma \int \overline{M}_1 \frac{M\mathrm{d}s}{EI} = 0
$$

同理

$$
\Delta_2 = \Sigma \int \overline{M}_2 \frac{M\mathrm{d}s}{EI} = 0
$$

这样,所得的超静定结构的弯矩图与每一个单位弯矩图图乘应等于零。具体计算这里略去。

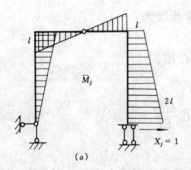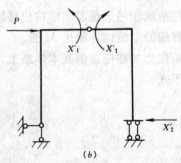

图 7-35

验算变形条件,也可以不利用 $\overline{M}_1$ 图、$\overline{M}_2$ 图,而利用画在任何基本体系上的单位弯矩图。例如图 7-35a 所示的单位弯矩图 $\overline{M}_j$。$\overline{M}_j$ 图与所得的超静定结构的弯矩图 M(图 7-20f)图乘结果应为零:

$$
\Sigma \int \overline{M}_j \frac{M\mathrm{d}s}{EI} = 0
$$

理由如下:

原刚架(图 7-20a),可以化成任何基本体系,而得到相同的最终弯矩图(图 7-20f)。因此它可以化成图 7-35b 所示的基本体系。多余未知力 X'_1、X'_2 由变形条件 $\Delta'_1=0$,$\Delta'_2=0$

确定。Δ'_1 为 X'_1 作用点沿 X'_1 方向的位移,即铰两侧的相对转角,Δ'_2 为右支座的水平位移。

$\overline{M}_j$ 图与最终弯矩图(图 7-20f)图乘算式 $\Sigma\int\overline{M}_j\dfrac{M\mathrm{d}s}{EI}$ 就代表右支座的水平位移(图 7-35b),而它应为零。

利用计算中没有使用过的单位弯矩图(如 M_j 图)进行验算,有两点好处:

1. 在一定程度上可以代替与各个单位弯矩图的图乘;

2. 可以检查出各个单位弯矩图是否画错了。例如,若 $\overline{M}_1$ 图画错了,而其后运算是对的,则用它图乘最后弯矩图(错的 M 图)仍得零。但是用 $\overline{M}_j$ 图图乘则不应该等于零。

下面以图 7-25a 所示刚架为例,讨论温度改变时超静定刚架计算结果的变形条件的验算。

基本体系在多余力及温度共同作用下(图 7-36),其位移应与原有体系相同,即有

$$\left.\begin{array}{l}\Delta_1 = 0\\[4pt]\Delta_2 = 0\end{array}\right\}$$

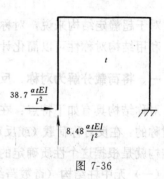

图 7-36

Δ_1 由多余力(X_1,X_2)引起的 X_1 方向的位移与温度引起的 X_1 方向的位移 Δ_{1t} 相加而得。而 X_1、X_2 引起的 X_1 方向的位移,应由 X_1、X_2 引起的弯矩图与 $\overline{M}_1$ 图图乘而得。X_1、X_2 引起的弯矩图即超静定刚架的最终弯矩图(图 7-26)。于是有

$$\Delta_1 = \Sigma\int\overline{M}_1\frac{M\mathrm{d}s}{EI} + \Delta_{1t} = 0$$

或

$$\Sigma\int\overline{M}_1\frac{M\mathrm{d}s}{EI} = -\Delta_{1t}$$

同理

$$\Sigma\int\overline{M}_2\frac{M\mathrm{d}s}{EI} = -\Delta_{2t}$$

这表明,由于温度改变产生的最终弯矩图与单位弯矩图图乘不等于零。这与荷载引起的最终弯矩图不同,荷载引起的最终弯矩图与单位弯矩图图乘等于零。其原因是,温度改变时产生的弯矩图

$$M = \overline{M}_1 X_1 + \overline{M}_2 X_2$$

与单位弯矩图图乘结果只是多余力在基本体系上引起的位移,不是基本体系位移的全部,所以与原有体系的位移不同。而荷载作用时(图 7-20)产生的弯矩图

$$M = \overline{M}_1 X_1 + \overline{M}_2 X_2 + M_P$$

与单位弯矩图图乘结果是多余力 X_1、X_2 及荷载共同作用下产生的基本体系的位移,故应等

163

于原有体系的位移。

验算本例（计算过程略）

$$\Sigma \int \overline{M}_1 \frac{Mds}{EI} = 20.5\alpha tl = -\Delta_{1t}$$

$$\Sigma \int \overline{M}_2 \frac{Mds}{EI} = -15\alpha tl = -\Delta_{2t}$$

这表明所得结果是正确的。

第八节 对称结构的计算

对于超静定结构来说，对称结构是几何形状和刚度分布都对称的结构。

利用结构对称性可以简化计算。主要方法有以下两种。

一、将荷载分解为对称、反对称两组，分别利用"等代结构"（半个结构）计算

对称结构具有如下特点：在对称荷载（或对称的其他外界因素）作用下，内力及变形是对称的；在反对称荷载（或反对称的其他外界因素）作用下，内力及变形是反对称的。等代结构就是根据这个性质确定的。

（一）无中柱结构（奇数跨结构）

1. 荷载对称（图 7-37a）

沿对称轴将结构截开，暴露出三对未知力：X_1 沿对称轴作用（图 7-37b），是反对称力，称为反对称未知力；X_2 垂直于对称轴，是对称未知力，称为对称未知力；X_3 也是对称未知力。

由于荷载是对称的，产生的内力应是对称的，所以反对称力 $X_1=0$，因而只有两个未知力 X_2、X_3。取出半个刚架，其受力情况如图 7-37c 所示。两个未知力 X_2、X_3（图 7-37c）如何确定？由变形条件确定。即 X_2、X_3 应当这样确定，使得半刚架的截面 A 的变形情况与原体系（图 7-37a）的变形情况相同。

由于结构对称、荷载对称，原体系（图 7-37a）的变形应当是对称的。据此，结点 A 只能发生沿对称轴的（竖向的）位移 Δ_A^V（这个位移对应着对称变形），而垂直于对称轴的位移 Δ_A^H（水平位移，又称侧移）和转角 φ_A 是不可能发生的。为了清楚，画一个简单结构的对称变形情况（图 7-38）：对称轴左面的截面顺时针转动，右面反时针转动，对称轴上的截面既属于左面又属于右面，怎样转动呢？只能不转（变形后的切线保持为水平）。原体系（图 7-37a）也是这样。结点 A（图 7-37a）不能发生水平位移的理由与不能发生转动的理由是一样的。

这样，在对称荷载作用下，对称轴上的结点只能发生沿对称轴的位移，而不能发生垂直于对称轴的位移和转角，即

$$\Delta_A^V \neq 0$$

$$\Delta_A^H = 0$$

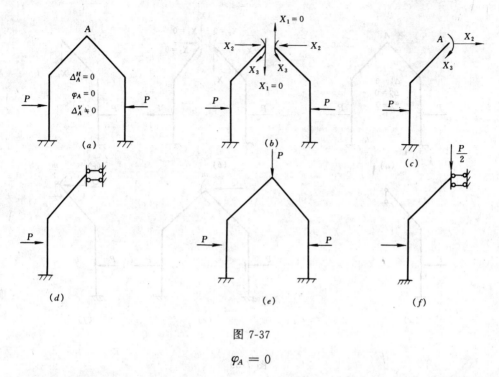

图 7-37

$$\varphi_A = 0$$

半刚架的变形情况应当与原体系一致，即也应当满足这样的变形条件，因此截面 A 的支承应为定向支座，如图 7-37d 所示。

称图 7-37d 所示的半刚架为原结构对称情况（图 7-37d）的等代结构。在对称荷载作用下，可以不算原结构（图 7-37），而算其等代结构（图 7-37d）。

沿对称轴有集中力作用时（图 7-37e），其等代结构如图 7-37f 所示。

2. 荷载反对称（图 7-39a）

此时只出现反对称未知力 X_1（图 7-39b 及图 7-39c）。半刚架的支承应由符合原体系（图 7-39a）的变形情况确定。

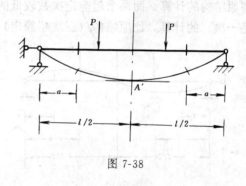

图 7-38

在反对称变形情况下结点 A 能发生侧移及转动，但不能发生沿对称轴方向的位移（竖向位移）。为了清楚，讨论图 7-40 所示情况。对称轴的左面各截面向下位移，右面向上位移，对称轴上截面既属于左面又属于右面，只能不发生竖向位移。这样，结点 A 的变形情况为

$$\Delta_A^V = 0$$

$$\Delta_A^H \neq 0$$

$$\varphi_A \neq 0$$

因此，半刚架截面 A 的支承当为一竖向支杆（图 7-45d）。

若在对称轴上的结点作用有横向集中力 Q 及集中偶 m 时（图 7-39e），则等代结构的受

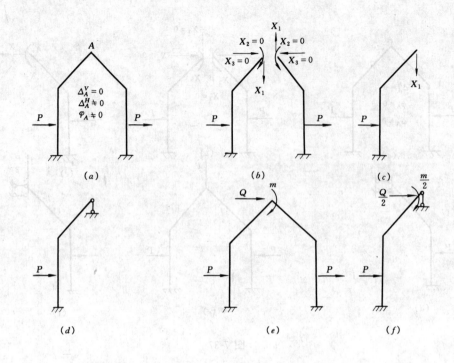

图 7-39

力情况如图 7-39f 所示。

由以上讨论看到,利用结构的对称性,可以将荷载分解,分别计算两个等代结构以代替原结构的计算。而两个超静定次数较低的等代结构(在本例中一个是两次超静定,一个是一次)的计算,比原结构(三次超静定)的计算简单。

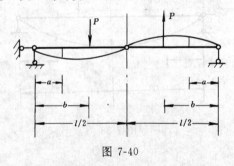

图 7-40

(二)有中柱结构(偶数跨结构)

1. 荷载对称(图 7-41a)

由于受力情况对称,在靠近柱子两边截开后,暴露出三组未知力 X_1、X_2、X_3(每组两个力),分别作用在左部分、中柱及右部分上,如图 7-41b 所示。在左部分上(图 7-41c)有三个未知力作用,它们应当由变形条件确定。原体系的结点 A,由于荷载对称,不能偏摆,不能转动;又由于有中柱,且不考虑中柱的轴变,不能沿中柱上下移动。于是等代结构(有中柱,对称情况)的 A 端当为固定端(图 7-41d)。

等代结构的边界条件(固定端)也可以根据它与中柱上端的变形连续条件确定。由图 7-41b 可见,中柱只承受轴力,其值为 X_1 的两倍,其余各力互相抵消,因之柱头只能因柱子轴变而上下移动,不能发生偏摆及转动。若不考虑柱子的轴变,则柱子就不动了。基于变形连续,左部分与之相联的 A 端也必不动,即为固定端。

若考虑柱子轴变,有中柱结构在对称情况下的等代结构是什么样的?请思考。

2. 荷载反对称(图 7-42a)

它的等代结构如图 7-42c 所示,是"半个"结构:中柱上的荷载减半,惯性矩减半,其他杆上的荷载不变,惯性矩不变。证明如下:

166

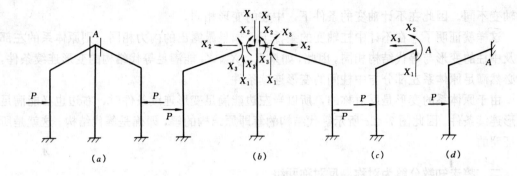

图 7-41

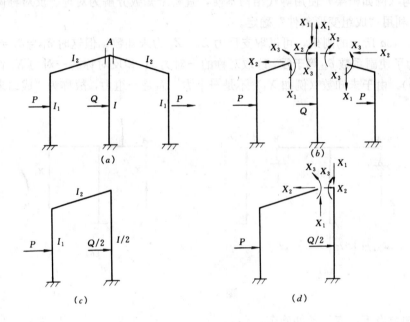

图 7-42

　　将原体系靠近中柱柱头两边截开，由于反对称，暴露出三组力 X_1、X_2、X_3，如图 7-42b
所示。同时将等代结构靠中柱柱头截开，暴露出三组力，如图 7-42d 所示。

　　下面证明如果图 7-42b 与图 7-42d 中暴露出的三组力相同，则二图中的左部分变形相
同，中柱的变形也相同。

　　二图中左部分完全一样，刚度相同，受力相同，所以变形相同。

　　图 7-42b 中中柱上作用的与弯曲变形有关的力为 $2X_2$、$2X_3$ 及 Q，恰为图 7-42d 中中柱
上作用的与弯曲变形有关的力 X_2、X_3、$Q/2$ 的两倍，因而弯矩也为其两倍。与此同时抗弯
刚度也为其两倍（一为 EI、另一为 $EI/2$）。根据材料力学中学过的曲率的算式

$$k = \frac{1}{\rho} = \frac{M}{EI}$$

两个中柱的弯曲变形相同（其中 k 为曲率，ρ 为曲率半径，M 为弯矩）。但是轴力并不是两
倍。图 7-42b 中的轴力为零（一个向下的 X_1，一个向上的 X_1），图 7-42d 中的轴力为 X_1，两

者轴变不同。因此在不计轴变的条件下，中柱的变形相同。

这样就证明了，在不计中柱轴变的条件下，如果暴露出的内力相同，则原体系的左部分及中柱的变形与等代结构相同。因此，如果 X_1、X_2、X_3 能满足等代结构的变形连续条件，就必然满足原体系左部分与中柱间的变形连续条件。

由于原体系的变形是反对称的，所以当左边能满足变形连续条件时，右边也必能满足变形连续条件。因此图 7-42c 所示等代结构的解即原结构的解，即确是等代结构。这就是所要证明的。

二、将未知数分解为对称、反对称两组

有些结构（例如桁架）使用等代结构不便，宜将未知数分解为对称、反对称两组（荷载不分解），利用"成组变形条件"确定。

例如图 7-43a 所示的刚架，可以取支反力 Z_1、Z_2 为未知数。但这时 $\delta_{12}=\delta_{21}\neq 0$，要解联立方程。为了使副系数 δ_{12} 等于零，改取对称的一对力 X_1 和反对称的一对力 X_2 作为未知数（图 7-43b）。由于未知数（例如 X_1）不是一个力，而是一组力，故称为"成组未知数"。

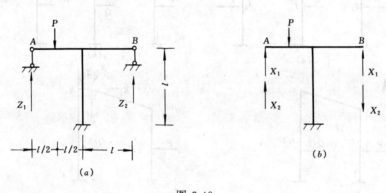

图 7-43

成组未知数由下述变形条件确定：

$$\left.\begin{aligned}\Delta_1 = \delta_{11}X_1 + \delta_{12}X_2 + \Delta_{1P} = 0\\\Delta_2 = \delta_{21}X_1 + \delta_{22}X_2 + \Delta_{2P} = 0\end{aligned}\right\} \tag{A}$$

变形条件的物理意义后面再解释。为了求系数，绘"成组未知力的单位弯矩图"及荷载弯矩图（图 7-44）。系数及荷载项按下式计算：

$$\delta_{11} = \Sigma \int \overline{M}_1 \frac{\overline{M}_1 \mathrm{d}s}{EI}$$

$$\delta_{12} = \Sigma \int \overline{M}_1 \frac{\overline{M}_2 \mathrm{d}s}{EI}$$

$$\delta_{22} = \Sigma \int \overline{M}_2 \frac{\overline{M}_2 \mathrm{d}s}{EI}$$

$$\Delta_{1P} = \Sigma \int \overline{M}_1 \frac{\overline{M}_P \mathrm{d}s}{EI}$$

$$\Delta_{2P} = \Sigma \int \overline{M}_2 \frac{\overline{M}_P ds}{EI}$$

现在来谈变形条件（A）的物理含义。前一式 Δ_1 是 X_1 的作用点沿 X_1 方向的位移。X_1 是一对力，有两个作用点（A 及 B），所以

$$\Delta_1 = \Delta_A + \Delta_B$$

这里 Δ_A、Δ_B 均以向上（沿 X_1 方向）为正。式（A）中的前一式变为

$$\Delta_A + \Delta_B = 0$$

后一式是 X_2 作用点（也是 A 和 B）沿 X_2 方向的位移，它等于

$$\Delta_2 = \Delta_A - \Delta_B$$

后一式变为

$$\Delta_A - \Delta_B = 0$$

于是变形条件（A）变为

$$\left.\begin{array}{l} \Delta_A + \Delta_B = 0 \\ \Delta_A - \Delta_B = 0 \end{array}\right\} \qquad (B)$$

解之得

$$\Delta_A = 0, \Delta_B = 0$$

即满足原体系（图 7-43a）的变形条件。

式（A）称为成组的变形条件。所以这个方法是利用成组的未知力和成组的变形条件。这个方法具有普遍意义，也可以用于非对称的一般结构，这里不做讨论。

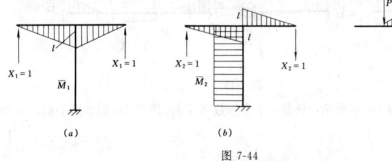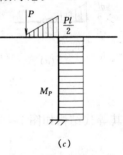

图 7-44

对于本例算得

$$\delta_{11} = \frac{2}{3} \frac{l^3}{EI}$$

$$\delta_{12} = \delta_{21} = 0（对称 M 图与反对称 M 图正交）$$

$$\delta_{22} = \frac{14}{3} \frac{l^3}{EI}$$

$$\Delta_{1P} = -\frac{5}{48} \frac{Pl^3}{EI}$$

$$\Delta_{2P} = -\frac{53}{48} \frac{Pl^3}{EI}$$

解得

$$X_1 = 0.1563P$$
$$X_2 = 0.2366P$$

结构的受力情况示于图 7-45a。最终 M 图用叠加法计算

$$M = \overline{M}_1 X_1 + \overline{M}_2 X_2 + M_P$$

其中 $\overline{M}_1$、$\overline{M}_2$ 为成组未知力的单位弯矩图（图 7-45a）。最终 M 图示于图 7-45b。

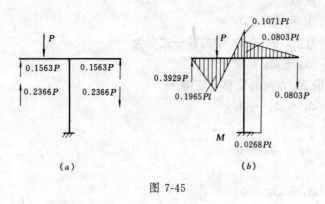

图 7-45

【例 7-15】 分别用等代结构及成组未知力计算均布荷载作用下的等截面两端固定梁（图 7-46a），EI＝常数。

【解】 1. 利用等代结构

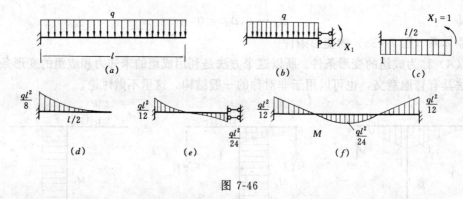

图 7-46

其等代结构如图 7-46b 所示，只有一个未知数 X_1，$\overline{M}_1$ 图及 M_P 图如图 7-46c、d 所示。算得

$$\delta_{11} = \frac{l}{2EI}$$

$$\Delta_{1P} = \frac{ql^3}{48EI}$$

由变形条件

$$\delta_{11}X_1 + \Delta_{1P} = 0$$

得

$$X_1 = \frac{1}{24}ql^2$$

绘得 M 图如图 7-46e 所示。整个梁的 M 图如图 7-46f 所示。

2. 利用成组未知数

由于荷载对称，两端弯矩相等，令为 X_1（图 7-47a）。变形条件为

$$\Delta_1 = \delta_{11}X_1 + \Delta_{1P} = 0$$

其物理意义为两端转角之和等于零。由于两端转角相等，就保证了每端转角等于零。$\overline{M}_1$ 图、M_P 图示于图 7-47b、c，算得

$$\delta_{11} = \frac{l}{EI}$$

$$\Delta_{1P} = -\frac{1}{12}\frac{ql^3}{EI}$$

由此

$$X_1 = \frac{1}{12}ql^2$$

M 图如图 7-47d 所示。

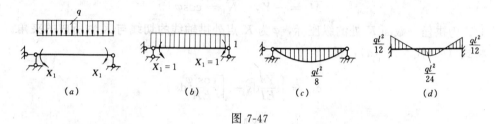

图 7-47

第九节　超静定拱的计算

超静定拱通常可分为无铰拱和两铰拱。它们在土建、水利等工程中有广泛的应用。下面分别讨论两铰拱和无铰拱的计算。

一、两铰拱的计算

两铰拱是一次超静定结构，其弯矩值在两支座处等于零，向拱顶逐渐增大，因此两铰拱的截面 A 通常也相应地由支座向拱顶逐渐增加。

计算两铰拱时，通常是去掉一个支座的水平约束，而代以多余力 X_1，图 7-48a、b 示一两铰拱和相应的基本体系。由原结构在支座 B 处沿 X_1 方向的位移等于零的条件，建立力法

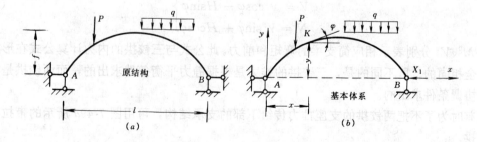

图 7-48

方程

$$\delta_{11}X_1 + \Delta_{1P} = 0$$

171

根据分析不同尺寸的两铰拱所积累的经验表明：常用的两铰拱中，在 $f/l < \dfrac{1}{3}$ 和拱顶厚度 $h < \dfrac{l}{10}$ 的情况下，计算 δ_{11} 时可略去剪力的影响；计算 Δ_{1P} 时，剪力和轴力的影响都可略去不计。此时 δ_{11} 和 Δ_{1P} 的计算公式如下

$$\left.\begin{array}{l} \delta_{11} = \int \dfrac{\overline{M}_1^2}{EI}\mathrm{d}s + \int \dfrac{\overline{N}_1^2}{EA}\mathrm{d}s \\[3mm] \Delta_{1P} = \int \dfrac{\overline{M}_1 M_P}{EI}\mathrm{d}s \end{array}\right\} \tag{a}$$

设弯矩以使拱的内侧纤维受拉为正，轴力以使截面受压为正，取图 7-48b 所示坐标系，则基本结构在 $X_1 = 1$ 作用下，任意截面的内力为

$$\overline{M}_1 = -Y, \quad \overline{N}_1 = \cos\varphi \tag{b}$$

式中，Y 为拱任一截面 K 处的纵坐标，φ 为 K 点处拱轴线的切线与 X 轴所成的夹角。

将式（b）代入式（a），得

$$\delta_{11} = \int \dfrac{Y^2}{EI}\mathrm{d}s + \int \dfrac{\cos^2\varphi}{EA}\mathrm{d}s$$

$$\Delta_{1P} = -\int \dfrac{YM_P}{EI}\mathrm{d}s$$

代入力法方程可得

$$X_1 = -\dfrac{\Delta_{1P}}{\delta_{11}} = \dfrac{\displaystyle\int \dfrac{YM_P}{EI}\mathrm{d}s}{\displaystyle\int \dfrac{Y^2}{EI}\mathrm{d}s + \int \dfrac{\cos^2\varphi}{EA}\mathrm{d}s} \tag{7-6}$$

按上式计算 X_1 时，因拱轴为曲线，不能用图乘法代替直接积分。若拱的轴线形状、截面变化规律较复杂，直接积分比较困难，在这种情况下，可应用数值积分法。

对于只承受竖向荷载且两拱趾同高的两铰拱，在水平推力 H（即 X_1）求出后，拱上任意截面处的弯矩、剪力和轴力均可用叠加法求得。

$$\left.\begin{array}{l} M = M^0 - HY \\ V = V^0\cos\varphi - H\sin\varphi \\ N = V^0\sin\varphi + H\cos\varphi \end{array}\right\} \tag{7-7}$$

式中 M^0、V^0 分别表示相应简支梁的弯矩和前力。此公式与三铰拱的内力计算公式在形式上是完全相同的。所不同的是，三铰拱的推力是根据静力平衡条件求出的，而两铰拱是根据变形协调条件求出的。

有时为了不把两铰拱的支座推力传给下部的支承结构，可用图 7-49a 所示的带拉杆的两铰拱。

对于带拉杆的两铰拱，其计算方法与无拉杆情况相似。以拉杆作为多余约束，切断后取拉杆的拉力 X_1 为多余未知力，基本体系如图 7-49b 所示。根据拉杆切口两侧水平相对位移为零的条件，建立力法方程

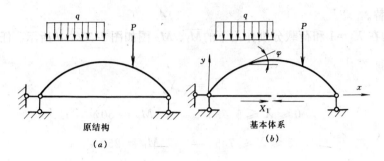

图 7-49

$$\delta_{11}X_1 + \Delta_{1P} = 0$$

式中自由项 Δ_{1P} 的计算与无拉杆两铰拱的情况完全相同，系数 δ_{11} 的计算除了考虑拱本身的变形外，还必须考虑拉杆轴向变形的影响。在单位力 $X_1=1$ 作用下，拉杆由于轴向变形引起的相对位移为 $\dfrac{l}{E_1A_1}$。因此，多余未知力 X_1 的计算公式为

$$X_1 = \frac{\displaystyle\int \frac{YM_P}{EI}\mathrm{d}s}{\displaystyle\int \frac{Y^2}{EI}\mathrm{d}s + \int \frac{\cos^2\varphi}{EA}\mathrm{d}s + \frac{l}{E_1A_1}} \tag{7-8}$$

求出 X_1 后，即可按式（7-7）计算拱的内力。

由式（7-8）可以看出：当拉杆的刚度很大（即 $E_1A_1 \rightarrow \infty$）时，式（7-8）与无拉杆时的式（7-6）完全一样。若拉杆的刚度很小（即 $E_1A_1 \rightarrow 0$），则拱的推力将趋于零，即拱将变成曲梁，而失去拱的特性。因此，在设计带拉杆的拱时，为了减小拱本身的弯矩，改善拱的受力状态，应适当加大拉杆的刚度。

【例 7-16】 如图 7-50a 所示一屋盖结构中带拉杆的两铰拱，拱轴方程为抛物线 $Y = \dfrac{4f}{l^2}X(l-X)$，拱高 $f=2.5\text{m}$，跨度 $l=15\text{m}$。设 E、I 为拱环的弹性模量和截面惯性矩；E_1、A_1 为拉杆的弹性模量和截面面积。设 $EI/E_1A_1 = 1\text{m}^2$。试绘制该两铰拱的弯矩图。

【解】 该拱为一次超静定结构，切断拉杆得如图 7-50b 所示的基本体系。由切口左右二截面沿 X_1 方向的相对线位移等于零的条件，建立力法方程为

$$\delta_{11}X_1 + \Delta_{1P} = 0$$

屋盖结构中带拉杆的两铰拱，其拱高与跨度之比 $f/l \leqslant 1/6$，则属于扁平拱，计算时其弧长微段 $\mathrm{d}s$ 近似地用它的水

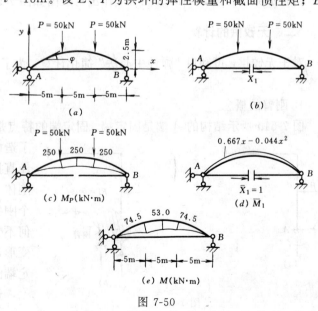

图 7-50

平投影 dx 代替。

其本结构在 $X_1=1$ 和荷载分别作用下的 $\overline{M}_1$、M_P 图如图 7-50c、d 所示。任一截面的内力表达式为

$$\overline{M}_1 = -Y$$

$$0 \leqslant X \leqslant 5 \qquad M_P = 50x$$

$$5 \leqslant X \leqslant 7.5 \qquad M_P = 250$$

计算位移时，只考虑拉杆的轴力，而拱环中轴力和剪力的影响可略去不计。由此得

$$\delta_{11} = \int \frac{\overline{M}_1^2}{EI}dx + \frac{l}{E_1A_1} = 2\int_0^{7.5} \frac{(0.667x - 0.044x^2)^2}{EI} + \frac{15}{E_1A_1}$$

$$= \frac{49.4}{EI} + \frac{15}{E_1A_1}$$

$$\Delta_{1P} = \int \frac{M_P \overline{M}_1}{EI}dx$$

$$= -\frac{2}{EI}\int_0^5 50x(0.667x - 0.044x^2)dx + \frac{2}{EI}\int_5^{7.5} 250(0.667x - 0.044x^2)dx$$

$$= -\frac{5058}{EI}$$

将 δ_{11} 和 Δ_{1P} 代入力法方程，解出拉杆的轴力为

$$X_1 = -\frac{\Delta_{1P}}{\delta_{11}} = \frac{5058}{49.4 + \frac{15EI}{E_1A_1}} = 78.5\text{kN}$$

由叠加原理，按 $M = \overline{M}_1 X_1 + M_P$ 作出弯矩图如图 7-50e 所示。

*二、无铰拱的计算

对于无铰拱，可利用"弹性中心法"简化计算。为了说明弹性中心，需介绍"刚臂"的概念。

1. 刚臂的概念

图 7-51a 所示结构的 A 端是固定端。固定端的特点是截面 A 不能移动也不能转动。为了造成这个变形条件，也可以不把截面 A 直接刚结于基础，而把截面 A 与一个刚体（称作刚臂）刚结（图 7-51b），这个刚体以三个约束与基础相联，构成几何不变体系。由于刚臂不能动，也不能变形，与之刚结的截面 A 也就具有了固定端的边界条件。

这样，图 7-51b 所示带刚臂的结构

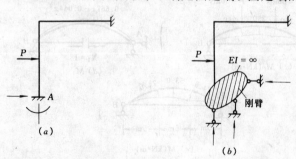

图 7-51

174

就是图 7-51a 所示原结构的等代结构,图 7-51b 之解即图 7-51a 之解。图 7-51a 上面的三个未知力可以转换成图 7-51b 所示的另外三个未知力,而后者的方向及作用点是可以选择的(因为刚臂的形状及大小和三个支杆的布置是可以选择的),从而有利于选择单位弯矩图,使力法方程中更多的副系数等于零。

同样,图 7-52b 所示结构是图 7-52a 所示结构的等代结构。图 7-52b 结构是这样获得的:在 A 处截开,将左右两截面 A′、A″ 刚结于同一个刚臂上。由于刚臂不能变形,所以 A′ 与 A″ 不能发生相对移动及相对转动,从而保持了原体系(图 7-52a)A 处的变形连续性。

加刚臂的结果可以将未知力(图 7-52c)转移到任选的地方(图 7-52d 中的 O 点),并且未知力的方向也可以任选。利用这个方便条件,有可能让这种结构(一个封闭框)典型方程中的所有副系数等于零。对于对称结构及非对称结构都能做到这一点,但是最有实效的是对称结构。下面就来讨论这种结构,其典型代表是对称无铰拱。

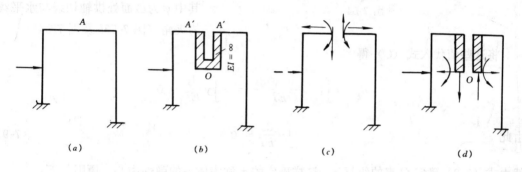

图 7-52

2. 对称无铰拱的弹性中心

图 7-53a 示一承受任意荷载的对称无铰拱。沿对称轴截开,加刚臂,将未知力移至对称

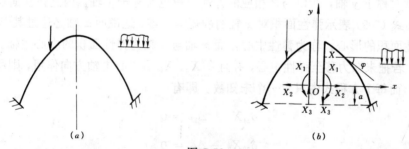

图 7-53

轴上的 O 点,O 点到拱脚联线的距离 a 待定(图 7-53b)。由于 X_1、X_2 是对称力。X_3 是反对称力。由计算可知,对称力与反对称力之间的副系数等于零($\delta_{13} = \delta_{31} = 0$,$\delta_{23} = \delta_{32} = 0$)。其物理意义是对称力(反对称力)不能产生反对称(对称)的位移。于是方程组分解为两组,一组只包含对称力,另一组只包含反对称力:

$$\left.\begin{array}{l} \delta_{11}X_1 + \delta_{12}X_2 + \Delta_{1P} = 0 \\ \delta_{21}X_1 + \delta_{22}X_2 + \Delta_{2P} = 0 \end{array}\right\} \tag{A}$$

$$\delta_{33}X_3 + \Delta_{3P} = 0 \tag{B}$$

175

若 $\delta_{12}=0$，则每个方程式中只含一个未知力，就由这个条件确定 O 点的位置（a 值）。若考虑各种变形，则 δ_{12} 等于

$$\delta_{12}=\int \overline{M}_1\frac{\overline{M}_2\mathrm{d}s}{EI}+\int \overline{N}_1\frac{\overline{N}_2\mathrm{d}s}{EA}+\int \mu\overline{V}_1\frac{\overline{V}_2\mathrm{d}s}{GA} \tag{C}$$

为了求 $X_1=1$、$X_2=1$ 引起的内力的表达式，将拱上任意截面截开（图 7-53b），该截面的坐标为 x、y，坐标原点在 O 点，坐标轴方向如图所示。将截取部分示于图 7-54。由平衡方程得（图 7-54）

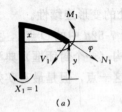

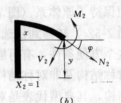

(a) (b)

图 7-54

$$\overline{M}_1=1, \quad \overline{N}_1=0, \quad \overline{V}_1=0$$

$$\overline{M}_2=-y, \quad \overline{N}_2=1\cdot\cos\varphi,$$

$$\overline{V}_2=1\cdot\sin\varphi$$

其中 φ 为截面处拱轴切线与水平线的夹角（图 7-53b 及图 7-54b）。

将这些值代入式 (C) 得

$$\delta_{12}=\int 1\cdot\frac{(-y)\mathrm{d}s}{EI}=-\int y\frac{\mathrm{d}s}{EI}=0$$

由此

$$\int y\frac{\mathrm{d}s}{EI}=0 \tag{7-9}$$

就由式（7-9）确定 O 点的纵标 a。这样确定的点称为体系的弹性中心，原因如下：

设想一个面积，以拱的轴线为其轴线，以拱的抗弯刚度的倒数 $\frac{1}{EI}$ 为其宽度（图 7-55），称此面积为弹性面积。如果刚度沿拱轴是变化的，则弹性面积的宽度也是变的。由于拱的轮廓和刚度对称于 y 轴，所以与之相应的弹性面积也对称于 y 轴。因之弹性面积的形心必在 y 轴上。式 (7-9) 表示弹性面积对 x 轴的静矩等于零，这说明 x 轴必通过其形心。因此，O 点为弹性面积的形心，称为弹性中心，而 x 轴与 y 轴为弹性面积的中心主轴。

这样，若把未知力移至弹性中心，并且令 X_2、X_3 沿中心主轴方向作用，则所有副系数都等于零，而每个方程式中只含一个未知数。即有

$$\left.\begin{array}{l}\delta_{11}X_1+\Delta_{1P}=0\\ \delta_{22}X_2+\Delta_{2P}=0\\ \delta_{33}X_3+\Delta_{3P}=0\end{array}\right\} \tag{D}$$

求弹性面积形心的方法与求一般面积形心的方法相同，即取一参考坐标系 $x'o'y'$（图 7-56），按下式计算形心纵标 a：

$$a=\frac{\displaystyle\int y'\frac{\mathrm{d}s}{EI}}{\displaystyle\int\frac{\mathrm{d}s}{EI}} \tag{E}$$

分子为弹性面积对 x' 轴的静矩，分母为弹性面积图形的面积。

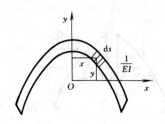

图 7-55

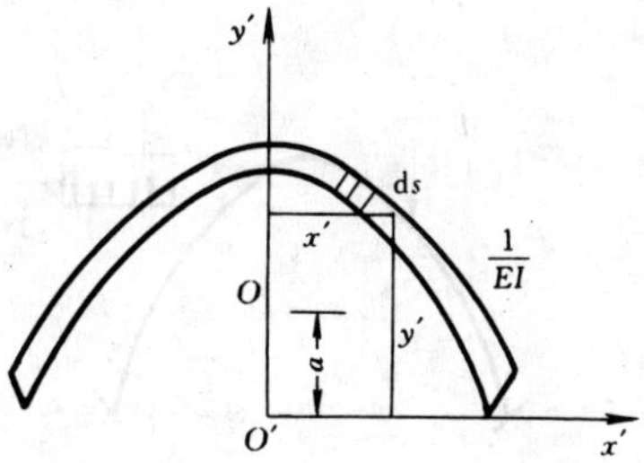

图 7-56

也可以采用别的参考座标系。

【例 7-17】 求图 7-57a 所示刚架的弹性中心。

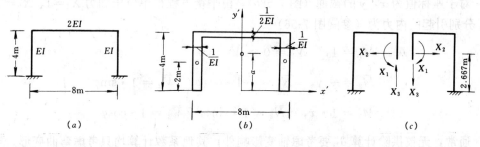

(a) (b) (c)

图 7-57

【解】 弹性面积示于图 7-57b。以 x' 为参考座标轴,求弹性面积形心的纵标 a。对 x' 轴的静矩等于

$$\int y' \frac{\mathrm{d}s}{EI} = \frac{1}{2EI} \cdot 8 \cdot 4 + \frac{1}{EI} \cdot 4 \cdot 2 \cdot 2 = \frac{32}{EI}$$

面积等于

$$\int \frac{\mathrm{d}s}{EI} = \frac{1}{2EI} \cdot 8 + \frac{1}{EI} \cdot 4 \cdot 2 = \frac{12}{EI}$$

$$a = \frac{\int y' \dfrac{\mathrm{d}s}{EI}}{\int \dfrac{\mathrm{d}s}{EI}} = \frac{32}{12} = 2.667\mathrm{m}$$

将未知力移至弹性中心,如图 7-57c 所示。

3. 无拱铰的计算

无拱铰(图 7-58a)用弹性中心法计算,基本体系如图 7-58b 所示。典型方程为

$$
\left.
\begin{array}{l}
\delta_{11}X_1 + \Delta_{1P} = 0 \\
\delta_{22}X_2 + \Delta_{2P} = 0 \\
\delta_{33}X_3 + \Delta_{3P} = 0
\end{array}
\right\}
$$

如果考虑各种变形,则

$$\delta_{ii} = \int \overline{M}_i \frac{\overline{M}_i \mathrm{d}s}{EI} + \int \overline{N}_i \frac{\overline{N}_i \mathrm{d}s}{EA} + \int \mu \overline{V}_i \frac{\overline{V}_i \mathrm{d}s}{GA} (i = 1, 2, 3)$$

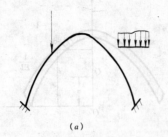
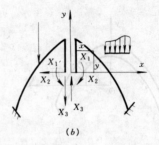

(a)
(b)

图 7-58

$$\Delta_{iP} = \int \overline{M}_i \frac{M_P ds}{EI} + \int \overline{N}_i \frac{N_P ds}{EA} + \int \mu \overline{V}_i \frac{V_P ds}{GA}$$

对于座标值为 x, y 的截面（图 7-58b），由平衡方程得单位未知力 $X_1 = 1$、$X_2 = 1$、$X_3 = 1$ 分别引起的内力为（参阅图 7-56）

$$\overline{M}_1 = 1, \quad \overline{N}_1 = 0, \quad \overline{V}_1 = 0$$

$$\overline{M}_2 = -y, \quad \overline{N}_2 = -1 \cdot \cos\varphi, \quad \overline{V}_2 = 1 \cdot \sin\varphi$$

$$\overline{M}_3 = 1 \cdot x, \quad \overline{N}_3 = 1 \cdot \sin\varphi, \quad \overline{V}_3 = 1 \cdot \cos\varphi$$

通常，无铰拱除计算 δ_{22} 要考虑轴变影响外，其他系数计算均只考虑弯曲变形。于是

$$\delta_{11} = \int \frac{ds}{EI}$$

$$\delta_{22} = \int \frac{y^2 ds}{EI} + \int \cos^2\varphi \frac{ds}{EA}$$

$$\delta_{33} = \int \frac{x^2 ds}{EI}$$

$$\Delta_{1P} = \int \frac{M_P ds}{EI}$$

$$\Delta_{2P} = -\int \frac{y M_P ds}{EI}$$

$$\Delta_{3P} = \int \frac{x M_P ds}{EI}$$

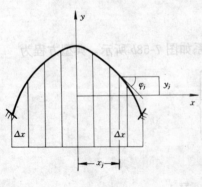

图 7-59

一般情况下，积分的计算采用数值法。数值积分法之一如下：

（1）将拱沿水平线（拱跨）等分（图 7-59），每段长度为 Δx。分段多少，由精度要求而定。用求和代替积分。

（2）每个拱段，以折线代替曲线，第 j 段的长度为

$$\Delta s_j = \frac{\Delta_x}{\cos\varphi_j}$$

其中 φ_j 为该段中点处切线的倾角。其他量值，如 x_j、y_j、I_j、A_j 等也取段中点处的数值，而认为在一段范围内保持为常数。

这样即可算出各个系数，例如

$$\delta_{22} = \int \frac{y^2 \mathrm{d}s}{EI} + \int \cos^2\varphi \frac{\mathrm{d}s}{EA} = \Delta x \sum_j \frac{y_j^2}{\cos\varphi_j EI_j} + \Delta x \sum_j \frac{\cos^2\varphi_j}{\cos\varphi_j EA_j}$$

$$= \Delta x \sum_j \left[\frac{y_j^2}{\cos\varphi_j EI_j} + \frac{\cos\varphi_j}{EA_j} \right]$$

求出 x_1、x_2、x_3 后即可用叠加法计算 M、V、N。

思　考　题

1. 用力法解超静定结构的思路是什么？
2. 什么是力法的基本体系？基本体系与原结构有何异同？
3. 什么是力法的基本未知量？为什么要先计算基本未知量？
4. 力法方程的物理意义是什么？
5. 为什么主系数恒大于零，而副系数可为正值或负值或零？
6. 为什么静定结构的内力状态与 EI 无关，而超静定结构的内力状态与 EI 相关？
7. 为什么荷载作用下超静定结构的内力状态仅与各杆的 EI 相对值有关，而与 EI 绝对值无关？
8. 比较荷载作用下用力法计算刚架、排架、桁架、组合结构的异同。
9. 没有荷载就没有内力，这个结论在什么情况下都成立吗？
10. 用力法计算超静定结构，考虑温度改变、支座移动等因素的影响与考虑荷载作用的影响，二者有何异同？
11. 计算超静定结构的位移与计算静定结构的位移，二者有何异同？
12. 为什么计算超静定结构位移时单位荷载可以加在任意的基本结构上？
13. 支座移动时，如何校核力法计算结果？
14. 什么叫弹性中心？怎样确定弹性中心位置？用弹性中心法的好处是什么？

习　　　题

7-1　指出图示桁架的超静定次数，哪些杆是必要约束，哪些杆可视为多余约束。在所给荷载作用下，求出必要约束的内力。

7-2　将图示体系化为静定体系，并把多余力标出来。

7-3　作图示连续梁的弯矩图及剪力图。

7-4　对于图示梁，讨论刚度比 I_1/I 的变化对支座弯矩 M_B 的绝对值的影响。（提示：取 M_B 为基本未知量。）

7-5～7-6　作图示刚架的 M、V、N 图。

7-7　绘两端固定梁的 M、V、N 图，考虑轴变。（如不考虑轴变，轴力 N 等于多少？其物理含义是什么？）

7-8　计算不等高排架，不计横梁轴变。并讨论计横梁轴变时的计算方法。

7-9　用力法计算图示刚架，并绘出内力图。

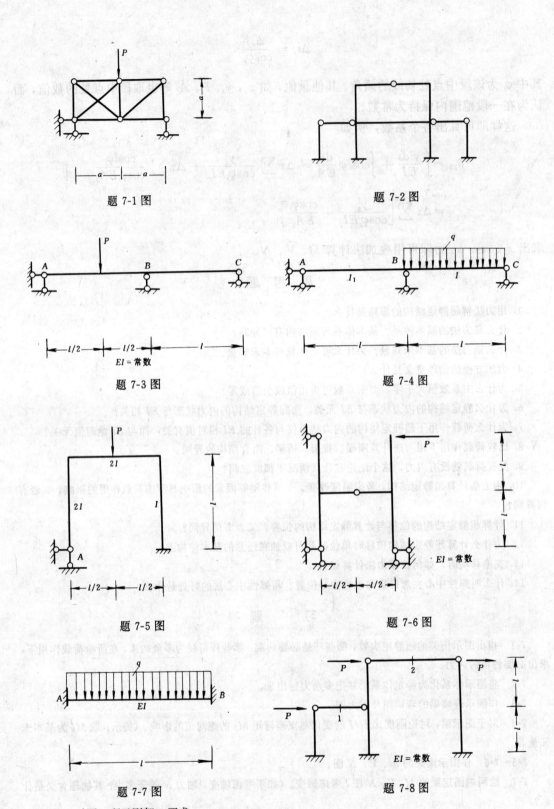

题 7-1 图

题 7-2 图

题 7-3 图

题 7-4 图

题 7-5 图

题 7-6 图

题 7-7 图

题 7-8 图

7-10 对图 a 所示刚架，要求

1. 利用图 b 所示的基本体系进行计算。

2. 判断下述做法的正误：未知数如图 c 所示。变形条件为

$$\left.\begin{array}{l}\delta_{11}X_1 + \delta_{12}X_2 + \delta_{13}X_3 + \Delta_{1P} = 0 \\ \delta_{21}X_1 + \delta_{22}X_2 + \delta_{23}X_3 + \Delta_{2P} = 0 \\ \delta_{31}X_1 + \delta_{32}X_2 + \delta_{33}X_3 + \Delta_{3P} = 0\end{array}\right\}$$

系数由 $\overline{M}_1$、$\overline{M}_2$、$\overline{M}_3$ 及 M_P 图 (M_P 图未画出) 图乘得到。

7-11 求图示刚架在温度改变时支座 B 的反力。各杆 EI 均为常数。

7-12 图示两端固定梁，上面温度降低 t℃，下面温度上升 t℃。求由此产生的弯矩图。并分析所得的结果：哪一边纤维受拉，高温侧还是低温侧，为什么？

7-13 验算图 7-27a 所示刚架的弯矩图（图 7-30）是否满足变形条件。并绘出支座移动时超静定刚架变形条件验算的一般性结论。

7-14 两端固定梁的左端发生转角 φ_A，求杆端弯矩及杆端剪力（利用两种基本体系——简支梁及悬臂梁）计算。

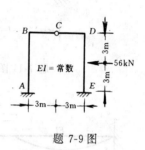

题 7-9 图

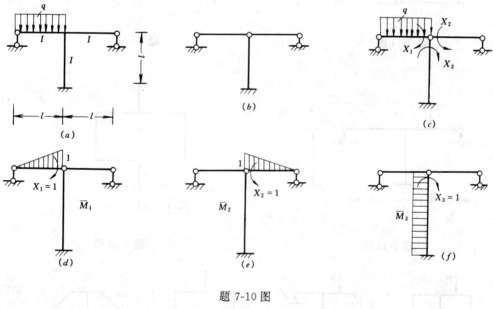

题 7-10 图

7-15 等截面（矩形截面）两跨连续梁，下面温度上升 t℃，求跨中央的位移。

7-16 体系同前题，但温度不变，中间支座下沉 Δ，求由此而产生的跨中央位移。

7-17 利用等代结构计算图示结构，并绘弯矩图。各杆 EI 均为常数。

7-18 利用等代结构计算图示结构，并绘弯矩图。各杆 EI 均为常数。

7-19 确定图示各对称结构的等代结构。

（提示：有两个对称轴的结构可取 1/4）

7-20 试为图示对称刚架选取一个最简计算方案。

7-21 对于例题 7-5 中的桁架（7-21a），试改用去掉杆 24 的体系（题 7-21 图）作为基本体系，重新计算。

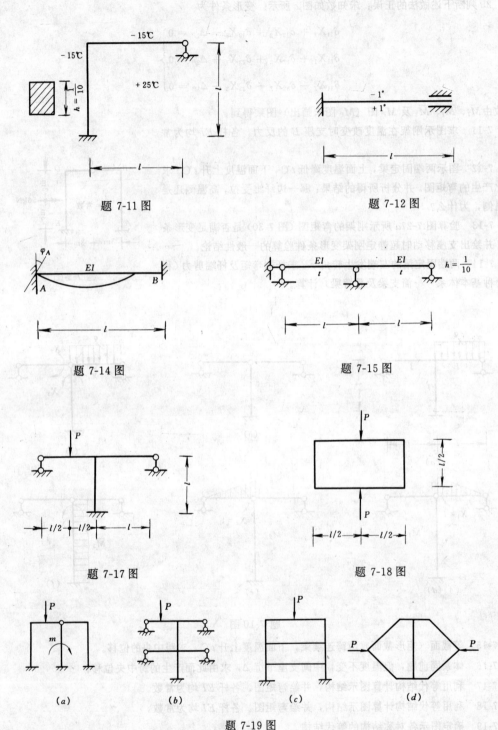

题 7-11 图

题 7-12 图

题 7-14 图

题 7-15 图

题 7-17 图

题 7-18 图

题 7-19 图

7-22　各杆温度均上升 $t℃$，求上题中桁架的内力。

7-23　杆 24 做长了 $a/10$，求上题中桁架的内力。

7-24　计算图示的桁架。各杆 EA 相同。

7-25　计算图示组合结构，绘 M、V、N 图。$A=1/a^2$。

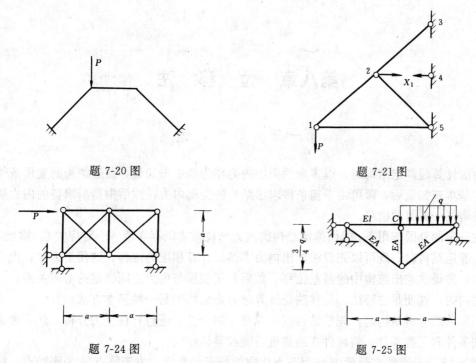

题 7-20 图   题 7-21 图

题 7-24 图   题 7-25 图

7-26 对于图 7-57 所示刚架,内外温度均上升 $t℃$,求由此产生的弯矩图(用弹性中心法计算)。

7-27 上题中右支座发生向右水平位移 Δ,求由此产生的弯矩图(用弹性中心法)。

7-28 试用力法计算等截面两铰拱的支座反力和截面 C、D 的内力。计算时忽略轴力、剪力对位移的影响。拱轴线方程为:$y = \dfrac{4f}{l^2} x \ (l-x)$,因为是比较平缓的抛物线拱,所以可设 $ds = dx$。

7-29 试求变截面抛物线两铰拱中的拉杆内力以及截面 K 的内力 M_K、V_K、N_K。拱中剪力和轴力对位移的影响略去不计,已知截面变化规律 $I = \dfrac{I_C}{\cos\varphi}$,拱轴线方程为 $y = \dfrac{4f}{l^2} x \ (l-x) = x - \dfrac{x^2}{20}$,拱顶 $E_C I_C = 5000 \mathrm{kN \cdot m^2}$,拉杆 $E_1 A_1 = 2 \times 10^5 \mathrm{kN}$。

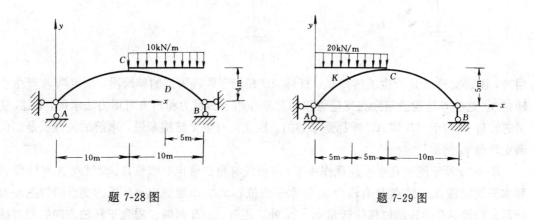

题 7-28 图   题 7-29 图

第八章 位 移 法

第一节 概 述

力法计算超静定结构时，以多余约束中的力作为基本未知量，通过结构的变形条件求出这些基本未知量后，即可由平衡条件求出结构的全部内力，然后根据所求得的内力就可求出结构任一截面的位移。

在一定的外因作用下，线性弹性结构的内力与位移之间存在着一一对应关系。因此，在计算超静定结构时，既可以先设法求出内力，然后计算相应的位移，这便是力法；也可以反过来，先设法求出结构中的某些位移，然后利用位移与内力之间确定的对应关系，求出相应的内力，这便是位移法。位移法是计算超静定结构的另一种基本方法。

用位移法分析结构时，先将结构隔离成单个的杆件，进行杆件受力分析，然后考虑变形协调条件和平衡条件，将杆件在结点处拼装成整体结构。

图 8-1a 所示刚架在荷载 P 作用下发生虚线所示的变形，由于结点 A 为刚结点，杆件 AB、AC 在结点 A 处有相同的转角 φ_A。此外，如略去杆件的轴向变形，且杆件的弯曲变形是微小的，则结点 A 无线位移。考察该刚架中每根杆件的变形情况，可以作出各杆件的变形图如图 8-1b 所示。其中杆件 AB 相当于一端固定另一端铰支的单跨梁，除承受荷载 P 作

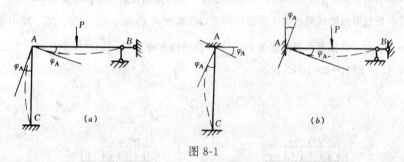

图 8-1

用外，固定支座 A 还产生了转角 φ_A。杆件 AC 相当于两端固定的单跨梁，固定端 A 产生了转角 φ_A。这些单跨超静定梁在支座位移和荷载作用下的反力和内力可用力法求得，不过，这里的转角 φ_A 对于 AB 和 AC 杆都是未知的。因此，对整个结构来说，求解的关健就是如何确定转角 φ_A 的值。

图 8-2a 所示刚架在水平荷载作用下，结点既有角位移也有线位移。设结点 A 有转角 φ_A 和水平线位移 Δ_A，结点 B 有转角 φ_B 和水平线位移 Δ_B，单独画出 AB 杆的变形图如图 8-2b 所示。杆件 AB 的杆端位移除转角 φ_A、φ_B 外，还有 A、B 两端在垂直于杆轴方向的相对线位移 Δ_{AB}（当 AB 杆平移 Δ_A 到达 $A'B''$ 位置时不产生内力）。如果 φ_A、φ_B 和 Δ_{AB} 已知，则杆件 AB 的内力也可用力法求得。

上述两例说明，只要结构某些结点的角位移和线位移已知，则各杆的内力可以完全确

定。如把结点位移作为基本未知量,则上述各单杆变形图的约束反力应是这些未知量的函数。由它们拼成原结构时应满足结点平衡条件,从而可得确定这些未知位移的方程式。因此,位移法分析中应解决以下几个问题:

(1) 确定杆件的杆端内力与杆端位移及荷载之间的函数关系。

(2) 确定以结构的哪些结点位移作为基本未知量。

(3) 如何建立求解基本未知量的位移法方程式。

这些问题将在以后各节中分别予以讨论。

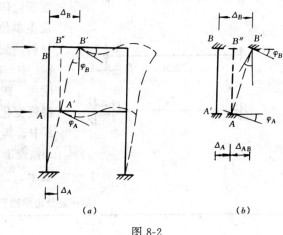

图 8-2

第二节 等截面直杆的转角位移方程

如上节所述,用位移法计算超静定结构时,把杆件看作单跨超静定梁,则杆端位移可看作单跨梁的支座位移。这样,杆端内力与杆端位移之间的关系可以利用力法求得。结构力学中把杆件的杆端内力与杆端位移及荷载之间的关系式,称为转角位移方程。本节利用力法的计算结果,由叠加原理导出三种常用的等截面杆件的转角位移方程。

一、杆端弯矩及杆端位移的正负号规定

为了便于计算,位移法对杆端弯矩和杆端位移的正负号作如下规定:

(1) 杆端弯矩对杆端而言,以顺时针方向为正,反之为负(对结点或支座而言,则以逆时针方向为正)。图 8-3a 中的 M_{AB} 为负,而 M_{BA} 为正。

(2) 杆端转角以顺时针方向转动为正,反之为负。图 8-3b 中 A 端转角 φ_A 为正,B 端转角 φ_B 为负。

(3) 杆件两端在垂直于杆轴方向上的相对线位移 Δ 以使杆件顺时针转动为正,反之为负。图 8-3c 所示 Δ 为正。

应当注意,这里对弯矩的正负号规定是针对杆端弯矩而言,杆件其他截面的弯矩并未规定其正负。在作弯矩图时,应按此符号规定正确判定杆件的受拉边,把弯矩图画在杆件受拉的一侧,且不标注正负号。

二、单跨超静定梁的形常数和载常数

位移法中,常用到图 8-4 所示三种类型的等

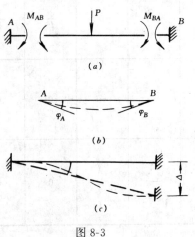

图 8-3

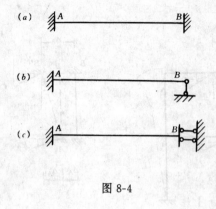

(a) A   B

(b) A   B

(c) A   B

图 8-4

截面单跨超静定梁，它们在荷载、支座位移或温度变化作用下的内力，可以用力法求得。由支座发生单位位移而引起的杆端内力是与杆件尺寸、材料性质有关的常数，通常称为形常数，列于表 8-1 中。表中引入了记号 $i=EI/l$，称为杆件的线刚度。式中 l 为杆长，EI 为抗弯刚度。由荷载或温度变化引起的杆端内力称为载常数，列于表 8-2 中。其中的杆端弯矩称为固端弯矩，用 M_{AB}^F 和 M_{BA}^F 表示；杆端剪力称为固端剪力，用 V_{AB}^F 和 V_{BA}^F 表示。

单跨超静定梁的形常数　　　　　　　　　　　　表 8-1

编号	简　图	杆　端　弯　矩		杆　端　剪　力	
		M_{AB}	M_{BA}	V_{AB}	V_{BA}
1	$\varphi=1$　A　EI　B　l	$4i$	$2i$	$-\dfrac{6i}{l}$	$-\dfrac{6i}{l}$
2	A　B　l	$-\dfrac{6i}{l}$	$-\dfrac{6i}{l}$	$\dfrac{12i}{l^2}$	$\dfrac{12i}{l^2}$
3	$\varphi=1$　A　E　l	$3i$	0	$-\dfrac{3i}{l}$	$-\dfrac{3i}{l}$
4	A　B　l	$-\dfrac{3i}{l}$	0	$\dfrac{3i}{l^2}$	$\dfrac{3i}{l^2}$
5	$\varphi=1$　A　B　l	i	$-i$	0	0
6	A　B　$\varphi=1$　l	$-i$	i	0	0

编号	简　图	固　端　弯　矩		固　端　剪　力	
		M_{AB}^F	M_{BA}^F	V_{AB}^F	V_{BA}^F
1		$-\dfrac{Pab^2}{l^2}$	$\dfrac{Pa^2b}{l^2}$	$\dfrac{Pb^2(l-2a)}{l^3}$	$-\dfrac{Pa^2(l-2b)}{l^3}$
		当 $a=b=\dfrac{1}{2}$, $-\dfrac{Pl}{8}$	$\dfrac{Pl}{8}$	$\dfrac{P}{2}$	$-\dfrac{P}{2}$
2		$-\dfrac{Pl}{8}$	$\dfrac{Pl}{8}$	$\dfrac{P}{2}\cos\alpha$	$-\dfrac{P}{2}\cos\alpha$
3		$-\dfrac{1}{12}ql^2$	$\dfrac{1}{12}ql^2$	$\dfrac{1}{2}ql$	$-\dfrac{1}{2}ql$
4		$-\dfrac{1}{12}ql^2$	$\dfrac{1}{12}ql^2$	$\dfrac{1}{2}ql\cos\alpha$	$-\dfrac{1}{2}ql\cos\alpha$
5		$-\dfrac{1}{20}ql^2$	$\dfrac{1}{30}ql^2$	$\dfrac{7}{20}ql$	$-\dfrac{3}{20}ql$
6		$\dfrac{b(3a-l)}{l^2}M$	$\dfrac{a(3b-l)}{l^2}M$	$-\dfrac{5ab}{l^3}M$	$-\dfrac{6ab}{l^3}M$
7	$\Delta t = t_2 - t_1$	$-\dfrac{EI\alpha\Delta t}{h}$	$\dfrac{EI\alpha\Delta t}{h}$	0	0
8		$-\dfrac{Pab(l+b)}{2l^2}$	0	$\dfrac{Pb(3l^2-b^2)}{2l^3}$	$-\dfrac{Pa^2(2l+b)}{2l^3}$
		当 $a=b=l/2$ $-\dfrac{3Pl}{16}$	0	$\dfrac{11P}{16}$	$\dfrac{-5P}{16}$
9		$-\dfrac{3Pl}{16}$	0	$\dfrac{11P}{16}\cos\alpha$	$-\dfrac{5P}{16}\cos\alpha$
10		$-\dfrac{ql^2}{8}$	0	$\dfrac{5}{8}ql$	$-\dfrac{3}{8}ql$

编 号	简 图	固 端 弯 矩		固 端 剪 力	
		M_{AB}^F	M_{BA}^F	V_{AB}^F	V_{BA}^F
11		$-\dfrac{ql^2}{8}$	0	$\dfrac{5}{8}ql\cos\alpha$	$-\dfrac{3}{8}ql\cos\alpha$
12		$-\dfrac{1}{15}ql^2$	0	$\dfrac{4}{10}ql$	$-\dfrac{1}{10}ql$
13		$-\dfrac{7}{120}ql^2$	0	$\dfrac{9}{40}ql$	$-\dfrac{11}{40}ql$
14		$\dfrac{l^2-3b^2}{2l^2}M$	0	$-\dfrac{3\,(l^2-b^2)}{2l^3}M$	$-\dfrac{3\,(l^2-b^2)}{2l^3}M$
15		$-\dfrac{3EI\alpha\Delta t}{2h}$	0	$\dfrac{3EI\alpha\Delta t}{2hl}$	$\dfrac{3EI\alpha\Delta t}{2hl}$
16		$-\dfrac{Pa}{2l}\,(2l-a)$	$-\dfrac{Pa^2}{2l}$	P	0
17		$-\dfrac{Pl}{2}$	$-\dfrac{Pl}{2}$	P	P
18		$-\dfrac{ql^2}{3}$	$-\dfrac{ql^2}{6}$	ql	0
19		$-\dfrac{EI\alpha\Delta t}{h}$	$\dfrac{EI\alpha\Delta t}{h}$	0	0

形常数和载常数在后面章节中经常用到。在使用表 8-1 和表 8-2 时应注意,表中的形常数和载常数是根据图示的支座位移和荷载方向求得的。当计算某一结构时,应根据其杆件两端实际的位移方向和荷载方向,判断形常数和载常数应取的正负号。

三、转角位移方程

1. 两端固定梁

图 8-5 所示两端固定的等截面梁 AB,设 A、B 两端的转角分别为 φ_A 和 φ_B,垂直于杆轴方向的相对线位移为 Δ,梁上还作用有外荷载。梁 AB 在上述四种外因共同作用下的杆端弯矩,应等于 φ_A、φ_B、Δ 和荷载单独作用下的杆端弯矩的叠加。利用表 8-1 和表 8-2 可得

$$\left.\begin{aligned} M_{AB} &= 4i\varphi_A + 2i\varphi_B - 6i\,\frac{\Delta}{l} + M_{AB}^F \\ M_{BA} &= 4i\varphi_B + 2i\varphi_A - 6i\,\frac{\Delta}{l} + M_{BA}^F \end{aligned}\right\} \tag{8-1}$$

式(8-1)称为两端固定梁的转角位移方程。

2. 一端固定一端铰支梁

如图 8-6 所示,设 A 端转角为 φ_A,两端相对线位移为 Δ,梁上还作用有外荷载。利用表 8-1、表 8-2 及叠加原理,可得一端固定一端铰支梁的转角位移方程为

$$M_{AB} = 3i\varphi_A - 3i\,\frac{\Delta}{l} + M_{AB}^F \tag{8-2}$$

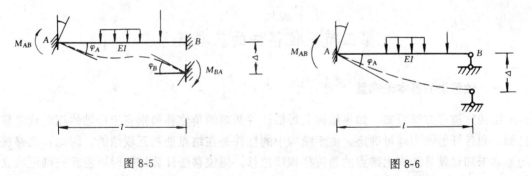

图 8-5   图 8-6

上式也可由式(8-1)导出。因 B 端为铰支,根据式(8-1)的第二式应有

$$M_{BA} = 4i\varphi_B + 2i\varphi_A - 6i\,\frac{\Delta}{l} + M_{BA}^F = 0$$

求得

$$\varphi_B = -\frac{1}{2}\left(\varphi_A - 3\,\frac{\Delta}{l} + \frac{1}{2i}M_{BA}^F\right) \tag{a}$$

可见,φ_B 为 φ_A 和 Δ 的函数,它不是独立的。将式(a)代入式(8-1)的第一式得

$$M_{AB} = 3i\varphi_A - 3i\,\frac{\Delta}{l} + M_{AB}^{F'} \tag{b}$$

式中 $M_{AB}^{F'} = M_{AB}^F - \dfrac{1}{2} M_{BA}^F$，即为图 8-6 所示梁的固端弯矩，于是得到式（8-2）。

3. 一端固定一端定向支承梁

如图 8-7 所示，设 A 端转角为 φ_A，B 端转角为 φ_B，梁上还作用有外荷载。利用表 8-1、表 8-2 及叠加原理，可得其转角位移方程为

$$\left.\begin{aligned} M_{AB} &= i\varphi_A - i\varphi_B + M_{AB}^F \\ M_{BA} &= i\varphi_B - i\varphi_A + M_{BA}^F \end{aligned}\right\} \tag{8-3}$$

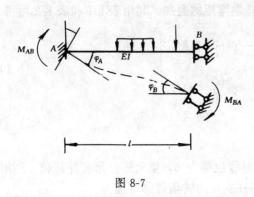

以上得到了三种不同约束条件下等截面直杆的转角位移方程式，它们都是表示杆端弯矩与杆端位移之间的关系。至于杆端剪力 V_{AB} 和 V_{BA}，可根据静力平衡条件求得：

$$\left.\begin{aligned} V_{AB} &= -\frac{M_{AB} + M_{BA}}{l} + V_{AB}^0 \\ V_{BA} &= -\frac{M_{AB} + M_{BA}}{l} + V_{BA}^0 \end{aligned}\right\} \tag{8-4}$$

图 8-7

式中 V_{AB}^0、V_{BA}^0 分别表示相应简支梁在荷载作用下的杆端剪力。

分别将式（8-1）、（8-2）、（8-3）代入上式，即得相应单跨超静定梁的杆端剪力与杆端位移及荷载的关系式。

第三节 位移法的基本概念

一、位移法的基本未知量

由转角位移方程可知，如果结构上每根杆件两端的角位移和垂直于杆轴的相对线位移已知，则各杆的内力即可确定。由于结构中的杆件是在结点处相互联结的，因此，位移法的基本未知量就是结构上结点的角位移和线位移。用位移法计算结构时，应首先确定独立的结点角位移和线位移的数目。

1. 结点角位移

在某一刚结点处，汇交于该结点的各杆端的转角是相等的，因此，每一个刚结点只有一个独立的角位移。至于铰结点或铰支座处各杆端的转角，由式（8-2）可知，计算杆端弯矩时不需要它们的数值，故可不作为基本未知量。因此，结点角位移未知量的数目等于结构刚结点的数目。例如图 8-8 所示刚架，其独立的结点角位移数目为 3，即刚结点 B、C、D 的转角。注意 C 结点的转角是指杆 CB 和 CF 的 C 端转角，而杆件 CD 的 C 端转角不作为基本未知量。

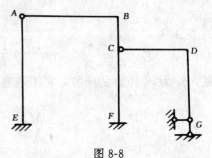

图 8-8

190

2. 结点线位移

如果考虑杆件的轴向变形，则平面结构的每个结点都可能有水平和竖向两个线位移。但是，在用手算方法进行结构分析时，一般忽略受弯直杆的轴向变形，并认为弯曲变形是微小的。因此，可以假定受弯直杆两端之间的距离在变形后仍保持不变。例如图 8-8 所示刚架，由于各杆两端距离假设不变，则结点 A、B、C、D 都没有竖向位移，且结点 A、B 的水平位移相等，结点 C、D 的水平位移相等，故该刚架只有 2 个独立的结点线位移。

对于一般的刚架，其独立的结点线位移数目可以直接观察确定。例如图 8-2 所示刚架，显然每层有一个独立的结点线位移。但对于形式较复杂的刚架，有时凭观察会有困难。这时可以采用"铰化结点、增设链杆"的方法来确定其独立的结点线位移数目。即把刚架所有刚结点和固定支座均改为铰结。如果原结构有结点线位移，则得到的铰结体系必定是几何可变的，而使此铰结体系成为几何不变体系所需增加的最少链杆数，就等于原结构独立的结点线位移数目。

事实上，在采用受弯直杆两端距离不变这一假定后，刚架中每一受弯直杆对减少结点线位移个数的作用与平面铰结体系中链杆的作用是相同的。例如图 8-9a 所示刚架的独立结点线位移个数与图 8-9b 所示铰结体系的独立结点线位移个数是相同的。由几何组成分析可知，最少需增设 4 根链杆才能使该铰结体系成为几何不变体系（也就是使铰结体系的每个结点成为不动点，见图 8-9c），故原刚架有 4 个独立的结点线位移。

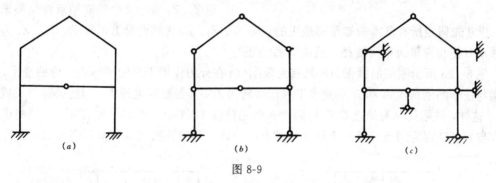

图 8-9

应该指出，上述"铰化结点、增设链杆"确定结构的独立结点线位移的方法，是以受弯直杆变形后两端距离不变的假设为依据的。对于需要考虑轴向变形的二力杆（即链杆），其两端距离不能看作不变。例如图 8-10a 所示结构中，杆件 AD 和 BC 的轴向刚度 EA 为常量，要考虑轴向变形，因而结点 A 既有水平位移、又有竖向位移，且结点 C 与结点 A 的水平位移不相等，故具有 3 个独立的结点线位移（图 8-10b）。

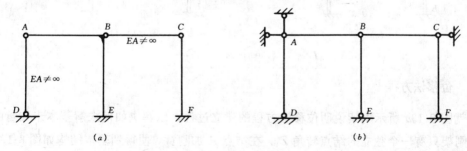

图 8-10

综上所述，位移法的基本未知量个数等于结构的刚结点个数与独立的结点线位移个数之和。例如图 8-8 所示刚架有 5 个基本未知量。

二、位移法的基本结构

用位移法计算结构时，须将其每根杆件变为单跨超静定梁。为此，可在原结构可能发生独立位移的结点上加入相应的附加约束，使其成为固定端或铰支端。具体做法是：在每个刚结点上加一个附加刚臂（用符号"▼"表示），其作用是控制刚结点的转动（但不控制结点的线位移）；同时，在每个产生独立结点线位移的结点，沿线位移的方向加上附加链杆，其作用是控制结点的线位移。这样，原结构的所有杆件就变成彼此独立的单跨超静定梁。这个单跨超静定梁的组合体，称为位移法的基本结构。例如图 8-8 所示刚架的位移法基本结构如图 8-11 所示。图中用 Z_1、Z_2、Z_3 表示 3 个结点角位移未知量，用 Z_4、Z_5 表示 2 个独立结点线位移未知量。通常先假定所有基本未知量都是正的，即 Z_1、Z_2、Z_3 为顺时针方向转动，Z_4、Z_5 为向右移动（使相应单跨梁两端相对线位移 Δ 为正）。

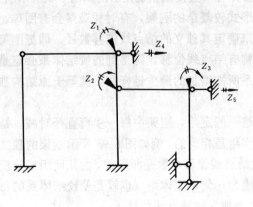

图 8-11

图 8-12a 所示刚架的横梁 AB 具有无限刚性，在外力作用下只能平移而无弯曲变形，故横梁与柱子的刚结点 A 和 B 只能水平移动而转角为零（若要发生转角，则柱必须伸长或缩短）。这样，该刚架只有结点 C 和 D 两个未知角位移（因柱上、下段的刚度不同，需将截面突变点 C、D 视为结点）及三个独立的结点线位移，其位移法基本结构如图 8-12b 所示。

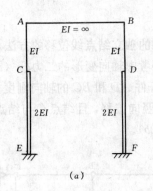

(a) (b)

图 8-12

三、位移法方程

现就图 8-13a 所示刚架说明位移法方程的建立过程，以解决如何求解基本未知量的问题。该刚架只有一个独立的结点转角 Z_1，在结点 A 加刚臂，便得到基本结构如图 8-13b 所示。图中的 AB、AC 两杆被分隔成能单独变形的单跨超静定梁。由于两杆在结点 A 的转角相同，因而保证了原结构的变形连续条件。

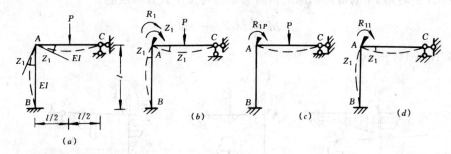

图 8-13

当荷载作用于基本结构时（图 8-13c），附加刚臂上将产生反力矩 R_{1P}，以阻止结点 A 转动。

使基本结构的结点 A 发生与原结构相同的转角 Z_1 时（图 8-13d），附加刚臂上将产生反力矩 R_{11}。

设转角 Z_1 和荷载 P 共同作用于基本结构时，附加刚臂上产生的总反力矩为 R_1，根据叠加原理应有 $R_1 = R_{11} + R_{1P}$。这时，基本结构的受力变形情况与原结构完全相同，而原结构的结点 A 上并无刚臂，故此总反力矩 R_1 应等于零，即

$$R_{11} + R_{1P} = 0 \qquad (a)$$

式中 R 的第一个下标表示产生反力矩的位置，第二个下标表示产生反力矩的原因。

设 k_{11} 为单位转角 $Z_1 = 1$ 时附加刚臂产生的反力矩，则有 $R_{11} = k_{11}Z_1$，代入式（a）得

$$k_{11}Z_1 + R_{1P} = 0 \qquad (b)$$

上式即为求解基本未知量 Z_1 的位移法方程。式中系数 k_{11} 和自由项 R_{1P} 均以与转角 Z_1 的正向一致时为正，即顺时针为正。为了求出 k_{11} 和 R_{1P}，可利用表 8-1 和表 8-2，在基本结构上分别作出 $Z_1 = 1$ 的弯矩图（$\overline{M}_1$ 图）和荷载作用下的弯矩图（M_P 图），如图 8-14a、b 所示（图中 $i = EI/l$）。

在 $\overline{M}_1$ 图中取结点 A 为隔离体，由 $\Sigma M_A = 0$ 得

$$k_{11} - 4i - 3i = 0$$

$$\therefore \quad k_{11} = 7i$$

在 M_P 图中取结点 A 为隔离体，由 $\Sigma M_A = 0$ 得

$$R_{1P} + \frac{3}{16}Pl = 0$$

$$\therefore \quad R_{1P} = -\frac{3}{16}Pl$$

将 k_{11}、R_{1P} 的值代入式（b），解得

$$Z_1 = -R_{1P}/k_{11} = \frac{3Pl}{112i}$$

所得结果为正值，表示原结构结点 A 为顺时针方向转动，即与图 8-13b 中假设的方向相同。

结点 A 的转角 Z_1 求得后，原结构的弯矩图可按下式叠加绘制：

$$M = \overline{M}_1 Z_1 + M_P \qquad (c)$$

其结果如图 8-14c 所示。

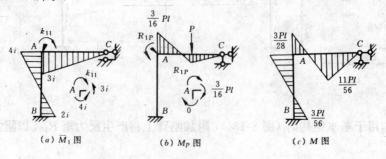

(a) $\overline{M}_1$ 图　　　　(b) M_P 图　　　　(c) M 图

图 8-14

有了弯矩图，即可利用杆端弯矩求杆端剪力，并作出剪力图。然后利用杆端剪力由结点平衡条件求出杆端轴力，最后绘出轴力图。

由上例可以看出，位移法通过引入附加约束，把原结构变成由若干单跨梁组成的基本结构，从而把复杂结构的计算问题转化为简单杆件的分析和综合问题。用附加刚臂控制刚结点的转角，保证了各杆在该结点处的变形协调，再由附加刚臂的总反力矩为零使基本结构转化为原结构，并据此建立位移法方程，满足了原结构结点的力矩平衡条件。

第四节　位移法的典型方程

上节以具有一个基本未知量的结构为例说明了位移法方程的建立过程。现在讨论具有多个基本未知量的结构，如何建立位移法典型方程。

图 8-15a 所示刚架，其基本未知量为结点 B 的转角 Z_1 和结点 B、C 的水平线位移 Z_2，

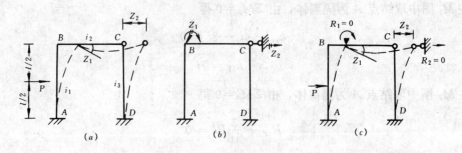

图 8-15

基本结构如图 8-15b 所示。为了使基本结构的受力和变形情况与原结构相同，基本结构除了承受原荷载 P 外，还必须使附加约束处产生与原结构相同的位移（图 8-15c），即迫使基本结构的结点 B 产生转角 Z_1，迫使基本结构的结点 B、C 产生侧移 Z_2。考虑到原结构实际上不存在这些附加约束，因此，基本结构在各结点位移和荷载共同作用下，各附加约束的反

力都应等于零，即 $R_1 = R_2 = 0$。据此，可建立求解 Z_1、Z_2 的两个方程。

设基本结构由于 Z_1、Z_2 及荷载单独作用，引起相应于 Z_1 的附加约束的反力分别为 R_{11}、R_{12} 及 R_{1P}，引起相应于 Z_2 的附加约束的反力分别为 R_{21}、R_{22} 及 R_{2P}（图 8-16b、c、d）。根据叠加原理，可得

$$\left. \begin{array}{l} R_1 = R_{11} + R_{12} + R_{1P} = 0 \\ R_2 = R_{21} + R_{22} + R_{2P} = 0 \end{array} \right\} \tag{a}$$

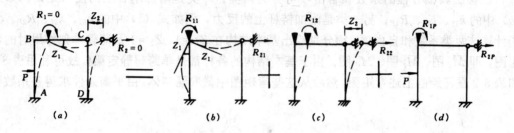

图 8-16

又设 $Z_1 = 1$、$Z_2 = 1$ 单独作用时，在附加约束中产生的反力值分别为 k_{11}、k_{12}、k_{21}、k_{22}，则有

$$R_{11} = k_{11}Z_1 \qquad R_{12} = k_{12}Z_2$$
$$R_{21} = k_{21}Z_1 \qquad R_{22} = k_{22}Z_2$$

代入式（a）得

$$\left. \begin{array}{l} k_{11}Z_1 + k_{12}Z_2 + R_{1P} = 0 \\ k_{21}Z_1 + k_{22}Z_2 + R_{2P} = 0 \end{array} \right\} \tag{b}$$

上式称为位移法典型方程。其物理意义是基本结构在荷载及各结点位移共同作用下，每个附加约束中的反力等于零。它实质上反映了原结构的静力平衡条件。如在图 8-16a 中取结点 B 为隔离体（图 8-17a），由 $\Sigma M_B = 0$ 得

$$R_1 = M_{BA} + M_{BC} = 0$$

即式（b）中的第一式表示原结构结点 B 的力矩平衡条件。又如在图 8-16a 中截取两柱顶端以上部分为隔离体（图 8-17b），由 $\Sigma X = 0$ 得

$$R_2 = V_{BA} + V_{CD} = 0$$

即式（b）中的第二式表示原结构柱顶截面的剪力平衡条件。

若结构有 n 个基本未知量，则相应地在基本结构上有 n 个附加约束。根据上述物理意义，可以写出 n 个平衡方程，即位移法典型方程的一般形式如下：

$$\left. \begin{array}{l} k_{11}Z_1 + k_{12}Z_2 + \cdots + k_{1n}Z_n + R_{1P} = 0 \\ k_{21}Z_1 + k_{22}Z_2 + \cdots + k_{2n}Z_n + R_{2P} = 0 \\ \cdots\cdots\cdots\cdots\cdots\cdots\cdots\cdots\cdots\cdots\cdots\cdots\cdots\cdots\cdots \\ k_{n1}Z_1 + k_{n2}Z_2 + \cdots + k_{nn}Z_n + R_{nP} = 0 \end{array} \right\} \tag{8-5}$$

式中系数 k_{ij} 表示附加约束 j 单独发生单位位移 $Z_j=1$ 时在附加约束 i 处产生的约束反力；R_{iP} 表示荷载单独作用于基本结构时在附加约束 i 处产生的约束反力。当 k_{ij}、R_{iP} 与所假设的 Z_i 方向一致时为正，否则为负。通常把两个下标相同的系数 k_{ii} 称为主系数，两个下标不同的系数 k_{ij} $(i \neq j)$ 称为副系数，R_{iP} 称为自由项。显然，主系数 k_{ii} 的方向总是与所设的 Z_i 方向相同，故恒为正，副系数和自由项则可能为正，为负或为零。根据反力互等定理，应有

$$k_{ij} = k_{ji}$$

位移法典型方程的系数和自由项可分为两类：一类是附加刚臂上的反力矩，例如式（b）中的 k_{11}、k_{12}、R_{1P}；另一类是附加链杆上的反力，例如式（b）中的 k_{21}、k_{22}、R_{2P}。为了计算这两类系数和自由项，须分别绘出基本结构在 $Z_1=1$、$Z_2=1$ 及荷载单独作用时的弯矩图，即 $\overline{M}_1$ 图、$\overline{M}_2$ 图、M_P 图。由于基本结构的各杆都是单跨超静定梁，故可利用表 8-1 和表 8-2 逐杆绘制上述弯矩图，然后从这些弯矩图中截取隔离体，由平衡条件求得各系数和

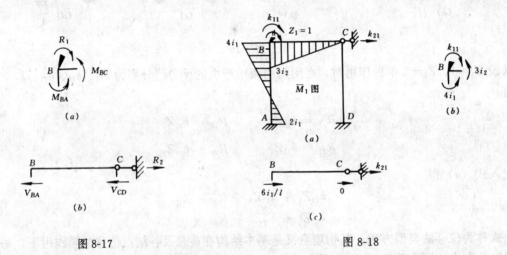

图 8-17

图 8-18

自由项。例如绘出图 8-15b 所示基本结构的 $\overline{M}_1$ 图如图 8-18a 所示，取刚臂所在结点 B 为隔离体（图 8-18b），由 $\Sigma M_B=0$，即得

$$k_{11} = 4i_1 + 3i_2$$

为了计算 k_{21}，可截取两柱顶端以上部分为隔离体（图 8-18c），由 $\Sigma X=0$ 求得

$$k_{21} = \frac{-6i_1}{l}$$

计算出全部系数和自由项后，即可解算典型方程以求出各基本未知量，然后计算各杆内力。

第五节 位移法计算步骤及举例

根据前两节所述，可将位移法的计算步骤归纳如下：

（1）确定基本未知量，即刚结点的角位移和独立的结点线位移。

196

（2）建立基本结构。加入附加刚臂和附加链杆，控制刚结点的转动和各结点的移动，把原结构分隔成若干单跨超静定梁。

（3）列典型方程。根据基本结构在荷载作用和附加约束发生与原结构相同的位移后，每个附加约束的总反力为零，列出位移法方程。

（4）计算系数和自由项。在基本结构上分别作各附加约束发生单位位移时的 $\overline{M}_i$ 图和荷载作用下的 M_P 图，由结点平衡和截面平衡条件即可求得。

（5）解典型方程，求得基本未知量 Z_1、Z_2、$\cdots Z_n$。

（6）绘制内力图。按照 $M = \overline{M}_1 Z_1 + \overline{M}_2 Z_2 + \cdots + \overline{M}_n Z_n + M_P$ 叠加得出最后弯矩图；根据弯矩图作出剪力图；按剪力图作出轴力图。

（7）校核。由于位移法在确定基本未知量时已满足了变形连续条件，位移法典型方程是静力平衡方程，故通常只需按平衡条件进行校核。

【例 8-1】 试用位移法计算图 8-19a 所示结构，绘内力图。

【解】 此刚架的杆件 AB 为静定的悬臂梁，其 B 端的弯矩和剪力可由静力平衡条件求得。将它们反向作用于杆件 BC 的 B 端，即得到图 8-19b 所示刚架。该刚架的基本未知量为

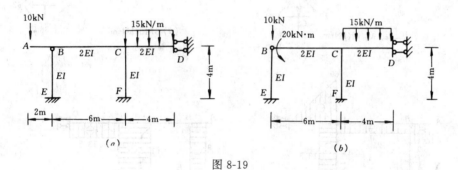

图 8-19

结点 C 的转角 Z_1，基本结构如图 8-20a 所示。由于超静定结构在荷载作用下的内力只与各杆的相对刚度有关，为计算方便，可设 $EI = 6$，由此算得各杆线刚度 i 的相对值亦示于图 8-20a 中。

位移法方程为

$$k_{11} Z_1 + R_{1P} = 0$$

为了计算方程中的系数 k_{11} 和自由项 R_{1P}，利用表 8-1 和表 8-2，分别作出基本结构 $Z_1 = 1$ 及荷载单独作用下的弯矩图 $\overline{M}_1$ 和 M_P，如图 8-20b、c 所示。由 $\overline{M}_1$ 图中结点 C 的 $\Sigma M_C = 0$ 得

$$k_{11} = 6 + 6 + 3 = 15$$

由 M_P 图中结点 C 的 $\Sigma M_C = 0$ 得

$$R_{1P} = -10 - 80 = -90 \text{kN} \cdot \text{m}$$

将求得的 k_{11} 和 R_{1P} 的值代入位移法方程，解得

$$Z_1 = 6$$

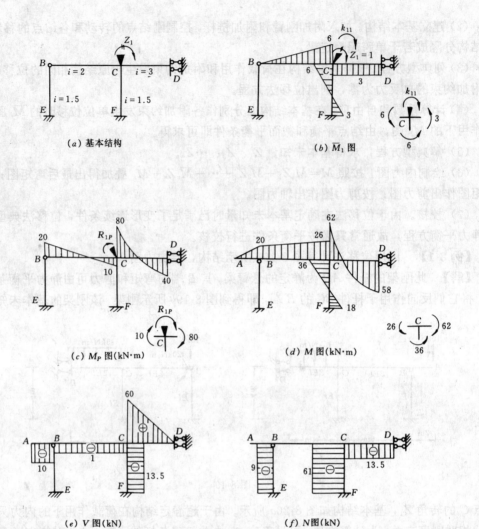

(a) 基本结构

(b) $\overline{M}_1$ 图

(c) M_P 图(kN·m)

(d) M 图(kN·m)

(e) V 图(kN)

(f) N 图(kN)

图 8-20

最后，根据叠加原理，由 $M=\overline{M}_1 Z_1 + M_P$ 即可求出各杆的杆端弯矩，并绘出原结构的弯矩图如图 8-20d 所示，图中，刚结点 C 满足平衡条件 $\Sigma M_C=0$。取每一杆件为隔离体，由平衡条件可求出各杆端剪力，据此可绘出原结构的剪力图（图 8-20e）。取每一结点为隔离体，可求出各杆轴力，并绘出轴力图（图 8-20f）。

【例 8-2】 试用位移法计算图 8-21a 所示对称刚架，绘弯矩图。$EI=$ 常数。

【解】 此刚架为对称结构受对称荷载作用，可取图 8-21b 所示的半结构进行分析。基本未知量为刚结点 C 的转角 Z_1，建立基本结构如图 8-22a 所示（令 $EI=4$）。

位移法方程为

$$k_{11}Z_1 + R_{1P} = 0$$

分别作出基本结构在 $Z_1=1$ 和荷载单独作用下的 $\overline{M}_1$ 图和 M_P 图，如图 8-22b、c 所示。这里要注意的是，由于 D 支座的两平行链杆与杆件 CD 不平行，且结点 C 无线位移，故实际上 CD 杆的 D 端不能沿竖向滑动，应作为固定端处理。

198

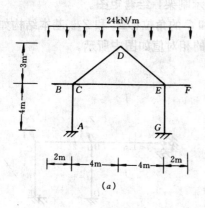
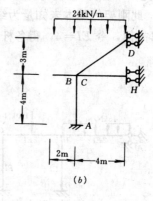

图 8-21

由结点 C 的平衡条件求得：

$$k_{11} = 4 + 1 + 3.2 = 8.2$$

$$R_{1P} = 48 - 32 = 16 \text{kN} \cdot \text{m}$$

将 k_{11} 和 R_{1P} 的值代入位移法方程，解得

$$Z_1 = -1.95$$

最后，由 $M = \overline{M}_1 Z_1 + M_P$ 求得各杆端弯矩，利用对称性即可绘出原刚架的弯矩图（图 8-22d）。

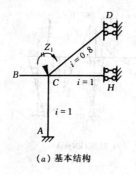

（a）基本结构

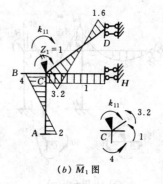

（b）$\overline{M}_1$ 图

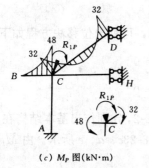

（c）M_P 图（kN·m）

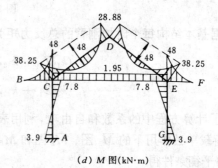

（d）M 图（kN·m）

图 8-22

199

【例 8-3】 试用位移法计算图 8-23a 所示刚架，绘弯矩图。

【解】 此刚架的基本未知量为结点 B 和 C 的角位移 Z_1 和 Z_2。基本结构如图 8-23b 所示。为计算方便，令 $EI=4$，得各杆线刚度的相对值如图中所示。

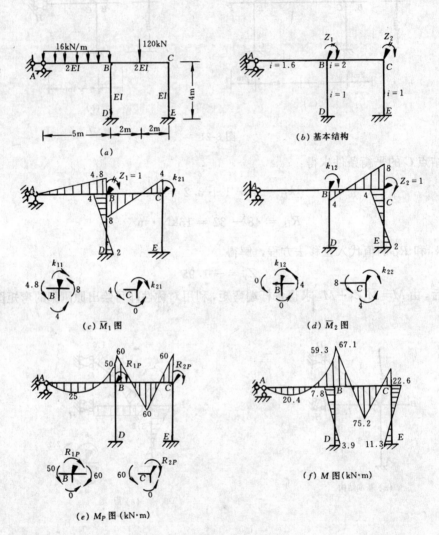

图 8-23

根据基本结构每个附加刚臂的总反力矩为零的条件，可列出位移法方程如下：

$$\begin{cases} k_{11}Z_1 + k_{12}Z_2 + R_{1P} = 0 \\ k_{21}Z_1 + k_{22}Z_2 + R_{2P} = 0 \end{cases}$$

为了计算方程中的系数和自由项，利用表 8-1 和表 8-2，分别作出基本结构在 $Z_1=1$、$Z_2=1$ 及荷载单独作用下的 $\overline{M}_1$ 图、$\overline{M}_2$ 图和 M_P 图，如图 8-23c、d、e 所示。由 $\overline{M}_1$ 图中结点 B、C 的平衡条件得

$$k_{11} = 4.8 + 4 + 8 = 16.8, \qquad k_{21} = 4$$

由 $\overline{M}_2$ 图得　　$k_{12}=4$，　　$k_{22}=8+4=12$

由 M_P 图得　　　$R_{1P}=50-60=-10\text{kN}\cdot\text{m}$，　　　$R_{2P}=60\text{kN}\cdot\text{m}$

将求得的各系数和自由项代入位移法方程，得

$$\begin{cases}16.8Z_1+4Z_2-10=0\\4Z_1+12Z_2+60=0\end{cases}$$

解得　　$Z_1=1.94,\ Z_2=-5.65$

最后，按 $M=\overline{M}_1Z_1+\overline{M}_2Z_2+M_P$ 作出原结构的弯矩图如图 8-23f 所示。

【例 8-4】　试用位移法计算图 8-24a 所示刚架，绘弯矩图。

【解】　由于此刚架横梁 CD 的弯曲刚度为无穷大，不能产生弯曲变形，又因忽略柱子的轴向变形后，横梁 CD 也不能产生刚体转动，故刚结点 C、D 均无角位移，基本未知量为结点 A 的转角 Z_1 和结点 C、D 的水平线位移 Z_2。基本结构如图 8-24b 所示。

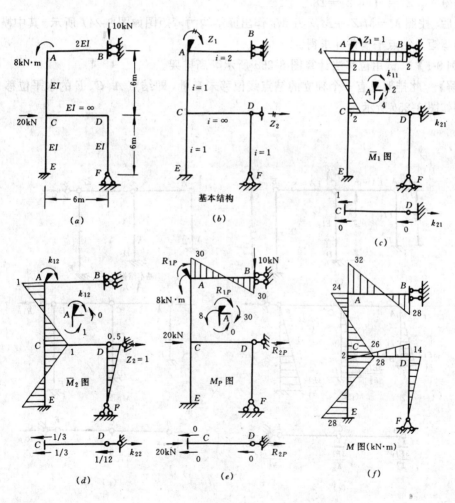

图 8-24

位移法方程为

$$\begin{cases} k_{11}Z_1 + k_{12}Z_2 + R_{1P} = 0 \\ k_{21}Z_1 + k_{22}Z_2 + R_{2P} = 0 \end{cases}$$

为了计算方程中的系数和自由项，分别作出基本结构在 $Z_1=1$、$Z_2=1$ 及荷载单独作用下的 $\overline{M}_1$ 图、$\overline{M}_2$ 图和 M_P 图，如图 8-24c、d、e 所示。分别从 $\overline{M}_1$、$\overline{M}_2$、M_P 图中取刚臂所在结点 A 为隔离体，由 $\Sigma M_A=0$ 得

$$k_{11} = 6, \quad k_{12} = 1, \quad R_{1P} = -22\text{kN} \cdot \text{m}$$

分别从 $\overline{M}_1$、$\overline{M}_2$、M_P 图中过柱端截取横梁 CD 为隔离体，由 $\Sigma X=0$ 得

$$k_{21} = 1, \quad k_{22} = 0.75, \quad R_{2P} = -20\text{kN}$$

将求得的各系数和自由项代入位移法方程，得

$$\begin{cases} 6Z_1 + Z_2 - 22 = 0 \\ Z_1 + 0.75Z_2 - 20 = 0 \end{cases}$$

解得　　$Z_1 = -1, \ Z_2 = 28$

最后，按照 $M = \overline{M}_1 Z_1 + \overline{M}_2 Z_2 + M_P$ 作出原结构的弯矩图如图 8-24f 所示。其中横梁 CD 的杆端弯矩由结点平衡条件求得。

【例 8-5】 试用位移法计算图 8-25a 所示等高排架。

【解】 此排架只有一个独立的结点线位移未知量，即结点 A、C、E 的水平位移 Z_1，基本结构如图 8-25b 所示。

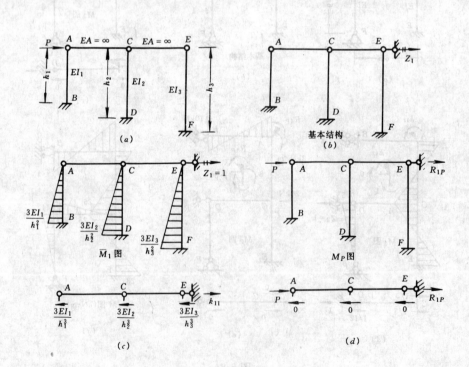

图 8-25

202

位移法方程为

$$k_{11}Z_1 + R_{1P} = 0$$

作出 $\overline{M}_1$、M_P 图（图 8-25c、d），由截面平衡条件 $\Sigma X = 0$ 得

$$k_{11} = \frac{3EI_1}{h_1^3} + \frac{3EI_2}{h_2^3} + \frac{3EI_3}{h_3^3} = \sum_{i=1}^{3} \frac{3EI_i}{h_i^3}$$

$$R_{1P} = -P$$

代入位移法方程并解得

$$Z_1 = -\frac{R_{1P}}{k_{11}} = \frac{P}{\displaystyle\sum_{i=1}^{3} \frac{3EI_i}{h_i^3}}$$

令

$$\gamma_i = \frac{3EI_i}{h_i^3} \tag{8-6}$$

γ_i 表示当排架柱顶发生单位侧移时，各柱顶所产生的剪力，它反映了各柱抵抗水平位移的能力，称为排架柱的侧移刚度系数。于是，各柱柱顶剪力为

$$V_i = \gamma_i Z_1 = \frac{\gamma_i}{\Sigma \gamma_i} P = \eta_i P \quad (i=1,2,3) \tag{8-7}$$

其中

$$\eta_i = \frac{\gamma_i}{\Sigma \gamma_i} \tag{8-8}$$

称为第 i 根柱的剪力分配系数。

以上分析表明，当等高排架仅在柱顶受水平集中力作用时，可首先由式（8-8）求出各柱的剪力分配系数 η，然后用式（8-7）算出各柱顶剪力 V，最后把每根柱视为悬臂梁绘出其弯矩图。这样，就可不必建立位移法方程而直接得到解答，这一方法称为剪力分配法。

当任意荷载作用于排架时，则不能直接应用上述剪力分配法。例如，对于图 8-26a 所示荷载情况，可首先在柱顶加附加链杆（图 8-26b），并求出附加链杆的反力 R。为了消除反力 R，应在柱顶施加一个反向的力 R（图 8-26c），并用前述的剪力分配法求得在 R 作用下的柱顶剪力，并与固端剪力（图 8-26b）叠加，得到原结构（图 8-26a）的柱顶剪力。

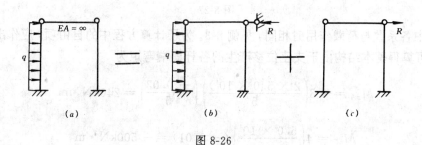

图 8-26

第六节　支座位移和温度变化时的计算

一、支座位移时的计算

用位移法计算超静定结构由于支座位移产生的内力，其基本原理和计算步骤与荷载作用时相同，区别仅在于典型方程中的自由项不同。此时，自由项是基本结构由于支座位移而产生的附加约束中的反力 R_{ic}。在作出基本结构由于支座位移产生的弯矩图（M_C 图）后，同样可由平衡条件计算 R_{ic}。具体计算通过下面的例题说明。

【例 8-6】　图 8-23a 所示刚架的支座 A 下沉了 0.02m，支座 E 沿逆时针方向转动 0.01rad（图 8-27a），试绘出刚架由此产生的弯矩图。已知 $EI=5.0\times10^4\mathrm{kN\cdot m^2}$。

【解】　基本结构仍如图 8-23b 所示，位移法方程为

$$\begin{cases} k_{11}Z_1 + k_{12}Z_2 + R_{1c} = 0 \\ k_{21}Z_1 + k_{22}Z_2 + R_{2c} = 0 \end{cases}$$

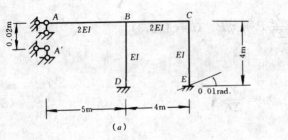

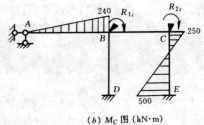

(b) M_C 图 (kN·m)

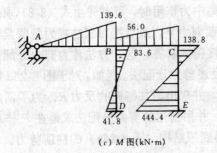

(c) M 图(kN·m)

图 8-27

方程中各系数与荷载作用时相同，见例 8-3。为了计算方程中的自由项，应作出 M_C 图。由表 8-1 可算得基本结构由于支座位移产生的各杆固端弯矩为

$$M_{BA}^F = -3\left(\frac{2\times5.0\times10^4}{5}\right)\left(\frac{-0.02}{5}\right) = 240\mathrm{kN\cdot m}$$

$$M_{EC}^F = 4\left(\frac{5.0\times10^4}{4}\right)(-0.01) = -500\mathrm{kN\cdot m}$$

$$M_{CE}^F = 2\left(\frac{5.0 \times 10^4}{4}\right)(-0.01) = -250 \text{kN} \cdot \text{m}$$

据此可作出 M_C 图如图 8-27b 所示。从 M_C 图中取结点 B、C 为隔离体，由 $\Sigma M_B = 0$、$\Sigma M_C = 0$ 求得

$$R_{1c} = 240 \text{kN} \cdot \text{m}, \quad R_{2c} = -250 \text{kN} \cdot \text{m}$$

必须注意：计算支座位移时的固端内力，不能用各杆 EI 的相对值，而必须用实际值。将系数和自由项的数值代入位移法方程，得

$$\begin{cases} 16.8Z_1 + 4Z_2 + 240 = 0 \\ 4Z_1 + 12Z_2 - 250 = 0 \end{cases}$$

解得 $\quad Z_1 = -20.9, \quad Z_2 = 27.8$

由 $M = \overline{M}_1 Z_1 + \overline{M}_2 Z_2 + M_C$，得刚架的最后弯矩图如图 8-27c 所示。

二、温度变化时的计算

用位移法计算超静定结构由于温度变化产生的内力，其基本原理和计算步骤也与荷载作用时相同，只是把典型方程中的自由项 R_{iP} 代之以由温度变化引起的 R_{it}。R_{it} 表示基本结构在温度变化时附加约束中的反力。下面举例说明其计算方法。

【例 8-7】 图 8-28a 所示刚架，各杆的内侧温度升高 10℃，外侧温度升高 30℃，试建立位移法典型方程，并计算自由项。设各杆的 EI 值相同，截面为矩形，其高度 $h = 0.5$m，

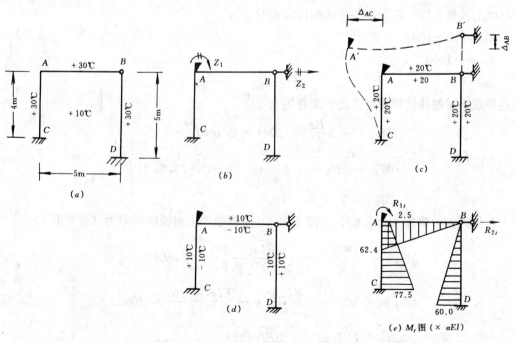

图 8-28

材料的线膨胀系数为 α。

【解】 基本结构如图 8-28b 所示。位移法方程为

$$\begin{cases} k_{11}Z_1 + k_{12}Z_2 + R_{1t} = 0 \\ k_{21}Z_1 + k_{22}Z_2 + R_{2t} = 0 \end{cases}$$

方程中各系数的求法与荷载作用时相同，不再赘述。

为求自由项 R_{1t} 和 R_{2t}，应算出基本结构在温度变化时各杆的固端弯矩，据此绘出 M_t 图。为了便于计算，可将杆件两侧的温度变化 t_1 和 t_2 对杆轴线分解为正、反对称的两部分（图 8-29）：平均温度变化 $t_0 = \dfrac{t_1+t_2}{2}$ 和温度变化之差 $\pm \dfrac{\Delta t}{2} = \pm \dfrac{t_2-t_1}{2}$。前者使杆件发生轴向变形

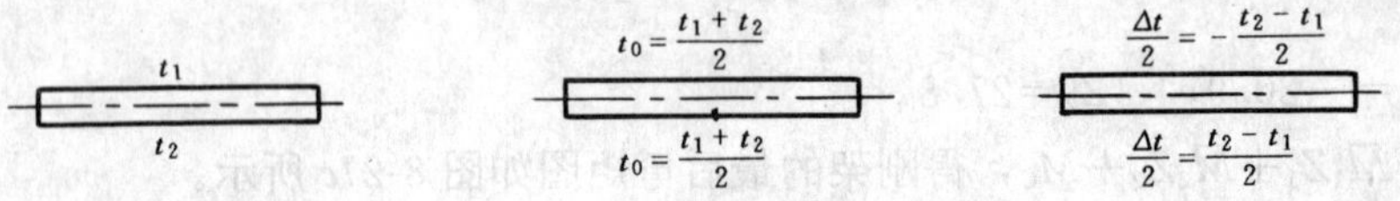

图 8-29

而不弯曲，后者使杆件发生弯曲变形而不伸长或缩短。由于温度变化时杆件的轴向变形不能忽略，而这种轴向变形会使基本结构的结点产生移动，从而使杆端产生横向相对位移。可见，除温度变化之差 Δt 外，平均温度变化 t_0 也会使基本结构中的杆件产生固端弯矩。

图 8-28c 表示平均温度变化 t_0 的作用。各杆轴向伸长为

AB 杆：$\alpha t_0 l_{AB} = \alpha \times 20 \times 5 = 100\alpha$

AC 杆：$\alpha t_0 l_{AC} = \alpha \times 20 \times 4 = 80\alpha$

BD 杆：$\alpha t_0 l_{BD} = \alpha \times 20 \times 5 = 100\alpha$

根据以上各伸长值，可求得各杆两端横向相对位移为

$\Delta_{AB} = 80\alpha - 100\alpha = -20\alpha$

$\Delta_{AC} = -100\alpha$

$\Delta_{DB} = 0$

上述杆端相对侧移使杆端产生的固端弯矩为

$$\left.\begin{aligned} M_{AB}^{F'} &= -3\frac{EI}{5^2}(-20\alpha) = 2.4\alpha EI \\[2mm] M_{AC}^{F'} &= M_{CA}^{F'} = -6\frac{EI}{4^2}(-100\alpha) = 37.5\alpha EI \\[2mm] M_{DB}^{F'} &= 0 \end{aligned}\right\} \qquad (a)$$

杆件两侧的温度变化之差 Δt（图 8-28d）使杆端产生的固端弯矩为（查表 8-2）

$$\left.\begin{aligned} M_{AB}^{F''} &= -\frac{3EI\alpha\Delta t}{2h} = -\frac{3EI\alpha(-20)}{2 \times 0.5} = 60\alpha EI \\[2mm] M_{CA}^{F''} &= -M_{AC}^{F''} = -\frac{EI\alpha\Delta t}{h} = -\frac{EI\alpha(-20)}{0.5} = 40\alpha EI \\[2mm] M_{DB}^{F''} &= -\frac{3EI\alpha\Delta t}{2h} = -\frac{3EI\alpha(20)}{2 \times 0.5} = -60\alpha EI \end{aligned}\right\} \qquad (b)$$

总的固端弯矩为式（a）与（b）的叠加，即

$$M_{AB}^F = 2.4\alpha EI + 60\alpha EI = 62.4\alpha EI$$

$$M_{AC}^F = 37.5\alpha EI - 40\alpha EI = -2.5\alpha EI$$

$$M_{CA}^F = 37.5\alpha EI + 40\alpha EI = 77.5\alpha EI$$

$$M_{DB}^F = -60\alpha EI$$

据此可绘出 M_t 图如图 8-28e 所示。取结点 A 为隔离体，由 $\Sigma M_A = 0$ 可求得

$$R_{1t} = 62.4\alpha EI - 2.5\alpha EI = 59.9\alpha EI$$

沿柱顶截取横梁为隔离体，由 $\Sigma X = 0$ 可求得

$$R_{2t} = 12\alpha EI - 18.75\alpha EI = -6.75\alpha EI$$

以下的步骤同一般位移法，建议读者完成此例。

值得指出的是，进行温度变化的超静定问题计算时，不能取 EI 的相对值计算，必须取实际的绝对值计算。

第七节　直接利用平衡条件建立位移法方程

如前所述，位移法典型方程实质上反映了原结构的结点和截面的静力平衡条件。因此，也可以不经过基本结构，而直接运用转角位移方程得到杆端力与结点位移的关系式后，由原结构的结点和截面平衡条件建立位移法方程。下面以图 8-30a 所示刚架为例说明这种方法的计算步骤。

该刚架有两个基本未知量，即刚结点 B 的转角 Z_1 和结点 B、C 的水平位移 Z_2，并设 Z_1 为顺时针方向转动，Z_2 为向右移动，如图 8-30a 所示。

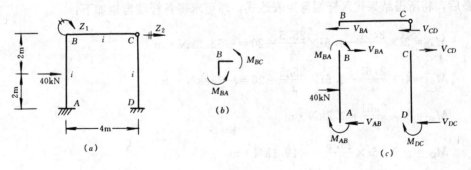

图 8-30

首先，根据各杆两端的位移情况和承受的荷载，应用转角位移方程写出各杆端弯矩的表达式。对于杆件 AB，其 $\varphi_A = 0$，$\varphi_B = Z_1$，$\Delta = Z_2$，$M_{AB}^F = -\frac{1}{8} \times 40 \times 4 = -20$ kN·m，$M_{BA}^F = 20$ kN·m，由式（8-1）有

$$M_{AB} = 2iZ_1 - 1.5iZ_2 - 20$$

$$M_{BA} = 4iZ_1 - 1.5iZ_2 + 20$$

对于杆 BC、DC，由式（8-2）可得

$$M_{BC} = 3iZ_1$$

$$M_{DC} = -0.75iZ_2$$

然后，根据结点 B 的力矩平衡条件 $\Sigma M_B = 0$（图 8-30b），以及柱顶以上部分隔离体的平衡条件 $\Sigma X = 0$（图 8-30c），可建立如下两个方程：

$$M_{BA} + M_{BC} = 0 \qquad\qquad (a)$$

$$V_{BA} + V_{CD} = 0 \qquad\qquad (b)$$

式中剪力 V_{BA}、V_{CD} 也可用杆端弯矩表示。取杆件 AB 为隔离体（图 8-30c），由 $\Sigma M_A = 0$ 得

$$V_{BA} = -\frac{1}{4}(M_{AB} + M_{BA}) - 20$$

取杆件 CD 为隔离体，由 $\Sigma M_D = 0$ 得

$$V_{CD} = -\frac{1}{4}M_{DC}$$

将以上两个剪力表达式代入式（b），得

$$-\frac{1}{4}(M_{AB} + M_{BA} + M_{DC}) - 20 = 0 \qquad\qquad (c)$$

再将各杆端弯矩表达式代入式（a）、（c）得

$$\begin{cases} 7iZ_1 - 1.5iZ_2 + 20 = 0 \\ -1.5iZ_1 + 0.9375iZ_2 - 20 = 0 \end{cases} \qquad\qquad (d)$$

解得 $\qquad Z_1 = \dfrac{2.61}{i}, \qquad Z_2 = \dfrac{25.5}{i}$

最后，将所得结果代入杆端弯矩表达式，即可求得各杆端弯矩如下：

$$M_{AB} = 2i \times \frac{2.61}{i} - 1.5i \times \frac{25.5}{i} - 20 = -53.0\text{kN} \cdot \text{m}$$

$$M_{BA} = 4i \times \frac{2.61}{i} - 1.5i \times \frac{25.5}{i} + 20 = -7.8\text{kN} \cdot \text{m}$$

$$M_{BC} = 3i \times \frac{2.61}{i} = 7.8\text{kN} \cdot \text{m}$$

$$M_{DC} = -0.75i \times \frac{25.5}{i} = -19.1\text{kN} \cdot \text{m}$$

当结构有 n 个基本未知量时，对应于每个角位移未知量，必有一个相应的结点力矩平衡方程，对应于每个独立的线位移未知量，必有一个相应的截面剪力平衡方程。因此，平衡方程数与基本未知量数是相等的，可求解 n 个结点位移。

本节直接利用平衡条件建立的位移法方程与本章第四节通过基本结构建立的位移法方程，都是反映原结构的平衡条件。因此，这两种方法本质上是相同的，只是建立方程的途径不同。

*第八节　混　合　法

力法和位移法是计算超静定结构的两种基本方法。对于超静定次数少而结点位移数多的结构，用力法计算较简便。例如图 8-31a 所示刚架，力法的基本未知量只有 1 个，而位移法的基本未知量却有 4 个，故宜用力法。对于超静定次数多而结点位移数少的结构，则用位移法计算较简便，例如图 8-31b 所示刚架宜用位移法。

对于图 8-32a 所示刚架（它是由图 8-31 中的两个刚架组合而成的），单独使用力法或位移法时的基本未知量都比较多（分别为 4 个和 5 个）。如果对结构的一部分按照力法取多余未知力为基本未知量，而对结构的另一部分按照位移法取结点位移为基本

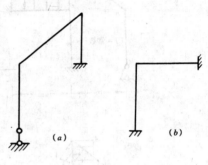

图 8-31

未知量，则会使基本未知量的总数减少。通常把这种在同一结构上同时使用力法和位移法的方法称为混合法。下面以图 8-32a 所示刚架为例说明混合法的计算要点。

取基本结构如图 8-32b 所示，其左部是去掉多余约束得到的静定结构，右部则是增设刚臂而得到的单跨超静定梁的组合体。它们在外因作用下引起的内力都易于确定，故可作为计算原结构的基本结构。

为使基本结构与原结构的受力和变形相同，应保证基本结构在多余未知力 X_1、结点转角 Z_2 和荷载的共同作用下，X_1 的作用点沿 X_1 方向的总位移 $\Delta_1 = 0$，附加刚臂上的总反力矩 $R_2 = 0$。据此可建立混合法方程为

$$\begin{cases} \delta_{11}X_1 + \delta_{12}Z_2 + \Delta_{1P} = 0 \\ k_{21}X_1 + k_{22}Z_2 + R_{2P} = 0 \end{cases} \qquad (a)$$

式中　δ_{11}、δ_{12}、Δ_{1P}——分别表示基本结构在 $X_1 = 1$、$Z_2 = 1$ 及荷载单独作用下，X_1 的作用点沿 X_1 方向产生的位移；

k_{21}、k_{22}、R_{2P}——分别表示基本结构在 $X_1 = 1$、$Z_2 = 1$ 及荷载单独作用下，附加刚臂上的反力矩。

为了计算系数和自由项，作出 $\overline{M}_1$ 图、$\overline{M}_2$ 图和 M_P 图（图 8-32c、d、e）。

同力法，用图乘法计算 δ_{11} 和 Δ_{1P} 为

$$\delta_{11} = \frac{1}{EI}\left(\frac{1}{2} \times 4 \times 5 \times \frac{2}{3} \times 4 + 4 \times 3 \times 4 \right) = \frac{244}{3EI}$$

$$\Delta_{1P} = 0$$

同位移法，在 $\overline{M}_1$、$\overline{M}_2$ 和 M_P 图中由结点的力矩平衡条件求得 k_{21}、k_{22} 和 R_{2P} 为

$$k_{21} = -4, \quad k_{22} = EI + EI = 2EI,$$

$$R_{2P} = -40 \text{kN} \cdot \text{m}$$

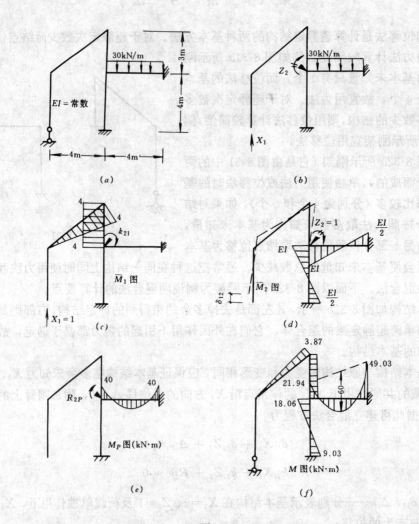

图 8-32

系数 δ_{12}（图 8-32d）相当于静定结构由于支座转动（$Z_2=1$）而引起的位移，故

$$\delta_{12} = -\Sigma \overline{R}c = -(-4 \times 1) = 4$$

它也可以根据位移反力互等定理 $\delta_{12} = -k_{21}$ 求得。

将求得的系数和自由项代入式（a）中得

$$\begin{cases} \dfrac{224}{3EI}X_1 + 4Z_2 = 0 \\ -4X_2 + 2EIZ_2 - 40 = 0 \end{cases} \tag{b}$$

解得　　$X_1 = -\dfrac{30}{31}$，$Z_2 = \dfrac{560}{31EI}$

最后，按 $M = \overline{M}_1 X_1 + \overline{M}_2 Z_2 + M_P$ 作出原结构的弯矩图如图 8-32f 所示。

思 考 题

1. 式（8-2）中为什么没有包含 B 端的转角 φ_B？式（8-3）中为什么没有包含杆件两端的相对线位移 Δ？试由式（8-1）导出式（8-3）。

2. 试作出图示各单跨梁的弯矩图（图8-33）。各梁 EI 为常数，杆长为 l。

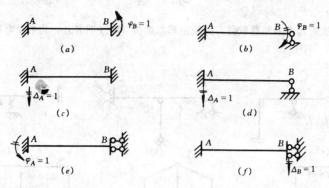

图 8-33

3. 在建立超静定刚架的位移法基本结构时，其静定部分应如何处理？

4. 例 8-1 中求得的 Z_1 的数值是结点 C 的真实转角吗？为什么？

5. "因为位移法的典型方程是平衡方程，所以在位移法中只用平衡条件就可求解超静定结构的内力，而没有考虑结构的变形条件"。这种说法正确吗？

6. "结点无线位移的刚架只承受结点集中荷载时（图8-34）其各杆无弯矩和剪力。"这种说法正确吗？试用位移法的典型方程加以说明。

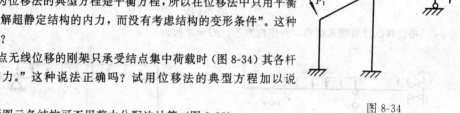

图 8-34

7. 判断图示各结构可否用剪力分配法计算（图8-35）。

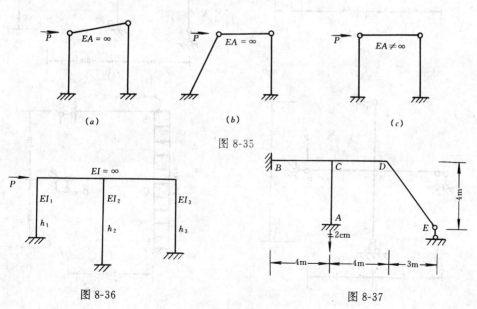

图 8-35

图 8-36

图 8-37

211

8. 试推导图示刚架柱的侧移刚度系数（图 8-36），用剪力分配法求出各柱柱高中点处的剪力并作出弯矩图。

9. 图示刚架支座 A 竖向下沉 2cm，各杆 $EI=$ 常量（图 8-37）。试建立其混合法方程，并求出方程中的系数和自由项。

习　题

8-1　确定位移法的基本未知量数目，并绘出基本结构（除注明者外，其余受弯杆的 EI、链杆的 EA 均为常量）。

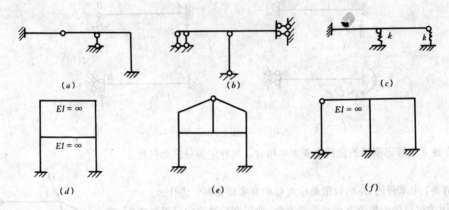

(a)　　　　　(b)　　　　　(c)

(d)　　　　　(e)　　　　　(f)

题 8-1 图

8-2　用位移法计算图示结构，并作内为图。$EI=$ 常数。

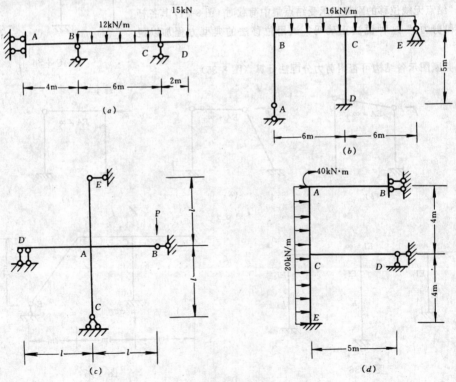

(a)　　　　　　　　(b)

(c)　　　　　　　　(d)

题 8-2 图

8-3 用位移法计算图示结构，并作弯矩图。$EI=$常数。

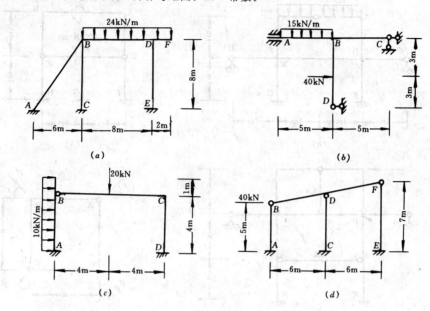

题 8-3 图

8-4 列出图示结构的位移法典型方程，并求出方程中的系数和自由项。$E=$常数。

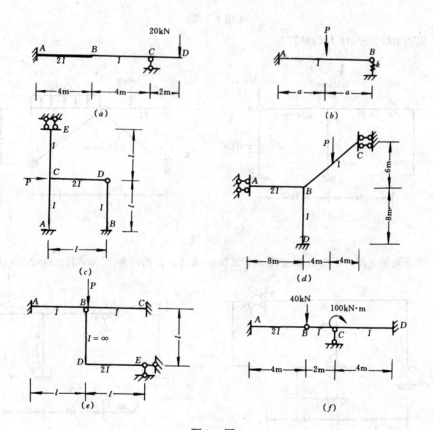

题 8-4 图

8-5 利用对称性计算图示结构，作 M 图。$EI=$常数。

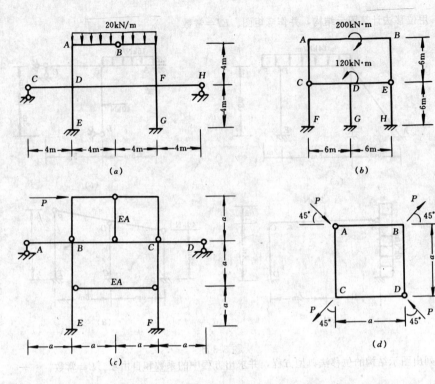

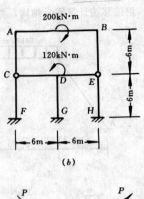

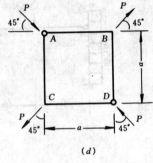

題 8-5 圖

8-6 求圖示結構中 AB 桿的軸力。

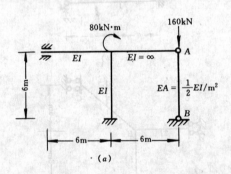

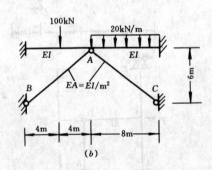

題 8-6 圖

8-7 圖示剛架支座 A 下沉 1cm，支座 B 下沉 3cm，求結點 D 的轉角。已知各桿 $EI = 2.0 \times 10^5 \text{kN} \cdot \text{m}^2$。

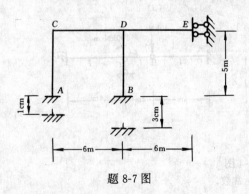

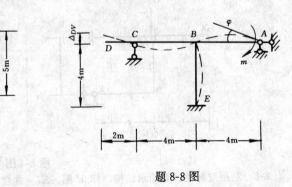

題 8-7 圖　　　　　　　　　　題 8-8 圖

8-8 在图示刚架 AB 杆的 A 端作用力偶 m，使 A 端截面产生顺时针转角 $\varphi=0.01$rad。求力偶 m 的大小及 D 点的竖向位移 Δ_{DV}。已知各杆 $EI=8.0\times10^4$kN·m²。

8-9 图示刚架，浇注混凝土时温度为 20℃，冬季混凝土外皮温度为 -20℃，室内为 8℃，求作此温度变化在刚架中引起的弯矩图。设 $E=2\times10^7$kPa，线膨胀系数 $\alpha=1\times10^{-5}$/℃，各杆截面尺寸均为 $b\times h=40$cm×60cm。

8-10 求图示结构中杆件 AB 的内力。各杆 $EI=$常数。

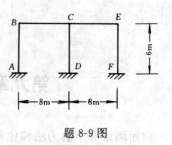

题 8-9 图

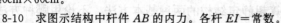

题 8-10 图

第九章　力矩分配法和近似法

前面两章介绍的力法和位移法是计算超静定结构的两种基本方法。不论用哪种方法计算都要解联立方程组，当未知量的数目较多时，其计算工作是非常繁重的。因此，人们寻求简化计算方法的新途径，力图避免组成和求解多元联立方程组。近几十年来，已经提出了许多实用的计算方法。本章将阐述其中的力矩分配法和无剪力分配法。

力矩分配法和无剪力分配法都是以位移法为理论基础发展起来的渐近解法。它们具有计算简单，物理概念明确，易于掌握等优点。在计算过程中采用逐步修正的计算步骤，不需解算联立方程，可以直接求得杆端弯矩的近似值。其计算结果的精确度随着计算轮次的增加而提高，因而比较适合手算。随着电子计算机的普及，这类手算方法的应用虽会有所减少，但在许多情况下，仍为广大设计工作者使用的一种简便易行的方法。

力矩分配法适用于连续梁和无结点线位移的刚架；无剪力分配法适用于刚架中除两端无相对线位移的杆件外，其余杆件都是剪力静定杆件的情况，它是力矩分配法的一种特殊形式。

在本章中，关于杆端弯矩正负符号的规定及结点转角正负号的规定都与位移法相同。

渐近法是本章讨论的重点，此外，还简略地介绍了计算多层多跨刚架的两种近似法。

第一节　力矩分配法的基本概念

力矩分配法的基本原理是由只有一个结点角位移的超静定结构计算问题导出的。为了说明力矩分配法的概念和计算步骤，先定义几个常用的系数。

一、转动刚度 S

不同杆件对于杆端转动的抵抗能力是不同的。杆端转动刚度系数 S_{AB} 的定义是：杆件 AB 的 A 端（或称近端）产生单位转角时，A 端所需施加的力矩值。此值不仅与杆件的弯曲线刚度 $i=EI/l$ 有关，而且与杆件的另一端（或称远端）的支承情况有关。不同支承情况的等截面杆，相应的近端转动刚度系数可从表 8-1 中查得，如图 9-1a、b、c、d 所示，它们分别为

远端为固定支座

$$S_{AB} = 4i$$

远端为铰支座

$$S_{AB} = 3i$$

远端为定向支座

$$S_{AB} = i$$

远端为自由

$$S_{AB} = 0$$

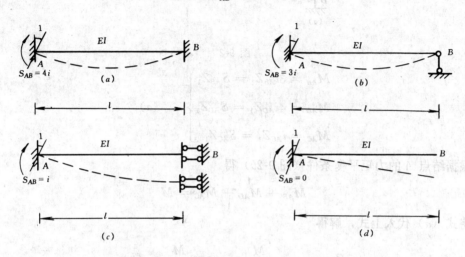

图 9-1

如果把 A 端改成固定铰或可动铰支座，则 S_{AB} 的数值不变。也可以把 A 端看作可转动（但不能移动）的刚结点，这时 S_{AB} 就代表当刚结点产生单位转角时在杆端 A 引起的杆端弯矩。

二、传递系数 C

当杆件 AB 仅在 A 端有转角时，引起 B 端的弯矩 M_{BA} 称为传递弯矩，它与 A 端弯矩 M_{AB} 之比值，称为该杆从 A 端传至 B 端的弯矩传递系数，用 C_{AB} 表示。因此，图 9-1a、b、c 所示各杆的传递系数分别为

远端为固定支座 $C_{AB} = \dfrac{M_{BA}}{M_{AB}} = \dfrac{2i}{4i} = \dfrac{1}{2}$

远端为铰支座 $C_{AB} = \dfrac{0}{3i} = 0$

远端为定向支座 $C_{AB} = \dfrac{-i}{i} = -1$

利用传递系数的概念，图 9-1 中各杆的远端弯矩可按下式计算

$$M_{BA} = C_{AB}M_{AB} \tag{9-1}$$

三、弯矩分配系数 μ

图 9-2a 所示结构，其各杆均为等截面直杆。点 A 处作用一顺时针方向的集中力偶 M，欲求各杆端弯矩。

用位移法求解时只有一个基本未知量，即结点 A 的转角 Z_1，由等截面直杆的转角位移方程和转动刚度的定义得

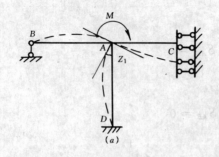
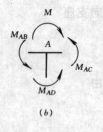

图 9-2

$$M_{AB} = 3i_{AB}Z_1 = S_{AB}Z_1$$
$$M_{AD} = 4i_{AD}Z_1 = S_{AD}Z_1 \left. \right\} \quad (a)$$
$$M_{AC} = i_{AC}Z_1 = S_{AC}Z_1$$

根据结点 A 的力矩平衡条件（图 9-2b）得

$$M_{AB} + M_{AD} + M_{AC} = M$$

将式（a）代入上式，解得

$$Z_1 = \frac{M}{S_{AB} + S_{AD} + S_{AC}} = \frac{M}{\sum\limits_A S} \quad (b)$$

式中，$\sum\limits_A S$ 表示汇交于 A 结点各杆的 A 端的转动刚度之和。

将式（b）代入式（a）得

$$M_{AB} = \frac{S_{AB}}{\sum\limits_A S} M$$
$$M_{AD} = \frac{S_{AD}}{\sum\limits_A S} M \quad (c)$$
$$M_{AC} = \frac{S_{AC}}{\sum\limits_A S} M$$

上式表明，作用于结点 A 的外力偶 M 将按汇交于 A 结点各杆的转动刚度的比例分配给各杆的 A 端，转动刚度愈大，则所承担的弯矩愈大。在这里引入系数

$$\mu_{Aj} = \frac{S_{Aj}}{\sum\limits_A S} \tag{9-2}$$

μ_{Aj} 称为弯矩分配系数。则式（c）可统一表示为

$$M_{Aj} = \mu_{Aj} M \tag{9-3}$$

上式表明，作用于 A 结点的外力矩 M，按各杆的分配系数分配给各杆的 A 端，因此 M_{Aj} 称为分配弯矩，可用 M_{Aj}^μ 表示。

显然同一结点各杆端的分配系数之和应等于 1，即

$$\underset{A}{\Sigma}\mu_{Aj} = \mu_{AB} + \mu_{AC} + \mu_{AD} = 1$$

此式可作为每一结点弯矩分配系数的校核条件。

根据传递系数的定义，可得图 9-2a 所示结点 A 各杆的远端弯矩为

$$M_{BA} = C_{AB} \cdot M_{AB} = 0$$

$$M_{CA} = C_{AC} \cdot M_{AC} = - M_{AC}$$

$$M_{DA} = C_{AD} \cdot M_{AD} = \frac{1}{2} M_{AD}$$

传递弯矩可用 M'_{jA} 表示。

上面所述的这种在结点外力矩作用下直接利用式（9-1）和式（9-3）计算各杆端弯矩的方法称为力矩分配法。对于类似情况不必再通过位移法方程求解。

【例 9-1】 利用力矩分配法求解图 9-3a 所示结构，并绘弯矩图。已知各杆 EI＝常数。

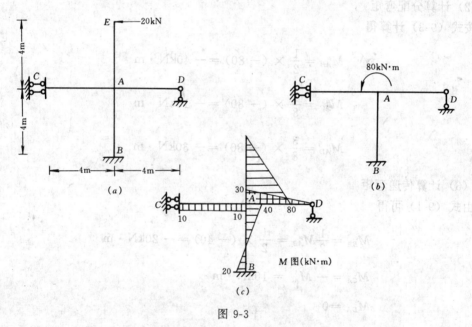

图 9-3

【解】 伸臂 AE 的内力是静定的，将 E 端集中荷载转化到结点 A 处，水平方向的力 20kN 将通过杆 AC 直接传递至支座 C，对结构不产生弯矩；逆时针方向的力矩 80kN・m 的作用将对结构各杆的弯矩产生影响，故直接按图 9-3b 进行分析。

（1）计算 A 结点各杆的弯矩分配系数

先计算各杆 A 端的转动刚度：

$$S_{AB} = 4 \times \frac{EI}{4} = EI$$

$$S_{AC} = \frac{EI}{4}$$

$$S_{AD} = \frac{3EI}{4}$$

$$\sum_A S = EI + \frac{EI}{4} + \frac{3EI}{4} = 2EI$$

按式（9-2）计算各杆的分配系数得

$$\mu_{AB} = \frac{S_{AB}}{\sum_A S} = \frac{EI}{2EI} = \frac{1}{2}$$

$$\mu_{AC} = \frac{S_{AC}}{\sum_A S} = \frac{\frac{1}{4}EI}{2EI} = \frac{1}{8}$$

$$\mu_{AD} = \frac{S_{AD}}{\sum_A S} = \frac{\frac{3}{4}EI}{2EI} = \frac{3}{8}$$

以上分配系数的总和 $\sum_A \mu_{Aj} = 1$，计算无误。

（2）计算分配弯矩

按式（9-3）计算得

$$M_{AB}^\mu = \frac{1}{2} \times (-80) = -40 \text{kN} \cdot \text{m}$$

$$M_{AC}^\mu = \frac{1}{8} \times (-80) = -10 \text{kN} \cdot \text{m}$$

$$M_{AD}^\mu = \frac{3}{8} \times (-80) = -30 \text{kN} \cdot \text{m}$$

（3）计算传递弯矩

由式（9-1）可得

$$M_{BA}^c = \frac{1}{2} M_{AB}^\mu = \frac{1}{2} \times (-40) = -20 \text{kN} \cdot \text{m}$$

$$M_{CA}^c = -M_{AC} = 10 \text{kN} \cdot \text{m}$$

$$M_{DA}^c = 0$$

（4）绘弯矩图

根据所求得的各杆端的分配弯矩和传递弯矩值，即可绘出结构的弯矩图，如图 9-3c 所示。

从以上可看出单结点的力矩分配，其计算结果是精确的。

四、任意荷载作用下单结点结构的力矩分配法

有了上述概念，再利用叠加原理，即可用力矩分配法计算任意荷载作用下具有一个结点角位移的结构。以图 9-4a 所示结构说明其计算步骤。

（1）固定结点，求约束力矩。在刚结点 B 处加上附加刚臂，形成位移法的基本结构，然后将荷载加上去（图 9-4b）。此时各杆端将产生固端弯矩，利用结点 B 的力矩平衡条件，可求出刚臂对结点 B 的约束力矩（也称不平衡力矩）。约束力矩以顺时针转向为正，在数值上等于 B 结点各杆固端弯矩的代数和，即 $M_B = M_{BA}^F + M_{BC}^F = M_{BA}^F$。

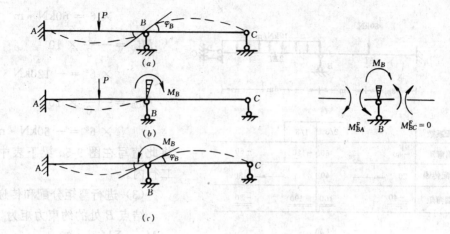

图 9-4

（2）放松结点，求分配弯矩和传递弯矩。因结点 B 本来没有刚臂，也不存在约束力矩 M_B，为了使其恢复到原来的状态（图 9-4a），使结点 B 处的约束力矩 M_B 回复到零，在结点 B 处新加一个与 M_B 大小相等、方向相反的力矩（图 9-4c）。这相当于消除刚臂，使结点 B 转动。此时各杆所产生的杆端弯矩可按前述的力矩分配法进行计算。即结点 B 各杆在 B 端产生的分配弯矩 M_{BA}^μ 和 M_{BC}^μ 可按式（9-3）计算；在远端产生的传递弯矩 M_{AB}^c、$M_{CB}^c = 0$ 可按式（9-1）计算。

（3）把图 9-4b 与 c 所示两种情况叠加，就得到图 9-4a 所示情况。即把图 9-4b 与 c 中的杆端弯矩叠加，就得到实际的杆端弯矩（图 9-4a）。例如：$M_{BA} = M_{BA}^F + M_{BA}^\mu$。

下面通过例题说明力矩分配法的基本运算步骤。

【例 9-2】 图 9-5a 所示为一连续梁，用力矩分配法作弯矩图、剪力图、并计算 B 支座的反力。

【解】 计算过程通常在梁的下方列表进行，其具体计算步骤如下：

（1）计算结点 B 处各杆端的弯矩分配系数

为便于计算，令 $i = \dfrac{EI}{6} = 1$，则 $i_{AB} = 1$，$i_{BC} = 2$。

由式（9-2）得

$$\mu_{BA} = \frac{4 \times 1}{4 \times 1 + 2} = \frac{2}{3}$$

$$\mu_{BC} = \frac{2}{4 \times 1 + 2} = \frac{1}{3}$$

将分配系数写在图 9-5a 梁下的表中第一行内。

（2）计算固端弯矩

查表 8-2 得

$$M_{AB}^F = -\frac{1}{8} \times 80$$

$$\times 6 = -60 \text{kN} \cdot \text{m}$$

$$M_{BA}^F = \frac{1}{8} \times 80$$

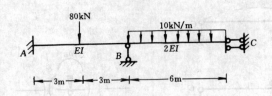

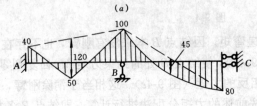

分配系数		2/3	1/3	
固端弯矩	− 60	60	− 120	− 60
弯矩分配传递	20 ←	40	20	→ − 20
杆端弯矩	− 40	100	− 100	− 80

(a)

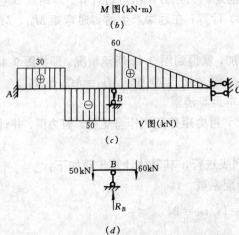

M 图(kN·m)

(b)

V 图(kN)

(c)

50kN ⎸ B ⎸ 60kN

R_B

(d)

图 9-5

右侧：

$$\times 6 = 60\text{kN} \cdot \text{m}$$

$$M_{BC}^F = -\frac{1}{3} \times 10$$

$$\times 6^2 = -120\text{kN} \cdot \text{m}$$

$$M_{CB}^F = -\frac{1}{6} \times 10$$

$$\times 6^2 = -60\text{kN} \cdot \text{m}$$

将此值写在图 9-5a 梁下表中的第二行内。

（3）进行弯矩分配和传递

结点 B 处的约束力矩为

$$M_B = \sum_B M_{Bj} = 60 +$$

$$(-120) = -60\text{kN} \cdot \text{m}$$

将其反号并乘以分配系数即得到各近端的分配弯矩，再将分配弯矩乘以各杆的传递系数即得各远端的传递弯矩。

$$M_{BA}^\mu = \mu_{BA}(-M_B) = \frac{2}{3}$$

$$\times 60 = 40\text{kN} \cdot \text{m}$$

$$M_{BC}^\mu = \mu_{BC}(-M_B) = \frac{1}{3}$$

$$\times 60 = 20\text{kN} \cdot \text{m}$$

$$M_{AB}^c = C_{BA} \cdot M_{BA}^\mu = \frac{1}{2}$$

$$\times 40 = 20\text{kN} \cdot \text{m}$$

$$M_{CB}^c = C_{BC} \cdot M_{BC}^\mu = -1$$

$$\times 20 = -20\text{kN} \cdot \text{m}$$

在分配力矩下面划一横线，表示结点已经放松，达到平衡。将这些值写在图 9-5a 梁下的表中第三行内。

（4）计算杆端最终弯矩值，并绘 M、V 图

将图 9-5a 梁下表中对应于每一杆端截面的竖列数值相叠加，就得到各杆端的最终弯矩值（下面画双横线表示最后结果）。注意在结点 B 应满足平衡条件：

$$\Sigma M_B = 100 - 100 = 0$$

根据杆端弯矩可绘出 M 图如图 9-5b 所示。

利用弯矩图，取杆件为隔离体，由平衡条件求各端剪力，绘出剪力图如图 9-5c 所示。

（5）计算 B 支座的反力

取结点 B 为隔离体（图 9-5d），由 $\Sigma y = 0$，求得 B 支座的反力为

$$R_B = 50 + 60 = 110 \text{kN}(\uparrow)$$

【例 9-3】 用力矩分配法计算图 9-6a 所示刚架，并绘弯矩图。

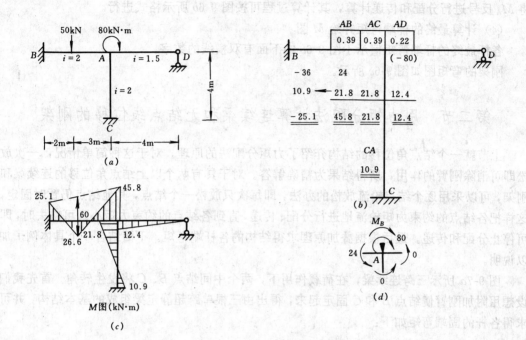

图 9-6

【解】 (1) 计算分配系数

$$\mu_{AB} = \frac{4 \times 2}{4 \times 2 + 4 \times 2 + 3 \times 1.5} = 0.39$$

$$\mu_{AC} = \frac{4 \times 2}{4 \times 2 + 4 \times 2 + 3 \times 1.5} = 0.39$$

$$\mu_{AD} = \frac{3 \times 1.5}{4 \times 2 + 4 \times 2 + 3 \times 1.5} = 0.22$$

分配系数列于图 9-6b 中的方框内。

(2) 计算固端弯矩

$$M_{AB}^F = \frac{50 \times 2^2 \times 3}{5^2} = 24 \text{kN} \cdot \text{m}$$

$$M_{BA}^F = -\frac{50 \times 2 \times 3^2}{5^2} = -36 \text{kN} \cdot \text{m}$$

将此值标于图 9-6b 中的第二行。

(3) 进行力矩的分配和传递计算

外力矩 80kN·m 作用在 A 结点上，不是作用在某一杆件上，在计算固端弯矩时，已设

223

想在结点 A 有附加刚臂,故该外力矩对各杆不产生固端弯矩,外力矩直接由附加刚臂承受,并引起约束力矩为 $-80kN \cdot m$。由结点 A 的力矩平衡条件(图 9-6d)求得总的约束力矩为

$$M_A = -80 + 24 = -56kN \cdot m$$

将 M_A 反号进行分配和传递计算,其计算过程可按图 9-6b 所示格式进行。

(4)计算最终的杆端弯矩并绘 M 图

各杆最终的杆端弯矩值示于图 9-6b 中下面有双横线的数字。

刚架的弯矩图如图 9-6c 所示。

第二节　用力矩分配法计算连续梁和无结点线位移的刚架

上节就一个结点角位移的结构介绍了力矩分配法的原理。对于这种简单情况,一次放松即可消除刚臂的作用,所得结果为精确解答。对于具有两个以上结点角位移的连续梁和刚架,可以采用逐个结点轮流放松的办法,即每次只放松一个结点,其他结点仍暂时固定,这样把各结点的约束力矩轮流地进行分配、传递,直到各结点的约束力矩小到可略去时,即可停止分配和传递。最后根据叠加原理求得结构的各杆端弯矩。下面结合一个具体例子加以说明。

图 9-7a 所示三跨连续梁,在荷载作用下,两个中间结点 B、C 将发生转角。首先我们设想用附加刚臂使结点 B 和 C 固定起来,得出由三根单跨超静定梁组成的基本结构,并可求得各杆的固端弯矩如下:

$$M_{AB}^F = M_{BA}^F = 0$$

$$M_{BC}^F = -M_{CB}^F = -\frac{1}{12} \times 20 \times 6^2 = -60kN \cdot m$$

$$M_{CD}^F = -\frac{3}{16} \times 40 \times 6 = -45kN \cdot m$$

$$M_{DC}^F = 0$$

将上述结果写入图 9-7b 中表的第二栏。此时结点 B、C 上的约束力矩分别为

$$M_B = -60 + 0 = -60kN \cdot m$$

$$M_C = 60 - 45 = 15kN \cdot m$$

为了消去这两个约束力矩,设先放松结点 B,而结点 C 仍为固定。此时对 ABC 部分即可利用上节所述单结点的力矩分配和传递的办法进行计算。为此,需求出汇交于结点 B 的各杆端的分配系数:

$$\mu_{BA} = \frac{4 \times 2}{4 \times 2 + 4 \times 3} = 0.4$$

$$\mu_{BC} = \frac{4 \times 3}{4 \times 2 + 4 \times 3} = 0.6$$

将其填入图 9-7b 中的第一行中。为此将不平衡力矩 M_B 反号再乘以分配系数,求得结点 B

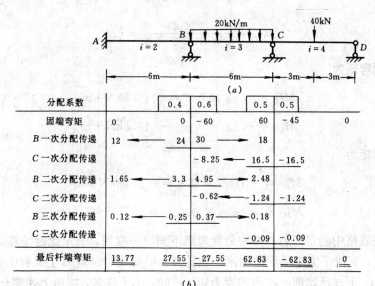

分配系数		0.4	0.6		0.5	0.5	
固端弯矩	0	0	− 60		60	− 45	0
B 一次分配传递	12	24	30		18		
C 一次分配传递			− 8.25		16.5	− 16.5	
B 二次分配传递	1.65	3.3	4.95		2.48		
C 二次分配传递			− 0.62		− 1.24	− 1.24	
B 三次分配传递	0.12	0.25	0.37		0.18		
C 三次分配传递					− 0.09	− 0.09	
最后杆端弯矩	13.77	27.55	− 27.55		62.83	− 62.83	0

(b)

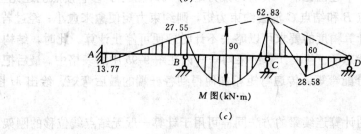

M 图(kN·m)

(c)

图 9-7

的各杆端的分配弯矩为

$$M_{BA}^u = 60 \times 0.4 = 24 \text{kN} \cdot \text{m}$$

$$M_{BC}^u = 60 \times 0.6 = 36 \text{kN} \cdot \text{m}$$

将分配弯矩乘以相应的传递系数求得传递弯矩为

$$M_{AB}^c = 24 \times \frac{1}{2} = 12 \text{kN} \cdot \text{m}$$

$$M_{CB}^c = 36 \times \frac{1}{2} = 18 \text{kN} \cdot \text{m}$$

这样,就完成了在结点 B 的第一次分配和传递,求得的分配弯矩和传递弯矩记入图 9-7b 所示表格中的第三行内。通过上述运算,结点 B 暂时得到平衡,我们在分配弯矩值下面画一横线来表示。这时,结点 C 仍然存在约束力矩,它的数值等于原来在荷载作用下产生的约束力矩再加上由于放松结点 B 而传来的传递弯矩,故此时结点 C 上的约束力矩为 15＋18＝33kN · m。为消除结点 C 上的这一约束力矩,需放松结点 C,但在放松结点 C 之前应将结点 B 重新固定,这样在 BCD 部分又可进行力矩分配和传递。为此,需求出汇交于结点 C 的各杆端的分配系数为

$$\mu_{CB} = \frac{4 \times 3}{4 \times 3 + 3 \times 4} = 0.5$$

$$\mu_{CD} = \frac{3 \times 4}{4 \times 3 + 3 \times 4} = 0.5$$

各近端的分配弯矩为

$$M_{CB}^{\mu} = -33 \times 0.5 = -16.5 \text{kN} \cdot \text{m}$$

$$M_{CD}^{\mu} = -33 \times 0.5 = -16.5 \text{kN} \cdot \text{m}$$

远端的传递弯矩为

$$M_{BC}^{c} = -16.5 \times 0.5 = -8.25 \text{kN} \cdot \text{m}$$

$$M_{DC}^{c} = -16.5 \times 0.0 = 0$$

上述数字记在表格中的第四行，并在分配弯矩下面绘一横线，表示此时结点 C 也得到暂时的平衡。至此，完成了力矩分配法的第一轮计算。但是这时结点 B 上又有了新的约束力矩 -8.25kN·m，不过已比前一次的约束力矩（-60）小了许多。按照上述完全相同的步骤，继续依次在结点 B 和结点 C 消去约束力矩，则约束力矩便愈来愈小；经过若干轮以后，传递弯矩小到按计算精度的要求可以略去不计时，便可停止计算。此时，结构也就非常接近于真实的平衡状态了。各次计算结果均一一记在图 9-9b 中的表格中。最后把各杆端的固端弯矩和历次的分配弯矩、传递弯矩相加便得到各杆端的最后弯矩。绘出 M 图如图 9-7c 所示。

上面叙述的计算连续梁的方法同样可用于计算一般无结点线位移的刚架。

力矩分配法的计算过程是依次放松各结点以消去结点上的约束力矩，求得各杆端弯矩的修正值，使结点上的约束力矩逐渐减小，直至可以忽略，所以它是一种渐近法。为了使计算时收敛较快，通常宜从约束力矩绝对值较大的结点开始计算。

力矩分配法的计算步骤可归纳如下：

(1) 计算汇交于各结点的各杆端的分配系数 μ_{ik}，并确定传递系数 C_{ik}。

(2) 固定各结点，计算各杆的固端弯矩 M_{ik}^{F}。

(3) 逐次放松各结点，并对每个结点按分配系数将约束力矩反号分配给汇交于该结点的各杆端，然后将各杆端的分配弯矩乘以传递系数传递至另一端，按此步骤循环计算直至各结点上的传递弯矩小到可略去时为止。

(4) 将各杆端的固端弯矩与历次的分配弯矩和传递弯矩相加，即得各杆端的最后弯矩。

(5) 绘弯矩图，进而可作剪力图和轴力图。

【例 9-4】 试用力矩分配法计算图 9-8a 所示连续梁，并绘出弯矩图。

【解】 连续梁的悬臂 DE 段的内力是静定的，由平衡条件可求得：$M_{DE} = -20$kN·m，$V_{DE} = 10$kN。去掉悬臂段，并将 M_{DE} 和 V_{DE} 反向作用于结点 D 处，则结点 D 成为铰支座，而连续梁的 AD 部分就可按图 9-8b 进行计算。

(1) 计算分配系数

设 $EI = 6$，则有 $i_{AB} = \frac{6}{6} = 1$，$i_{BC} = \frac{6}{4} = 1.5$，$i_{CD} = \frac{12}{6} = 2$

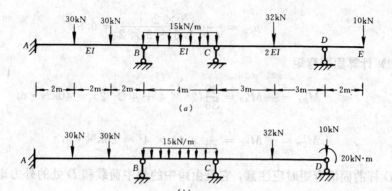

(a)

(b)

分配系数		0.4	0.6		0.5	0.5		
固端弯矩	−40	40	−20		20	−26	20	−20
分配与传递	−4	←	−8	−12	→	−6		
			3		6	6		
	−0.6	←	−1.2	−1.8	→	−0.9		
			0.22		0.45	−0.45		
	−0.05	←	−0.09	−0.13	→	0.06		
					0.03	0.03		
最终弯矩	−44.65		30.71	−30.71		19.52	−19.52	20	−20

(c)

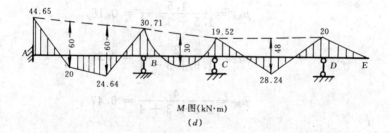

M 图(kN·m)

(d)

图 9-8

结点 B：

$$\mu_{BA} = \frac{4 \times 1}{4 \times 1 + 4 \times 1.5} = 0.4$$

$$\mu_{BC} = \frac{4 \times 1.5}{4 \times 1 + 4 \times 1.5} = 0.6$$

结点 C：

$$\mu_{CB} = \frac{4 \times 1.5}{4 \times 1.5 + 3 \times 2} = 0.5$$

$$\mu_{CD} = \frac{3 \times 2}{4 \times 1.5 + 3 \times 2} = 0.5$$

（2）计算固端弯矩

$$M_{BA}^F = - M_{AB}^F = \frac{30}{36}(2^2 \times 4 + 4^2 \times 2) = 40 \text{kN} \cdot \text{m}$$

$$M_{CB}^F = - M_{BC}^F = \frac{1}{12} \times 15 \times 4^2 = 20 \text{kN} \cdot \text{m}$$

计算 CD 杆的固端弯矩时应注意，它是由跨中的集中荷载和 D 处的外力矩共同产生的，其值为

$$M_{CD}^F = - \frac{3}{16} \times 32 \times 6 + \frac{1}{2} \times 20 = - 26 \text{kN} \cdot \text{m}$$

$$M_{DC}^F = 20 \text{kN} \cdot \text{m}$$

（3）在结点 B、C 逐次进行弯矩分配和传递，计算过程详见图 9-8c 中的计算表格。

（4）叠加计算出各杆端的最终弯矩值。

（5）绘弯矩图，如图 9-8d 所示。

【例 9-5】 试用力矩分配法计算图 9-9a 所示刚架，并绘 M 图。各杆 EI＝常数。

【解】 刚架右伸臂 CD 段内力是静定的，可将其截离并以等效力作用于结点 C，则原刚架的计算可按图 9-9b 计算。

（1）计算弯矩分配系数

设 $EI = 6$，故 $i_{BC} = i_{BE} = i_{CF} = 1$，$i_{AB} = 1.5$

B 结点：

$$\mu_{BA} = \frac{1.5}{1.5 + 3 + 4} = 0.18$$

$$\mu_{BE} = \frac{3}{1.5 + 3 + 4} = 0.35$$

$$\mu_{BC} = \frac{4}{1.5 + 3 + 4} = 0.47$$

C 结点：

$$\mu_{CB} = \frac{4}{4 + 4} = 0.5$$

$$\mu_{CF} = \frac{4}{4 + 4} = 0.5$$

（2）计算固端弯矩

$$M_{AB}^F = M_{BA}^F = \frac{1}{2} \times 4 \times 4 = 8 \text{kN} \cdot \text{m}$$

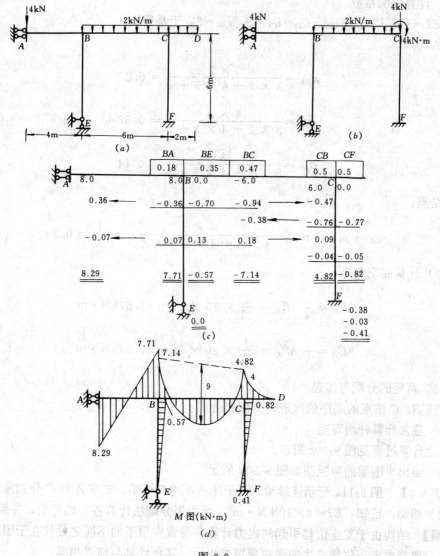

图 9-9

$$M_{CB}^F = -M_{BC}^F = \frac{1}{12} \times 2 \times 6^2 = 6\text{kN} \cdot \text{m}$$

（3）弯矩分配与传递

从 B 结点开始分配传递。注意在 C 结点第一次分配时，其约束力矩 $M_C = 6 - 0.47 - 4 = 1.53\text{kN} \cdot \text{m}$。

（4）计算最终的杆端弯矩

以上计算过程如图 9-9c 所示。数字下画双横线的即为最终杆端弯矩。

（5）绘 M 图如图 9-9d 所示。

【例 9-6】　试用力矩分配法作图 9-10a 所示刚架的弯矩图。各杆 $EI =$ 常数。

【解】　这是一个对称刚架承受对称荷载的作用，可取图 9-10b 所示的等效半刚架来进行计算。

(1) 计算分配系数

设 $EI=15$，则 $i_{BG}=i_{BC}=i_{CD}=i_{CF}=3$，$i_{AB}=2$，于是得

B 结点：

$$\mu_{BA}=\frac{3\times 2}{3\times 2+4\times 3+3}=0.29$$

$$\mu_{BC}=\frac{4\times 3}{3\times 2+4\times 3+3}=0.57$$

$$\mu_{BG}=\frac{3}{3\times 2+4\times 3+3}=0.14$$

C 结点：

$$\mu_{CB}=\mu_{CD}=\mu_{CF}=\frac{4\times 3}{4\times 3+4\times 3+4\times 3}=\frac{1}{3}=0.33$$

(2) 计算固端弯矩

$$M_{BC}^F=-M_{CB}^F=\frac{1}{12}\times 20\times 5^2=41.67\text{kN}\cdot\text{m}$$

$$M_{CD}^F=-M_{DC}^F=\frac{1}{12}\times 20\times 5^2=41.67\text{kN}\cdot\text{m}$$

（3）弯矩的分配与传递

按照 B、C 结点的顺序依次进行分配和传递。

（4）叠加计算杆端弯矩

以上计算过程见图 9-10c 所示。

（5）绘出半刚架的弯矩图如图 9-10d 所示。

【例 9-7】 图 9-11a 所示连续梁，由于地基不均匀沉陷，支座 A 和 C 分别发生了图示的转动和移动，已知：$EI=4\times 10^4\text{kN}\cdot\text{m}^2$。用力矩分配法计算各杆端弯矩，并绘 M 图。

【解】 结构由于支座位移引起的内力计算与荷载作用下的不同之处仅在于固端弯矩的计算。只要把由支座位移产生的固端弯矩求出后，其余计算与前述相同。

(1) 计算分配系数

令 $i=\dfrac{EI}{4}$，则 $i_{AB}=i_{BC}=i_{CD}=i$，分配系数为

$$\mu_{BA}=\mu_{BC}=\frac{4i}{4i+4i}=0.5$$

$$\mu_{CB}=\frac{4i}{4i+3i}=0.57$$

$$\mu_{CD}=\frac{3i}{4i+3i}=0.43$$

（2）计算固端弯矩

将结点 B 和 C 固定，并使支座 A 产生转角 $\varphi_A=0.02$ 弧度，支座 C 产生竖向位移 $\Delta_C=$

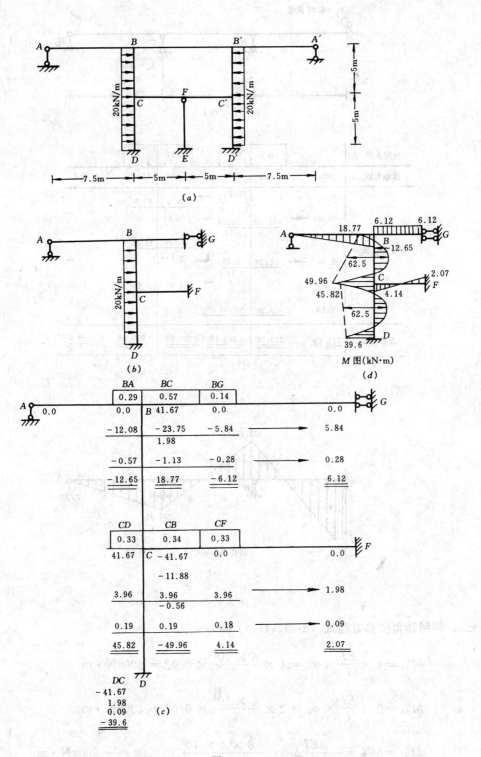

图 9-10

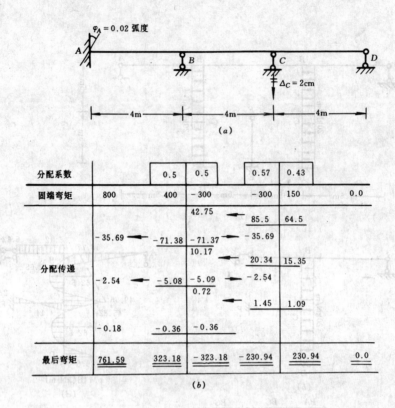

(a)

分配系数		0.5	0.5	0.57	0.43	
固端弯矩	800	400	−300	−300	150	0.0
分配传递			42.75	85.5	64.5	
	−35.69	−71.38	−71.37	−35.69		
			10.17	20.34	15.35	
	−2.54	−5.08	−5.09	−2.54		
			0.72	1.45	1.09	
	−0.18	−0.36	−0.36			
最后弯矩	761.59	323.18	−323.18	−230.94	230.94	0.0

(b)

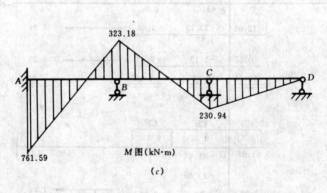

M 图(kN·m)

(c)

图 9-11

2.0cm，利用转角位移方程式 (8-1)、(8-2) 得

$$M_{AB}^F = 4 \times \frac{EI}{l} \times \varphi_A = 4 \times \frac{4 \times 10^4}{4} \times 0.02 = 800\text{kN} \cdot \text{m}$$

$$M_{BA}^F = 2 \times \frac{EI}{l} \times \varphi_A = 2 \times \frac{4 \times 10^4}{4} \times 0.02 = 400\text{kN} \cdot \text{m}$$

$$M_{BC}^F = M_{CB}^F = -\frac{6EI}{l^2}\Delta_C = -\frac{6 \times 4 \times 10^4}{4^2} \times 0.02 = -300\text{kN} \cdot \text{m}$$

232

$$M_{CD}^F = -\frac{3EI}{l^2}\Delta_C = -\frac{3 \times 4 \times 10^4}{4^2} \times (-0.02) = 150\text{kN} \cdot \text{m}$$

(3) 力矩的分配传递如图 9-11b 所示。

(4) 计算各杆最后的杆端弯矩如图 9-11b 所示。

(5) 绘 M 图如图 9-11c 所示。

第三节　无剪力分配法

力矩分配法是计算无侧移刚架的渐近法,不能直接用于有侧移刚架。但对某些特殊的有侧移刚架,可以用与力矩分配法类似的无剪力分配法进行计算。

图 9-12a 所示的半刚架(单跨对称刚架在反对称荷载作用下的计算可归结为这类问题)及图 9-12b 所示的刚架均可用无剪力分配法进行计算。其共同特点是:各梁的两端结点没有垂直于杆轴的相对线位移,各柱两端结点虽然有侧移,但剪力是静定的,即可根据平衡条件求出各柱的剪力值。无剪力分配法的适用条件是:刚架中除两端无相对线位移的杆件外,其余杆件都是剪力静定杆件。

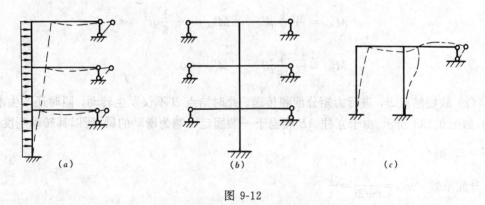

图 9-12

对于图 9-12c 所示有侧移的刚架中,竖柱 AB 和 CD 既不是两端无相对线位移的杆件,也不是剪力静定杆件。这种刚架不能直接用无剪力分配法计算。

现以图 9-13a 所示刚架为例,来说明无剪力分配法的基本概念和计算方法。此刚架能否用力矩分配法进行计算,其关键在于当刚架结点 B 加上控制转动的附加刚臂后,结构的各杆是否能变成单跨超静定梁的形式。为此,在结点 B 上加附加刚臂,使其不能转动,但它仍可以自由地作水平移动,如图 9-13b 所示。因而在 AB 杆的 B 端相当于一个定向支座,AB 杆则相当于一端固定而另一端定向支承的梁(如图 9-13c 所示)。至于 BC 杆的 B 端,在结点加上刚臂后,由于结点 B 的水平移动只会使 BC 杆发生整体的水平移动,而不会产生内力,所以在计算 BC 杆内力时,B 端则相当于固定端,C 端为可动铰支座来计算(如图 9-13c 所示)。因为 AB、BC 两杆都可视为单跨超静定梁,所以这种结构可以直接用力矩分配法进行计算。

下面仍以图 9-13a 所示结构为例,来说明无剪力分配法的解题步骤。

(1) 固定结点 B (图 9-13b),计算固端弯矩

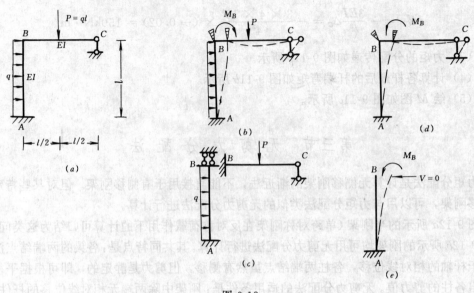

图 9-13

各杆可按图 9-13c 计算。

$$M_{AB}^F = -\frac{1}{3}ql^2 \qquad M_{BA}^F = -\frac{1}{6}ql^2$$

$$M_{BC}^F = -\frac{3}{16}ql^2 \qquad M_{CB}^F = 0$$

(2) 放松结点 B，进行力矩分配和传递。此时结点 B 不仅发生转动，同时还产生水平移动，如图 9-13d 所示。由于立柱 AB 相当于一端固定一端为滑动的梁，所以其转动刚度 S_{BA} $=\dfrac{EI}{l}=i$，则

分配系数 $\quad \mu_{BA}=\dfrac{i}{i+3i}=\dfrac{1}{4}$

$\quad\quad\quad\quad \mu_{BC}=\dfrac{3i}{i+3i}=\dfrac{3}{4}$

传递系数 $\quad C_{BA}=-1, \quad\quad C_{BC}=0$。弯矩的分配和传递过程见图 9-14a 所示。

(3) 叠加各杆端弯矩得出最后的杆端弯矩，如图 9-14a 所示。

(4) 绘弯矩图，如图 9-14b 所示。

以上计算可以看出，当柱的 B 端得到分配弯矩时，将以 $C_{BA}=-1$ 的传递系数传到 A 端，这说明由于放松结点 B 所产生的弯矩沿 AB 杆全长为常数，不会增加新的剪力。杆 AB 的受力状态与图 9-13e 所示悬臂杆相同。也就是说在放松结点时，柱内不产生新的剪力，所以称为无剪力分配法。可见，无剪力分配法实质上是力矩分配法在特殊情况下的应用。

无剪力分配法可以推广到多层单跨对称刚架。图 9-15a 为两层单跨对称刚架在反对称荷载作用下，可取图 9-15b 所示半结构进行计算，其关键仍在于当结点 B、C 加上刚臂后，各杆是否能变成单跨超静定梁。图 9-15c 所示基本结构在荷载作用下，将产生虚线所示变形，各层柱端均无转角，但有侧移。当竖柱 BC 平移到 $B'C'$ 时不产生内力，只有继续变形到 $B'C''$ 时才产生内力，所以 BC 杆也可看成下端固定上端定向支承的单跨梁（图 9-15d）。在

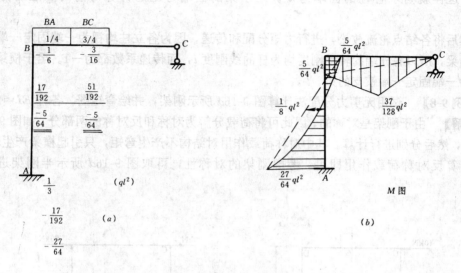

图 9-14

考虑下层 AB 柱的相对线位移时,因为上层是支承在下层上的,所以上层将与下层一齐移动。取 AB 柱来看,它也相当于下端固定上端定向支承的单跨梁,但在柱顶应承受上层传来的剪力 $V=qh_2$(图 9-15d)。由此可知,不论刚架有多少层,每一层立柱均可视为下端固定上端定向支承的梁,而柱顶承受以上各层传来的剪力,此剪力等于以上各层所有水平荷载

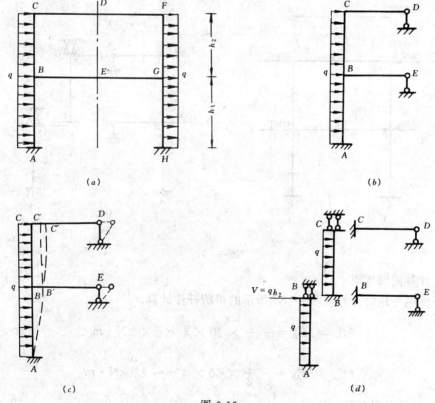

图 9-15

之和，这样就可求各柱的固端弯矩。至于梁的固端弯矩的计算与前面所述的方法相同。

然后将各结点轮流放松，进行力矩分配和传递，因为各立柱均视为一端固定一端定向支承的梁，所以各杆端的转动刚度均为杆的线刚度 i，而传递系数都为 -1。至于横梁则均可视为一端固定一端铰支的梁。

【例 9-8】 试用无剪力分配法计算图 9-16a 所示刚架，并绘弯矩图。各杆 $EI=$ 常数。

【解】 由于刚架是对称的，因此可将荷载分解为对称和反对称的两部分，如图 9-16b、c 所示，然后分别进行计算。其中对称荷载作用对结构不产生弯矩，只引起横梁产生轴力，故只计算反对称荷载作用即可。考虑刚架的对称性，可取图 9-16d 所示半刚架进行计算。

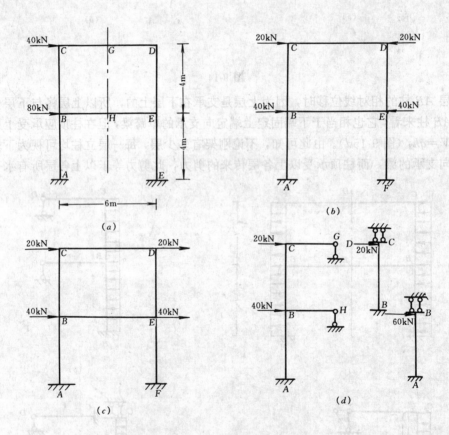

图 9-16

(1) 计算固端弯矩

柱子固端弯矩的计算按图 9-16d 所示的单跨杆件计算。

$$M_{BC}^F = M_{CB}^F = -\frac{1}{2} \times 20 \times 4 = -40\text{kN} \cdot \text{m}$$

$$M_{BA}^F = M_{AB}^F = -\frac{1}{2} \times 60 \times 4 = -120\text{kN} \cdot \text{m}$$

(2) 计算分配系数

236

为了便于计算，设 $EI=12$，则各杆线刚度为

$$i_{CG}=i_{BH}=\frac{12}{3}=4$$

$$i_{BC}=i_{AB}=\frac{12}{4}=3$$

分配系数为

$$\mu_{CG}=\frac{3\times 4}{3\times 4+3}=0.8$$

$$\mu_{CB}=\frac{3}{3\times 4+3}=0.2$$

$$\mu_{BH}=\frac{3\times 4}{3\times 4+3+3}=\frac{12}{18}=0.666$$

$$\mu_{BC}=\mu_{BA}=\frac{3}{18}=0.167$$

(3) 弯矩的分配和传递

计算过程如图 9-17a 所示。结点的分配次序为

$$B\to C\to B\to C\to B。$$

(4) 绘弯矩图如图 9-17b 所示。

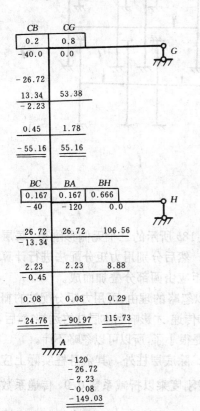

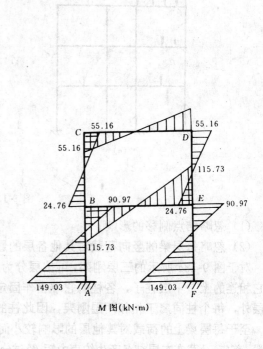

M 图(kN·m)

图 9-17

第四节　多层多跨刚架的近似计算

前面介绍的力法、位移法、力矩分配法，通常称为精确法。如果在精确法的基本假设的基础上再增加一些其他假设，则得到的计算方法就称为近似法。

对于多层多跨这样的复杂刚架，用精确法计算要花费很多时间，如不借助于计算机，往往无法进行计算，因此在进行各种结构方案比较或初步设计时，为了能迅速得到结果，就常用近似法计算。因为近似法的特点就是计算简单、工作量少，计算结果满足工程上一定的精度要求，因此具有一定的实际意义。

下面介绍两种常用的近似计算方法。

一、分层计算法

多层多跨刚架（图 9-18a）在竖向荷载作用下，由于结点的水平侧移较小，因此可以忽略结点侧移对内力的影响，而按无侧移刚架计算。同时鉴于每层梁的荷载对同层梁和相邻柱有较大影响，而对其他各层的梁柱影响很小，可以忽略不计，于是就提出了所谓的分层计算法。归纳起来，对于竖向荷载作用下多层多跨刚架的内力计算可采用如下两个近似假设：

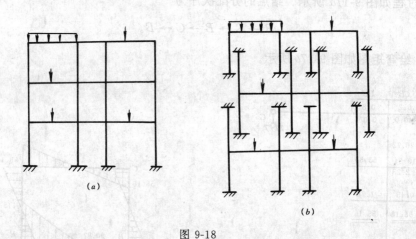

图 9-18

（1）忽略结点侧移的影响；

（2）忽略每层梁的竖向荷载对其他各层的影响。

对于图 9-18a 所示的三层刚架，可按层分为图 9-18b 所示的三个无侧移刚架，每层包括与它相连的上、下层柱子，各柱的它端当作固定端，然后分别用力矩分配法进行计算。除底层外，每个柱同属于相邻两层刚架，因此柱的弯矩应由两部分叠加而成。

至于每层梁上的荷载对其他层的影响较小而可以忽略的理由，可用力矩分配法的概念来解释。首先，荷载在本层结点产生约束力矩，经过分配和传递，才影响到本层柱的远端，然后，在柱的远端再经过分配，才影响到相邻的楼层，其数值已经是很小了，所以可以忽略不计。

在各个分层刚架中，柱的远端都假设为固定端。除底层柱外，其余各柱实际上应看作弹性固定端。为了反映这个特点，可将上层各柱的线刚度乘以折减系数 0.9，传递系数由 $\frac{1}{2}$ 改为 $\frac{1}{3}$。

分层计算的结果，在刚结点上弯矩是不平衡的，但一般误差不会很大。如有需要，可对结点的不平衡力矩再进行一次分配。

【例9-9】 试用分层计算法求图9-19所示刚架的 M 图。

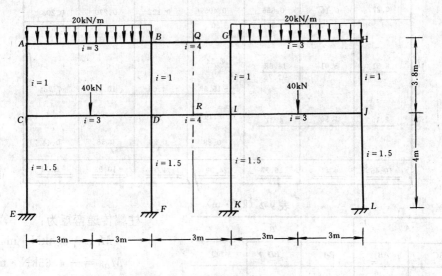

图 9-19

【解】 将刚架分为两层，由于荷载与刚架对称，所以只计算其左半部刚架即可。
底层的计算简图及计算过程示于图9-20和表9-1中。

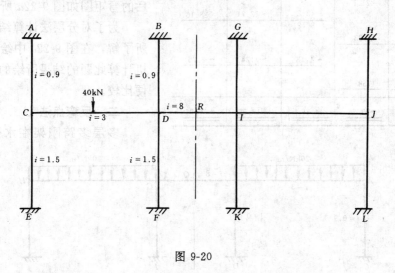

图 9-20

柱端及梁端的传递弯矩为：

$$M_{AC} = 2.10\text{kN} \cdot \text{m} \qquad M_{EC} = 5.23\text{kN} \cdot \text{m}$$

$$M_{BD} = -1.65\text{kN} \cdot \text{m} \qquad M_{FD} = -4.11\text{kN} \cdot \text{m}$$

$$M_{RD} = 10.93\text{kN} \cdot \text{m}$$

顶层的计算简图及计算过程示于图9-21和表9-2中。

表 9-1（kN·m）

	C			D		
CE	CA	CD	DC	DB	DR	DF
0.277	0.167	0.556	0.405	0.122	0.270	0.203
		−30	30			
8.31	5.01	16.68	8.34			
		−7.76				
			−15.53	−4.68	−10.35	−7.78
2.15	1.30	4.31	2.16			
			−0.88	−0.26	−0.58	−0.44
10.46	6.31	−16.77	24.09	−4.94	−10.93	−8.22

表 9-2（kN·m）

	A		B		
AC	AB	BA	BD	BQ
0.231	0.769	−0.508	0.153	0.339
	−60	60		
13.86	46.14	23.07		
	−21.1			
		−42.2	−12.71	−28.16
		−8.12		
4.87	16.23			
	−2.06			
		−4.13	−1.24	−2.75
0.48	1.58			
19.21	−19.21	44.86	−13.95	−30.91

柱端传递弯矩为：

$$M_{CA} = 6.4 \text{kN·m}$$

$$M_{DB} = -4.65 \text{kN·m}$$

梁端传递弯矩为：

$$M_{QB} = 30.91 \text{kN·m}$$

将上面的计算结果叠加，便得最后的弯矩图如图 9-22a 所示。

为了对分层法计算结果的误差有所了解，在图 9-22b 中绘出了用计算机计算此题的结果所绘的弯矩图，以便比较。

二、反弯点法

多层多跨刚架在水平荷载作用

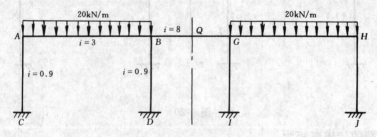

图 9-21

下，结点的线位移不能忽略，而用精确法计算又过于复杂，常用近似法计算。反弯点法是多层多跨刚架在水平结点荷载作用下最常用的近似方法，对于强梁弱柱（横梁与立柱线刚度之比 $\frac{i_b}{i_c} \geqslant 3$）的情况最为实用。反弯点法的基本假设是把刚架中的横梁简化为刚性梁，即忽略结点转角的影响。

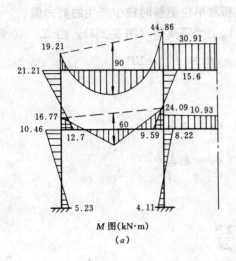

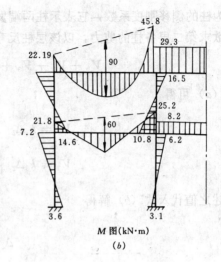

M 图(kN·m) M 图(kN·m)

(a)   (b)

图 9-22

图 9-23a 所示刚架，设横梁的线刚度 $i_b=\infty$，在水平结点荷载作用下，各结点只有水平线位移而无转角。刚架各杆的弯矩图全部为直线（图 9-23a），各柱有一弯矩为零的点，称为反弯点，均在柱高的中点。如果能计算出反弯点处的剪力值，则各柱端弯矩即可求出，进而可算出梁端弯矩，这就是反弯点法的思路。

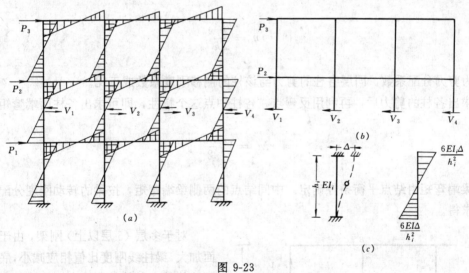

图 9-23

现以图 9-23a 所示刚架为例，计算柱反弯点处的剪力。在刚架中任取一柱，其变形曲线和弯矩图如图 9-23c 所示，由于柱上无荷载，故剪力为常量，其值为

$$V_i = \frac{12EI_i}{h_i^3}\Delta = k_i\Delta \qquad (a)$$

式中

$$k_i = \frac{12EI_i}{h_i^3} \qquad (9-4)$$

241

k_i 称为柱的侧移刚度系数，它表示柱两端发生相对单位侧移时柱中产生的剪力值。

欲求第二层各柱的剪力，以该层柱反弯点以上为隔离体（图 9-23*b*），由 $\Sigma X = 0$ 得

$$V_1 + V_2 + V_3 + V_4 = P_2 + P_3 = \Sigma P \tag{b}$$

由式（*a*）可得

$$\begin{array}{ll} V_1 = k_1\Delta_2 & V_2 = k_2\Delta_2 \\ V_3 = k_3\Delta_2 & V_4 = k_4\Delta_2 \end{array} \right\} \tag{c}$$

将上述之值代入式（*b*）解得

$$\Delta_2 = \frac{\Sigma P}{\Sigma k}$$

将上式代入式（*c*）得

$$V_i = \frac{k_i}{\Sigma k} \cdot \Sigma P = \eta_i \cdot \Sigma P \tag{9-5}$$

式中

$$\eta_i = \frac{k_i}{\Sigma k} \tag{9-6}$$

η_i 称为剪力分配系数。同层各柱的剪力与该柱的侧移刚度系数成正比。

求出各柱的剪力后，再利用反弯点在各柱中点这个特性，即可求出各柱两端弯矩为

$$M_i = V_i \frac{h_i}{2} \tag{9-7}$$

梁端弯矩由结点平衡条件确定，中间结点的两侧梁端弯矩，按梁的转动刚度分配柱端弯矩求得。

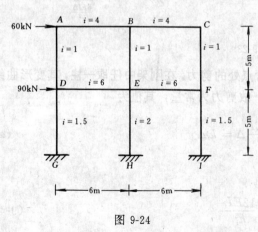

图 9-24

对于多层（5 层以上）刚架，由于柱截面加大，梁柱线刚度比值相应减小，底层柱两端的约束条件差别较大，这时，底层柱的反弯点常设在柱的 $\frac{2}{3}$ 高度处。

现将反弯点法的计算步骤归纳如下：

（1）由式（9-6）计算各层柱的剪力分配系数；

（2）由式（9-5）计算各层柱的剪力；

（3）由式（9-7）计算各柱端弯矩；

（4）由结点平衡条件计算各梁端弯矩；

（5）绘弯矩图。

【例 9-10】　用反弯点法计算图 9-24 所示刚架，并绘弯矩图。

【解】　（1）计算剪力分配系数

对于同层柱等高，剪力分配系数可简化为按各柱的线刚度进行分配，即

$$\eta = \frac{i}{\Sigma i}$$

顶层：由于各柱线刚度相同，所以剪力分配系数为

$$\eta_{AD} = \eta_{BE} = \eta_{CF} = \frac{1}{3}$$

底层：$\eta_{DG} = \eta_{FI} = \dfrac{1.5}{1.5 \times 2 + 2} = 0.3$

$\eta_{EH} = \dfrac{2}{1.5 \times 2 + 2} = 0.4$

（2）计算各柱剪力

顶层：$V_{AD} = V_{BE} = V_{CF} = 60 \times \dfrac{1}{3} = 20\text{kN}$

底层：$V_{DG} = V_{FI} = (60 + 90) \times 0.3 = 150 \times 0.3 = 45\text{kN}$

$V_{EH} = 150 \times 0.4 = 60\text{kN}$

（3）计算柱端弯矩

$$M_{AD} = M_{DA} = M_{BE} = M_{EB} = M_{CF} = M_{FC} = -20 \times \frac{5}{2} = -50\text{kN} \cdot \text{m}$$

$$M_{DG} = M_{GD} = M_{FI} = M_{IF} = -45 \times \frac{5}{2} = -112.5\text{kN} \cdot \text{m}$$

$$M_{EH} = M_{HE} = -60 \times \frac{5}{2} = -150\text{kN} \cdot \text{m}$$

（4）计算梁端弯矩

$$M_{AB} = M_{CB} = 50\text{kN} \cdot \text{m}$$

$$M_{BA} = M_{BC} = \frac{1}{2} \times 50 = 25\text{kN} \cdot \text{m}$$

$$M_{DE} = 50 + 112.5 = 162.5\text{kN} \cdot \text{m}$$

$$M_{FE} = M_{DE} = 162.5\text{kN} \cdot \text{m}$$

$$M_{ED} = M_{EF} = \frac{1}{2} \times (50 + 150) = 100\text{kN} \cdot \text{m}$$

（5）绘弯矩图如图 9-25a 所示。

图 9-25b 为用计算机算出的结果。

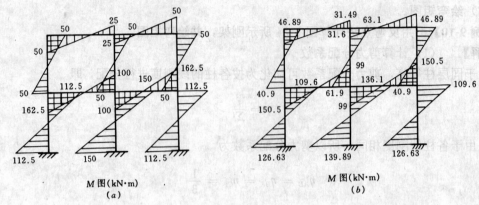

图 9-25

思 考 题

1. 什么叫转动刚度？它与哪些因素有关？图 9-26 所示三种杆件 B 端的转动刚度 S_{BA} 是否相同？

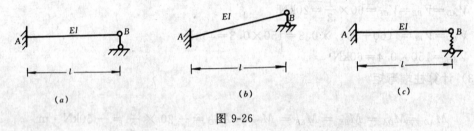

图 9-26

2. 根据转动刚度的定义，试确定图 9-27 所示杆件 B 端的转动刚度 S_{BA}。

3. 什么叫弯矩分配系数？它与哪些因素有关？

4. 传递系数与哪些因素有关？图 9-28 所示结构的 $C_{BC}=-1$ 是否正确。

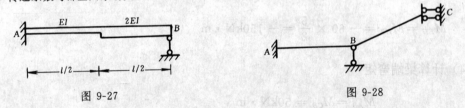

图 9-27   图 9-28

5. 力矩分配法在进行力矩分配时，是否只能放松一个结点？同时放松两个以上结点行吗？

6. 图 9-29 所示结构能否用力矩分配法计算？

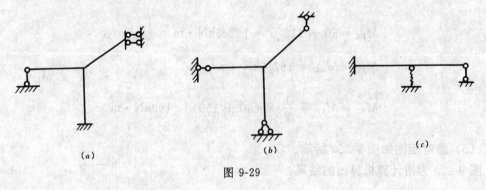

图 9-29

7. 计算图 9-30 所示结构 B 结点的约束力矩。

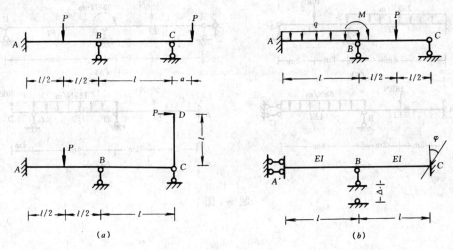

图 9-30

8. 无剪力分配法与力矩分配法有何异同？图 9-31 所示结构能否用无剪力分配法计算。

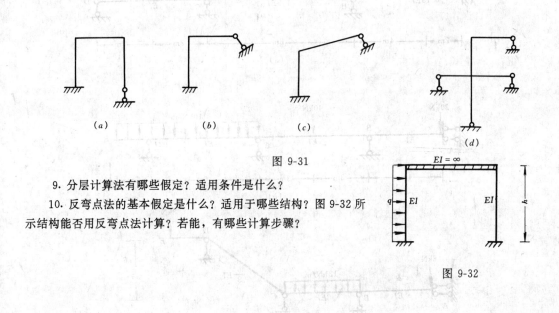

图 9-31

9. 分层计算法有哪些假定？适用条件是什么？

10. 反弯点法的基本假定是什么？适用于哪些结构？图 9-32 所示结构能否用反弯点法计算？若能，有哪些计算步骤？

图 9-32

习 题

9-1 试用力矩分配法计算图示连续梁，并绘弯矩图和剪力图，并求 B 支座的反力。

9-2 试用力矩分配法计算图示连续梁，并绘弯矩图。

9-3 用力矩分配法计算图示刚架，并绘弯矩图。

9-4 利用对称性计算图示结构，并绘弯矩图。

9-5 图示等截面连续梁，$EI = 4.0 \times 10^4 \text{kN} \cdot \text{m}^2$，支座 B、C 往下移动了 3cm，试作其弯矩图。

9-6 图示刚架支座 A 发生角位移 θ，试用力矩分配法计算，并绘制弯矩图。EI 为常数。

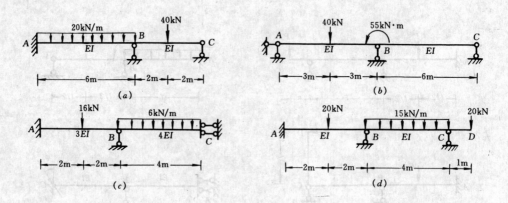

题 9-1 图

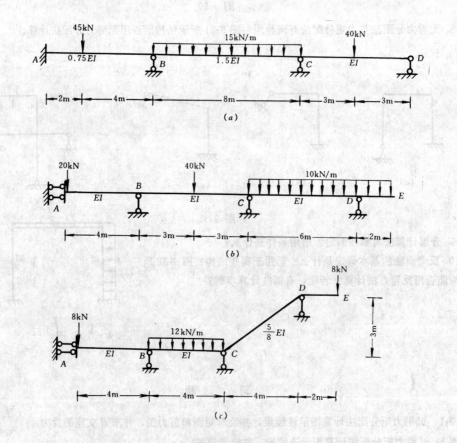

题 9-2 图

9-7 用力矩分配法计算图示等截面连续梁 A 端转动单位角时所需施加的力矩 M_A，已知各杆的 $EI=1800\mathrm{kN \cdot m^2}$。

9-8 试用力矩分配法计算图示连续梁在荷载与支座 C 沉降 $\Delta=4\mathrm{cm}$ 的共同作用下的内力，并绘制弯矩图。各杆线刚度 $i=500\mathrm{kN \cdot m}$。

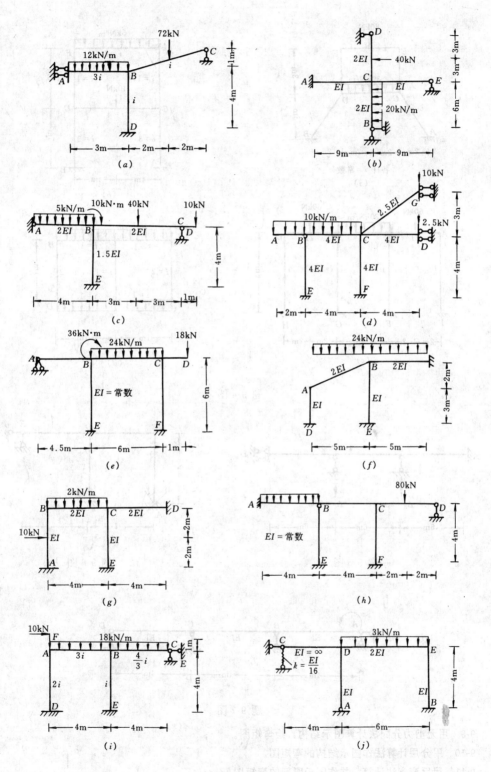

题 9-3 图

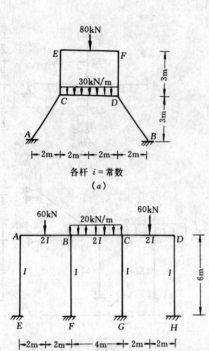

各杆 i = 常数

（a）

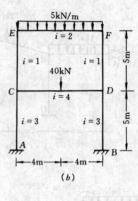

（b）

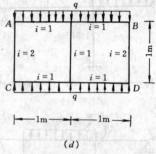

（c）

（d）

题 9-4 图

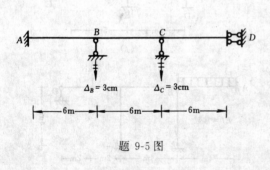

题 9-5 图

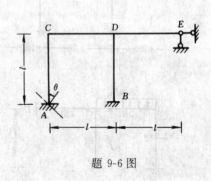

题 9-6 图

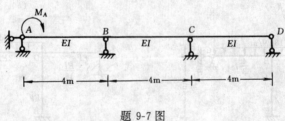

题 9-7 图

9-9 用无剪力分配法计算图示结构，绘弯矩图。

9-10 用分层计算法作图示结构的弯矩图。

9-11 用反弯点法计算，并作图示刚架的弯矩图。

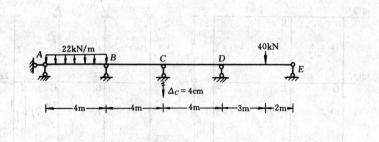

题 9-8 图

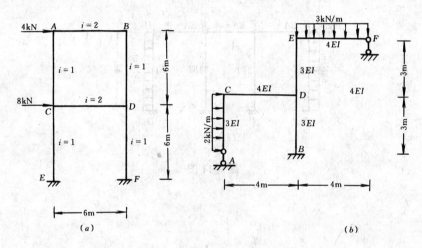

(a)   (b)

题 9-9 图

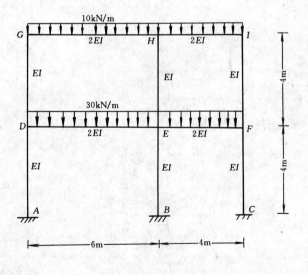

题 9-10 图

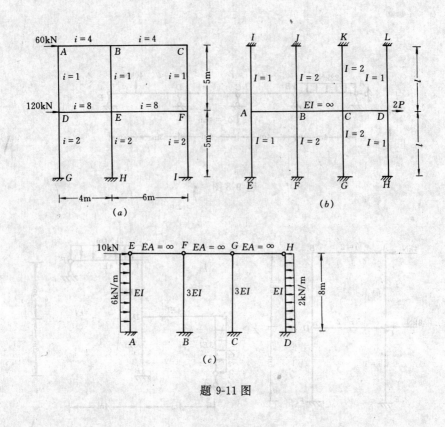

题 9-11 图

第十章 影响线及其应用

第一节 影响线的概念

前面各章讨论了结构在固定荷载作用下内力和位移的计算。工程实际中，除了这种位置固定的荷载外，还要遇到位置改变的荷载。例如在吊车梁上行驶的吊车，在桥梁上行驶的火车和汽车等，这种荷载称为移动荷载。在本章中只讨论在移动荷载作用下结构的内力计算问题。显然，当荷载改变位置时，结构的反力、各截面的内力都要随之改变。设计时必须求出反力和内力的最大值作为设计依据，这就需要研究反力和内力的变化规律，从而确定使某一反力或内力产生最大值的荷载位置，称为最不利荷载位置。

结构在移动荷载作用下的计算，从原理上与固定荷载作用下的计算相同，只是荷载位置是改变的。以吊车梁为例，图 10-1a、b 为工业厂房中的桥式吊车，它由桥架及在其上运行的小车组成。重物由小车起吊沿桥架移动，桥架两端的轮子在吊车梁上沿厂房纵向移动，轮子的压力包括重物、桥架自重及小车自重，称为吊车轮压。吊车梁支承在柱的牛腿上，计算时按简支梁考虑（图 10-1c）。当吊车自左向右移动时，左支座反力 R_A 将逐渐减小，而右

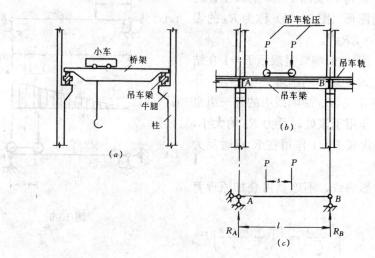

图 10-1

支座反力 R_B 则不断增大。设欲求 R_B 的最大值，读者自然会想到，可将吊车放在全梁的许多位置上，算出其在每一位置时的 R_B 值，然后加以比较，从中找出最大值。显然这种做法计算工作量很大，是不可取的。

注意到这是一组间距不变的力，为了研究这组力对 R_B 的影响，我们可以先求出单个力 P 移动时 R_B 的改变规律，有了这个规律就不难利用叠加原理求出这一组力移动时 R_B 的改变规律，从而找出其最大值。

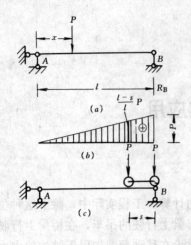

现在研究单个力 P 在梁上移动时（图 10-2a）R_B 的改变规律。这可由静力平衡条件求得。设以 A 为坐标原点，以 x 表示力 P 距 A 点的距离，然后将 P 看作暂时不动，由 $\Sigma M_A = 0$ 得

$$R_B = \frac{x}{l}P \qquad (10\text{-}1)$$

此即 R_B 的改变规律。可见 R_B 是 x 的一次函数，当 $x=0$ 时（P 作用于 A 点），$R_B=0$；当 $x=l$ 时（P 作用于 B 点），$R_B=P$。总之，无论 P 作用在何处，都可由上式算出 R_B 的数值。为了清楚起见，作出此函数的图形如图 10-2b 所示。图中横坐标代表力 P 的位置，纵坐标代表 R_B 的数值。

图 10-2

由这个图形可以看出，当 P 作用在 B 点时 R_B 有最大值。由这个图形还可以看出，图 10-1c 所示的吊车越向右移 R_B 的值越大，当吊车的右轮移到 B 点时（图 10-2c），R_B 值达最大。这个最大值可以根据图 10-2b 按叠加原理计算如下：

$$R_B^{\max} = P + \frac{l-s}{l}P = \left(1 + \frac{l-s}{l}\right)P \qquad (A)$$

为了简便，通常对应 $P=1$（所谓单位力）来绘这个图形，这只需将 P 及图 10-2b 的纵坐标均除以 P，所得到的图形（图 10-3b）称为 R_B 的影响线。常简写为 $I \cdot LR_B$ [1]。

这样，某一量值[2]的影响线是表示 $P=1$ 在结构上移动时该量值改变规律的图形。

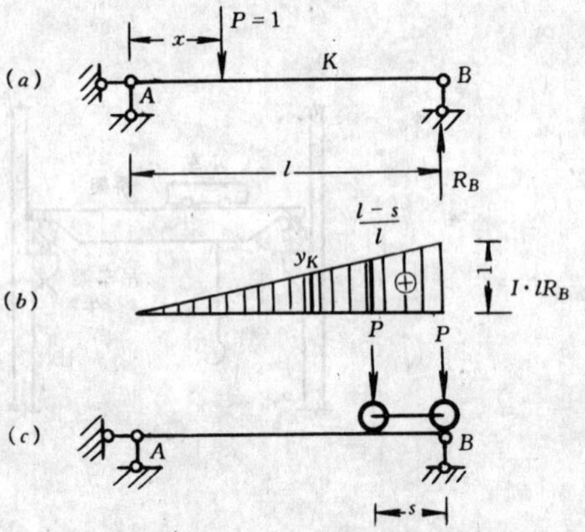

根据影响线的定义，R_B 影响线中的任一纵坐标即代表当 $P=1$ 作用于该处时反力 R_B 的大小，例如图中的 y_K 即代表 $P=1$ 作用在 K 点时反力 R_B 的大小。

借助于 R_B 的影响线，不难利用叠加原理算出 R_B 的最大值：

$$R_B^{\max} = P \times 1 + P \times \frac{l-s}{l} = \left(1 + \frac{l-s}{l}\right)P$$
$$(B)$$

图 10-3

与式（A）相同。

这是个简例，对于较为复杂的情况，在移动荷载作用下求最大内力值的问题并不这样简单。后面将会知道，影响线是解决这一问题的有力工具。

---

❶ 英文 R_B 影响线（Influence Line R_B）的缩写。
❷ 今后把某支座反力或某一截面内力等统称为量值。

应当注意，作影响线时 $P=1$ 是无量纲数，即 R_B 影响线的纵坐标是由无量纲的单位力引起的支座反力 R_B 之值，所以 R_B 影响线纵坐标的量纲等于反力 R_B 的量纲除以力的量纲，即 ［力］／［力］，是无量纲数。

本章将首先讨论静定结构影响线的作法，然后再讨论影响线的应用。最后对超静定结构的影响线进行分析。

<h1 style="text-align:center">第二节　静力法作静定梁的影响线</h1>

作影响线的基本方法有静力法和机动法两种。上节作 R_B 影响线的方法就是静力法。现将用静力法作影响线的步骤归纳如下：

（1）将单位荷载 $P=1$ 放在结构上任意位置，适当选择坐标原点，用横坐标 x 表示单位荷载的位置；

（2）利用平衡方程将某量值表达为 x 的函数，即列影响线方程；

（3）将此函数用图形表示出来，即得所求的影响线。

下面以简支梁为例介绍用静力法作静定梁影响线的方法。

一、支座反力影响线

前节已作出支座反力 R_B 的影响线，现在作支座反力 R_A 的影响线（图 10-4a）。

取 B 点为坐标原点较为方便，将 $P=1$ 放在任意位置，距 B 点为 x（此时 x 以向左为正），设反力 R_A 向上为正。由 $\Sigma M_B=0$，有

$$R_A l - Px = 0$$

得

$$R_A = \frac{x}{l} \qquad (10\text{-}2)$$

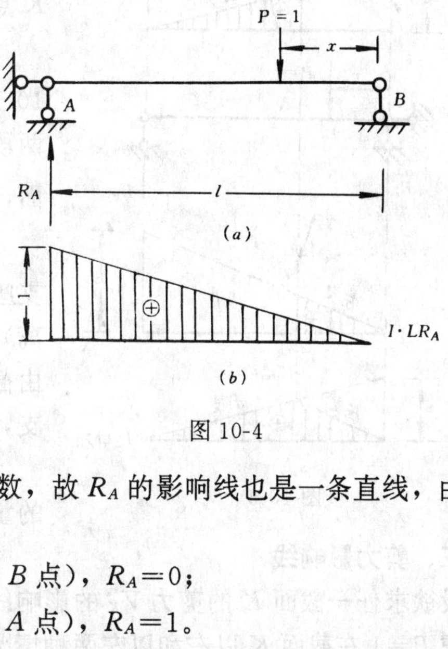

图 10-4

这就是 R_A 的影响线方程，把它绘成函数图形，即得 R_A 的影响线。因 R_A 是 x 的一次函数，故 R_A 的影响线也是一条直线，由两点即可确定：

当 $x=0$ 时（$P=1$ 在 B 点），$R_A=0$；

当 $x=l$ 时（$P=1$ 在 A 点），$R_A=1$。

于是 R_A 的影响线如图 10-4b 所示。通常规定将正的纵坐标绘在基线上面，负的绘在下面，并注明正负号。

由此得绘制简支梁支座反力影响线的规律：在支座处向上取纵坐标 1，将其顶点以直线与另一支座处零点相连。应当记住这个规律，以后作它们的影响线时，不必每次写出影响线方程，可直接按上述规律绘出。

二、弯矩影响线

作弯矩影响线时，必须先指定截面位置。设欲求任一截面 K 的弯矩 M_K 的影响线（图 10-5a）。由于 $P=1$ 作用于截面 K 以左和以右 M_K 的影响线方程不同，所以须分别考虑这两

种情况。

（1）$P=1$ 在截面 K 以右时，为计算简便，取截面 K 以左部分为隔离体，并规定使梁下边受拉的弯矩为正，由 $\Sigma M_K=0$ 得

$$M_K = R_A a \qquad (10\text{-}3a)$$

其中 R_A 随 $P=1$ 的位置改变而改变，是 x 的一次函数（式 10-2），而距离 a 是常数。这说明 M_K 与 R_A 成正比，即 M_K 的影响线与 R_A 的影响线形状相同，但其纵坐标"增大 a 倍"。上式还说明 M_K 的符号与 R_A 的符号相同，即 R_A 影响线的正处 M_K 也为正。

应当注意，这条直线仅适用于截面 K 以右（因为影响线方程是针对这一段写出的），称之为右支（图 10-5b 阴影线部分），其在 K 点的纵坐标为 $\dfrac{ab}{l}$。

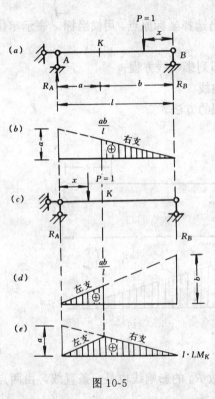

图 10-5

（2）$P=1$ 在截面 K 以左时（图 10-5c），取截面 K 以右部分为隔离体计算简便，由 $\Sigma M_K=0$ 得

$$M_K = R_B b \qquad (10\text{-}3b)$$

上式说明 M_K 的影响线为增大 b 倍的 R_B 的影响线，符号也与 R_B 影响线相同。这条直线仅适用于截面 K 以左，称之为左支（图 10-5d 阴影线部分）。其在 K 点的纵坐标也为 $\dfrac{ab}{l}$。

将左右两支联合起来就得到 M_K 的影响线（图 10-5e）。可见，M_K 的影响线是一个三角形，由左右两段直线（两支）组成，两支的交点即在截面 K 下面，其纵坐标值为 $\dfrac{ab}{l}$。

由此得绘制简支梁弯矩影响线的规律：先在左支座处向上取纵坐标 a（等于截面至左支座之距离），将其顶点与右支座处的零点用直线相连，然后由截面引竖线与该直线相交，交点以右部分即为右支，再将交点与左支座处的零点相连即得左支。

由于 $P=1$ 为无量纲数，故弯矩影响线纵坐标的量纲为 [长度]。

三、剪力影响线

设欲求任一截面 K 的剪力 V_K 的影响线。也需要考虑 $P=1$ 在截面 K 以右和以左两种情况。

（1）$P=1$ 在截面 K 以右时（图 10-6a），取左部为隔离体，剪力的正负号规定同前，图中设剪力为正。由 $\Sigma Y=0$，得

$$V_K = R_A \qquad (10\text{-}4a)$$

这说明 V_K 影响线的右支与 R_A 影响线相同（数值与符号均同），如图 10-6b 所示。K 点的纵坐标为 $\dfrac{b}{l}$。

（2）$P=1$ 在截面 K 以左时（图 10-6c），取右部为隔离体，由 $\Sigma Y=0$，得

$$V_K = -R_B \qquad (10\text{-}4b)$$

这说明 V_K 影响线的左支与 R_B 影响线数值相同，但符号相反（图 10-6d）。K 点的纵坐标为 $-\dfrac{a}{l}$。其全部影响线如图 10-6e 所示。

由上可知，V_K 的影响线由两段相互平行的直线组成，其纵坐标在 K 点发生突变，也就是当 $P=1$ 经过截面 K 时，截面 K 的剪力值发生突变，突变值等于 1。当 $P=1$ 作用在截面 K 稍左时，V_K 之值为 $-\dfrac{a}{l}$，当 $P=1$ 作用在截面 K 稍右时，V_K 之值为 $\dfrac{b}{l}$，而当 $P=1$ 恰好作用在截面 K 上时，V_K 之值是不确定的。

由此得绘制简支梁剪力影响线的规律：在左支座处向上取纵坐标 1，将其顶点与右支座处零点用直线相连，在右支座处向下取纵坐标（-1），将其顶点与左支座处零点用直线相连，再由截面引竖线与该两条平行线相交，竖线以左取负号部分得左支，以右取正号部分得右支。

剪力影响线的纵坐标与支座反力影响线一样，也是无量纲数。

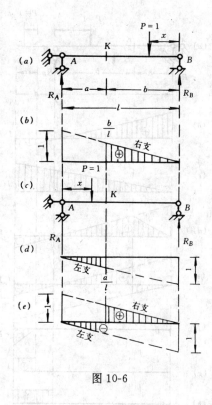

图 10-6

【**例 10-1**】 作图 10-7a 所示单伸臂梁的 R_A、R_B、M_K、V_K、M_j、V_j、$V_{B左}$ 和 $V_{B右}$ 的影响线。

【**解**】 （1）支座反力的影响线

先作反力 R_A 的影响线。取 B 为坐标原点，x 以向左为正。由 $\Sigma M_B=0$ 得

$$R_A=\frac{x}{l}$$

该方程是利用整体平衡条件写出的，不论 $P=1$ 作用于跨中或伸臂上都成立，故 R_A 的影响线为一条直线。当 $x=0$ 时，$R_A=0$；当 $x=l$ 时，$R_A=1$。据此作出 R_A 的影响线如图 10-7b 所示。当 $P=1$ 作用在 B 点以右时，$x<0$，R_A 为负值。这说明当 $P=1$ 移至伸臂上时，R_A 变成向下的。这样，R_A 影响线的跨中部分与简支梁的 R_A 影响线相同，伸臂部分是跨中部分的延伸。

按此规律作出 R_B 的影响线如图 10-7c 所示。

（2）跨中截面 K 的内力影响线

当 $P=1$ 在截面 K 以右时，由左隔离体的平衡条件得

$$M_K=R_Aa, \quad V_K=R_A$$

当 $P=1$ 在截面 K 以左时，由右隔离体的平衡条件得

$$M_K=R_Bb, \quad V_K=-R_B$$

上述各式表明，伸臂梁跨中截面内力的影响线方程与简支梁相应内力影响线方程完全相同，

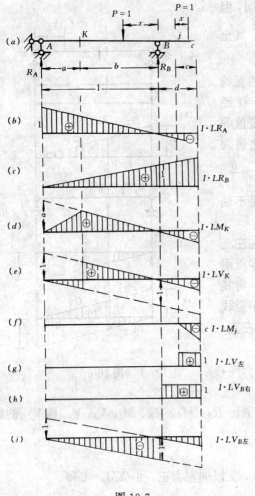

图 10-7

因而与作支座反力影响线的步骤一样，只需先将简支梁截面 K 的 M_K 和 V_K 影响线作好，再将右支向伸臂部分延伸即得伸臂梁的 M_K 和 V_K 影响线（图 10-7d、e）。

（3）伸臂上截面 j 的内力影响线

为计算方便，取 j 为坐标原点，x 以向右为正。当 $P=1$ 在截面 j 以左时，由右隔离体的平衡条件得

$$M_j = 0, \quad V_j = 0$$

这表明 M_j 和 V_j 影响线的纵坐标处处为零，故 M_j 和 V_j 影响线的左支均为"零线"（与基线重合）。

当 $P=1$ 在截面 j 以右时，由右隔离体的平衡条件得

$$M_j = -x, \quad V_j = 1$$

故 M_j 影响线的右支为一斜直线，当 $x=0$ 时，$M_j=0$；当 $x=c$ 时，$M_j=-c$。V_j 影响线的右支为一水平线，纵坐标处处为 1。据此作出 M_j 和 V_j 的影响线如图 10-7f、g 所示。

综上所述，作伸臂梁的反力及跨中截面内力的影响线时，可先作出无伸臂简支梁的相应影响线，然后向伸臂部分延伸即得。伸臂上截面的内力影响线，只在截面以外的伸臂部分有值，而在截面以内部分影响线均为"零线"。

（4）支座 B 处截面的剪力影响线

支座 B 左右两侧截面的剪力不同，所以相应的影响线也不一样，需分别讨论。截面 $B_左$ 位于跨中，所以 $V_{B左}$ 的影响线可由跨中截面 K 的剪力影响线使截面 K 无限靠近截面 $B_左$ 而得到（图 10-7i）；而截面 $B_右$ 位于伸臂上，则 $V_{B右}$ 的影响线应由伸臂上截面 j 的剪力影响线使截面 j 无限靠近截面 $B_右$ 而得到（图 10-7h）。

【**例 10-2**】 作图 10-8a 所示吊车梁支座 B 的反力 R_B 的影响线。

【**解**】 支座 B 既是简支梁 AB 的右支座，又是 BC 的左支座。当 $P=1$ 在支座 A 以左和支座 C 以右移动时，支座 B 不受力，R_B 影响线为零线；当 $P=1$ 作用在支座 B 上时，$R_B=1$；当 $P=1$ 在支座 B 左右

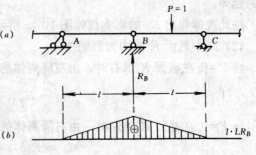

图 10-8

相邻两跨间移动时，R_B 按直线规律变化。R_B 影响线如图 10-8b 所示。可以看出，它是相邻简支梁 AB 的右支座反力影响线和 BC 梁的左支座反力影响线的组合。

【例 10-3】 作图 10-9a 所示多跨静定梁的 M_K 及 V_j 的影响线。

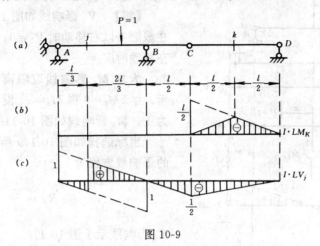

图 10-9

【解】 对于多跨静定梁，关键在于分清基本部分和附属部分，以及它们之间力的传递关系，再利用单跨静定梁的影响线，便可使其影响线的绘制得到简化。

(1) M_K 影响线

截面 K 属于附属梁 CD 上的截面，当 $P=1$ 在基本梁 AC 上移动时，附属梁不受力，故在基本梁部分的影响线为零线。当 $P=1$ 在附属梁 CD 上移动时，基本梁为其支座，则附属梁 CD 为一简支梁，故影响线按简支梁绘出。M_K 的全部影响线如图 10-9b 所示。

(2) V_j 影响线

截面 j 属于基本梁 AC 上的截面，也需考虑两种情况。当 $P=1$ 在基本梁上移动时，附属梁不受力，与没有附属梁一样，因此这部分影响线与单伸臂梁相同。当 $P=1$ 在附属梁上移动时，基本梁也受力，所以影响线在附属梁部分也有值。那么这部分影响线按什么规律变

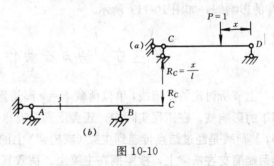

图 10-10

化呢? 此时 $P=1$ 对基本梁的影响是通过中间铰 C 传来的支座压力 R_C（图 10-10b），由图 10-10a 知 $R_C = \dfrac{x}{l}$，是 x 的一次函数，就是说当 $P=1$ 在附属梁上移动时，基本梁在 C 点受到大小随 x 按直线规律变化的力 R_C。因此基本梁上任一内力也必为 x 的一次函数。当 $x=0$ 时（$P=1$ 在 D 点）$R_C=0$，$V_j=0$；当 $x=l$ 时（$P=1$ 在 C 点）$R_C=1$，V_j 值可由基本梁部分影响线 C 处之值求出：$V_j = -\dfrac{1}{2}$，将其与支座 D 处零点相连即得 V_j 在附属梁部分的影响线。V_j 的全部影响线如图 10-9c 所示。

由此得绘制多跨静定梁内力（或支座反力）影响线的规律如下：附属梁上某量值的影响线仅限于附属梁范围，作法与相应单跨梁的影响线相同，在基本梁范围为零线。基本梁上某量值的影响线，布满基本梁及与其相关的附属梁，先作出基本梁范围的影响线（作法

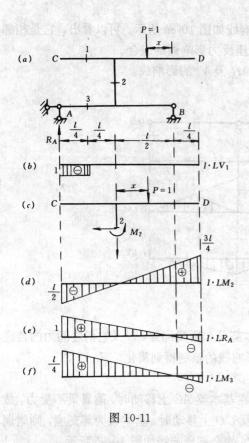

图 10-11

与相应单跨梁的相同），在附属梁范围连直线。

【例 10-4】 作图 10-11a 所示结构的 V_1、M_2、R_A 和 M_3 的影响线。$P=1$ 在 CD 上移动。

【解】 V_1 影响线如图 10-11b 所示。$P=1$ 在截面 1 以右移动时 $V_1=0$；$P=1$ 在截面 1 以左移动时 $V_1=-1$。

为求 M_2 影响线取隔离体如图 10-11c 所示。由 $\Sigma M_2=0$ 得 $M_2=x$。设 M_2 以使左侧受拉为正。M_2 影响线如图 10-11d 所示。

坐标选择如图 10-11a 所示，支座反力 R_A 的影响线方程为

$$R_A = \frac{x}{l}$$

R_A 影响线示于图 10-11e。

由于 $P=1$ 在上面梁上移动，而不在下面梁上移动，所以 M_3 总是等于

$$M_3 = R_A \times \frac{l}{4}$$

此式表明，把 R_A 影响线的纵坐标乘以 $\dfrac{l}{4}$ 即得 M_3 的影响线，如图 10-11f 所示。

第三节 结点荷载作用下梁的影响线

上节所讨论的影响线，单位荷载 $P=1$ 都是直接作用在梁上的情况，故称为直接荷载作用下的影响线。在工程实际中，还会遇到具有纵横梁的结构系统，如楼盖系统、桥面系统等，其荷载是经过结点传递到主梁（或桁架）上的。图 10-12a 示一桥梁结构的计算简图。纵梁两端简支在横梁上，横梁搁在主梁上。荷载直接作用在纵梁上，通过横梁传到主梁。称搁横梁处为结点，不论纵梁承受何种荷载，主梁只在结点处承受集中力，称为结点荷载。下面以图 10-12a 主梁截面 K 的弯矩影响线为例来说明主梁影响线的作法。

先作出 $P=1$ 直接在主梁 AB 上移动时 M_K 的影响线，如图 10-12b 中虚线所示。现在来考察当 $P=1$ 经结点传递时 M_K 影响线将如何改变。

首先考察 $P=1$ 移动到各结点上的情况，显然，这相当于 $P=1$ 直接作用在主梁各结点上，所以在各结点处结点荷载作用下 M_K 影响线的纵坐标与直接荷载作用下相应的纵坐标完全相同。即图 10-12b 中直接荷载作用下 M_K 影响线的纵坐标 y_C、y_D、y_E 及两端点处的零坐标依然有效。

其次考察 $P=1$ 在任一纵梁 CD 上移动时的情况（图 10-12c）。此时 M_K 是支座压力 R_C 和 R_D 引起的，根据影响线的定义和叠加原理，上述两个结点力引起的 M_K 值为

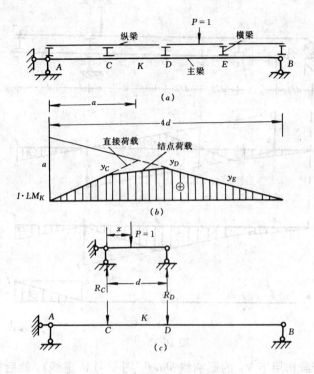

图 10-12

$$M_K = R_C y_C + R_D y_D$$

如所已知，R_C 和 R_D 均是 x 的一次函数，分别为

$$R_C = \frac{d-x}{d}, \quad R_D = \frac{x}{d}$$

故 M_K 也是 x 的一次函数

$$M_K = \frac{d-x}{d} y_C + \frac{x}{d} y_D$$

上式表明，$P=1$ 在纵梁 CD 上移动时 M_K 的影响线是一条直线，只需将直接荷载作用下的影响线上 C 点和 D 点的纵坐标 y_C 和 y_D 的顶点用直线相连即得。当 $P=1$ 在其他纵梁上移动时，M_K 影响线的作法与此相仿。这样，绘得结点荷载作用下 M_K 的影响线如图 10-12b 中实线所示。由图可见，在结点荷载作用下，除截面 K 所在结间外，其余各结间与直接荷载作用下的影响线处处相重合。

综上所述，结点荷载作用下影响线的作法如下：

（1）先作出直接荷载作用下的相应影响线；

（2）将传递结点投影到上述影响线上；

（3）在相邻投影点的纵标之间连以直线（称为过渡线或修正线）。

【例 10-5】 作图 10-13a 所示系统主梁的 V_K、$V_{E左}$ 和 $V_{E右}$ 的影响线。

【解】 （1）V_K 的影响线

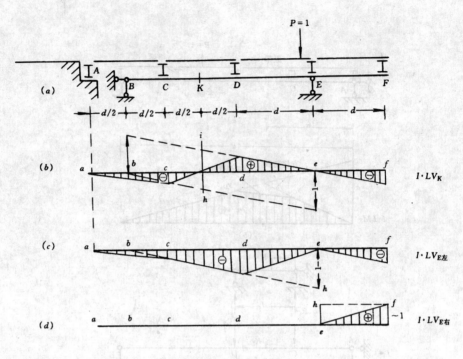

图 10-13

首先作出直接荷载作用下 V_K 的影响线 $bhief$（图 10-13b 虚线），然后将结点 C、D、E、F 投影到上述影响线上，得 c、d、e、f 点，由于结点 A 支承在别的物体上，所以当 $P=1$ 作用于结点 A 时梁不受力，$V_K=0$，故应将 A 点投影到基线上，于是得到 a 点。将 a、c、d、e、f 点之间以直线相连即得结点荷载作用下 V_K 的影响线（图 10-13b 实线所示）。

（2）$V_{E左}$、$V_{E右}$ 的影响线

按上述步骤作出 $V_{E左}$、$V_{E右}$ 的影响线分别如图 10-13c、d 实线所示，请读者自行校核。需要注意的是：在作 $V_{E左}$ 的影响线时，因为计算截面在结点 E 稍左，所以结点 E 应投影到直接荷载作用下 $V_{E左}$ 影响线的右支上，得到 e 点（纵坐标为零），故得结间 DE 和 EF 的过渡线段 de 和 ef（图 10-13c）。在作 $V_{E右}$ 的影响线时，因为计算截面在结点 E 稍右，故结点 E 应投影到直接荷载作用下 $V_{E左}$ 影响线的左支上，得到 e 点（纵坐标为零），则得结间 EF 的过渡线段 ef（图 10-13d）。

第四节　静力法作静定桁架的影响线

用静力法作静定桁架的影响线时，其步骤与前述静定梁完全相同。首先要由静力平衡条件列出所求杆件内力的影响线方程，据此再作出相应的影响线。对于桁架，在固定荷载作用下需用结点法来求的内力，作其影响线时也用结点法；在固定荷载作用下需用截面法来求的内力，作其影响线时也用截面法，只不过作影响线时作用的荷载是一个移动的单位荷载。因此，需要针对 $P=1$ 在不同部分移动时，分别列出所求内力的影响线方程。其次，桁架通常承受结点荷载，故上节关于结点荷载作用下梁的影响线的性质对其都适用。

现以图 10-14a 所示平行弦桁架为例来说明桁架影响线的静力作法。

对于单跨梁式桁架，支座反力的影响线与相应单跨梁相同，R_A、R_B 的影响线如图 10-14b、c 所示。下面讨论内力影响线。设荷载 $P=1$ 在上弦移动。

一、截面法（力矩法）

欲作下弦杆 12 的轴力 N_{12} 的影响线，可用截面法。作截面 I - I，因另外两杆相交，故

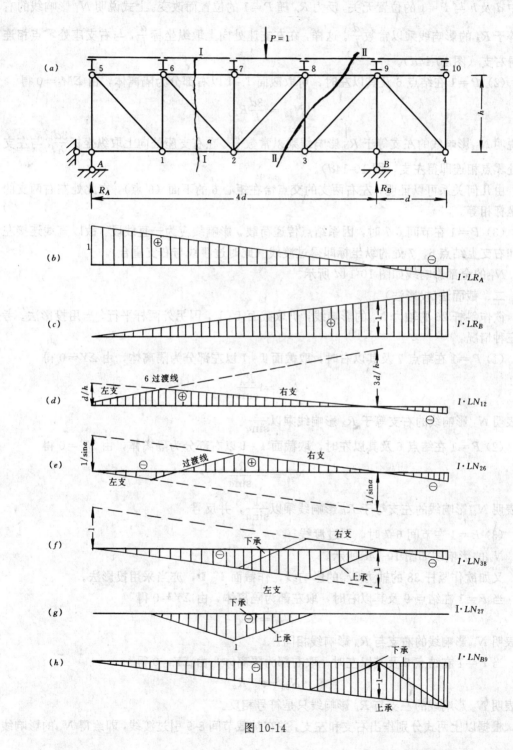

图 10-14

应写力矩方程，矩心在上弦结点 6。需考察三种情况：

(1) $P=1$ 在结点 7 及其以右时，可取截面 I - I 以左部分为隔离体，由 $\Sigma M_6 = 0$ 得

$$N_{12} = \frac{d}{h} R_A$$

式中 d 及 h 与 $P=1$ 的位置无关，反力 R_A 随 $P=1$ 的位置而改变。上式说明 N_{12} 影响线的右支等于 R_A 的影响线乘以常数 $\frac{d}{h}$。这样，在左支座处向上取纵坐标 $\frac{d}{h}$，与右支座处零点相连即得右支（图 10-14d）。

(2) $P=1$ 在结点 6 及其以左时，可取截面 I - I 以右部分为隔离体，由 $\Sigma M_6 = 0$ 得

$$N_{12} = \frac{3d}{h} R_B$$

这说明 N_{12} 影响线的左支等于 R_B 影响线乘以常数 $\frac{3d}{h}$。在右支座处向上取纵坐标 $\frac{3d}{h}$，与左支座处零点相连即得左支（图 10-14d）。

由几何关系可以证明，左右两支的交点恰在矩心 6 的下面（6′点），在此处左右两支的纵坐标相等。

(3) $P=1$ 在节间 6-7 时，因系结点传递荷载，影响线应为一直线段。故以直线连接左支和右支上结点 6、7 处的纵坐标即得过渡线（此时过渡线与右支重合）。

N_{12} 的全部影响线如图 10-14d 所示。

二、截面法(投影法)

欲作斜杆 26 的轴力 N_{26} 的影响线，仍取截面 I - I，因另外两杆平行，当用投影法。考察三种情况：

(1) $P=1$ 在结点 7 及其以右时，取截面 I - I 以左部分为隔离体，由 $\Sigma Y = 0$ 得

$$N_{26} = \frac{R_A}{\sin\alpha}$$

这表明 N_{26} 影响线的右支等于 R_A 影响线乘以 $\frac{1}{\sin\alpha}$。

(2) $P=1$ 在结点 6 及其以左时，取截面 I - I 以右部分为隔离体，由 $\Sigma Y = 0$ 得

$$N_{26} = -\frac{R_B}{\sin\alpha}$$

这表明 N_{26} 影响线的左支等于 R_B 影响线乘以 $\frac{1}{\sin\alpha}$，并反号。

(3) $P=1$ 在节间 6-7 时，引过渡线。

N_{26} 的影响线如图 10-14e 所示。

又如欲作竖杆 38 的轴力 N_{38} 的影响线，作截面 II - II，亦当采用投影法。

当 $P=1$ 在结点 9 及其以右时，取左部为隔离体，由 $\Sigma Y = 0$ 得

$$N_{38} = R_A$$

这表明 N_{38} 影响线的右支与 R_A 影响线相同。

当 $P=1$ 在结点 8 及其以左时，取右部为隔离体，由 $\Sigma Y = 0$ 得

$$N_{38} = -R_B$$

这表明 N_{38} 影响线的左支与 R_B 影响线只是符号相反。

根据以上两式分别作出右支和左支，并在被截节间 8-9 引过渡线，即绘得 N_{38} 的影响线

如图 10-14f 所示。

需要指出，由于所作截面 Ⅱ-Ⅱ 是斜的，所以 $P=1$ 沿上弦移动（称为上承）及沿下弦移动（称为下承）所对应的过渡线不同。当 $P=1$ 沿下弦移动时，左支的适用范围为结点 2 及其以左，右支的适用范围为结点 3 及其以右，因而过渡线与被截节间 2-3 相对应。图 10-14f 中示出了 N_{38} 影响线在下承时与上承时的差别。

由此可知，作桁架影响线时，要注意区分荷载 $P=1$ 是沿上弦移动还是沿下弦移动，因为在这两种情况下所作出的影响线有时是不相同的。

三、结点法

设欲作竖杆 27 的内力 N_{27} 的影响线，因杆 27 是个单杆，当用结点法来求，截取结点 7 为隔离体列平衡方程。需考察三种情况：

(1) $P=1$ 作用于所截取的结点 7 上时，由 $\Sigma Y=0$ 得

$$N_{27}=-1$$

(2) $P=1$ 在结点 8 及其以右和结点 6 及其以左时，由 $\Sigma Y=0$ 得

$$N_{27}=0$$

由此，影响线上结点 8 及其以右是零线，结点 6 及其以左也是零线。

(3) $P=1$ 在节间 6-7 及 7-8 时，引过渡线。绘得 N_{27} 影响线如图 10-14g 所示。

若 $P=1$ 在下弦移动时，$N_{27}=0$，即不论 $P=1$ 移到什么位置，N_{27} 永远是零杆，则 N_{27} 的影响线为零线（图 10-14g）。

图 10-14h 示 N_{B9} 的影响线，也是用结点法作出的，取结点 B 为隔离体，由 $\Sigma Y=0$ 得

$$N_{B9}=-R_B$$

这表明 N_{B9} 的影响线与 R_B 的影响线只是符号相反。

若 $P=1$ 在下弦移动时，当 $P=1$ 在结点 3 及其以左和结点 4 上时，影响线方程与上式（$P=1$ 在上弦移动）相同；当 $P=1$ 作用于结点 B 上时，其与支座反力 R_B 抵消，桁架不受力，$N_{B9}=0$；当 $P=1$ 在节间 3-B 和 B-4 时，引过渡线（图 10-14h）。

四、结点法与截面法的联合应用

设欲作图 10-15a 所示 K 式桁架中斜杆轴力 N_{K9} 的影响线。荷载 $P=1$ 沿下弦移动。在固定荷载作用下，该杆内力可借助于结点 K 及截面 Ⅰ-Ⅰ 的平衡条件联合求出，作其影响线仍按这一途径解决。

截取结点 K，由 $\Sigma X=0$ 得

$$N_{K3}=-N_{K9}$$

再作截面 Ⅰ-Ⅰ，当 $P=1$ 在结点 3 及其以右时，取截面左部为隔离体，由 $\Sigma Y=0$ 得

$$N_{K9}=-\frac{1}{2\sin\alpha}R_A$$

当 $P=1$ 在结点 2 及其以左时，取截面右部为隔离体，由 $\Sigma Y=0$ 得

$$N_{K9}=\frac{1}{2\sin\alpha}R_B$$

根据以上两式作出左、右两支，并在被截节间 2-3 引过渡线即得 N_{K9} 的影响线如图 10-15b 所示。

【例 10-6】 作图 10-16a 所示桁架杆件内力 N_{67}、N_{62} 和 N_{72} 的影响线。荷载 $P=1$ 沿下

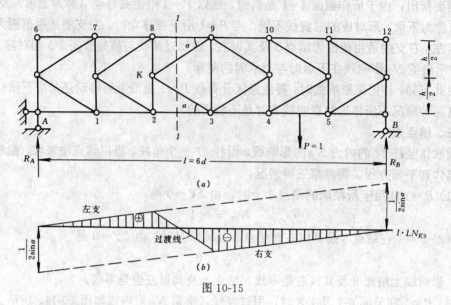

图 10-15

弦移动。

【解】 (1) N_{67} 的影响线

作截面 I-I，以结点 2 为矩心，用力矩法来求。为了计算简便，将 N_{67} 在结点 7 处分解为水平分力 X_{67} 和竖向分力 Y_{67}，则由 $\Sigma M_2 = 0$ 可写出水平分力 X_{67} 的影响线方程。当 $P = 1$ 在结点 2 及其以右时，取截面左部为隔离体，由 $\Sigma M_2 = 0$ 得

$$X_{67} = -\frac{2d}{h} R_A$$

当 $P = 1$ 在结点 1 及其以左时，取截面右部为隔离体，由 $\Sigma M_2 = 0$ 得

$$X_{67} = -\frac{4d}{h} R_B$$

根据上面两式分别作出右、左两支，并在节间 1-2 引过渡线即得水平分力 X_{67} 的影响线如图 10-16b 所示。再根据比例关系 $\dfrac{X_{67}}{N_{67}} = \cos\beta$，便可得到 N_{67} 的影响线（图 10-16c）。

(2) N_{62} 的影响线

仍作截面 I-I，用力矩法。此时矩心在桁架跨度以外的 O 点。同样，将 N_{62} 在结点 2 处分解为水平分力和竖向分力。当 $P = 1$ 在结点 2 及其以右时，取截面左部为隔离体，由 $\Sigma M_O = 0$ 得

$$Y_{62} = \frac{a}{a + 2d} R_A$$

当 $P = 1$ 在结点 1 及其以左时，取截面右部为隔离体，由 $\Sigma M_O = 0$ 得

$$Y_{62} = -\frac{a + l}{a + 2d} R_B$$

分别将 R_A 和 R_B 的影响线乘以 $\left(\dfrac{a}{a + 2d}\right)$ 和 $\left(-\dfrac{a + l}{a + 2d}\right)$ 便可作出右、左两支，并在节间 1-2 引

264

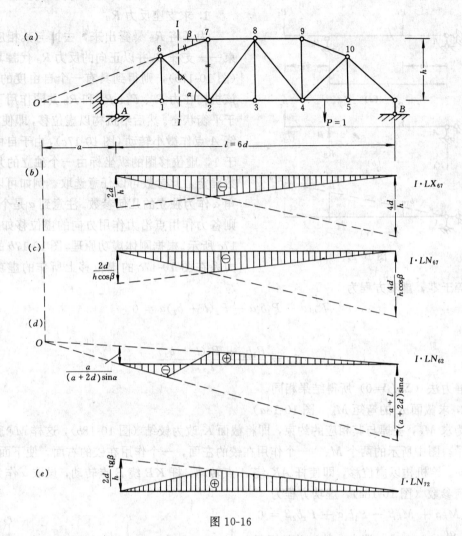

图 10-16

过渡线即得 Y_{62} 的影响线。根据比例关系，再将 Y_{62} 影响线纵标乘以 $\dfrac{1}{\sin\alpha}$ 便得 N_{62} 的影响线，如图 10-16d 所示。

(3) N_{72} 的影响线

可利用已作出的 N_{67} 的影响线用结点法来求。截取结点 7，由 $\Sigma Y=0$ 得

$$N_{72}=-N_{67}\sin\beta$$

可见，只须将 N_{67} 的影响线纵标乘以 $\sin\beta$ 并反号，便得到 N_{72} 的影响线如图 10-16e 所示。

第五节　机动法作静定梁的影响线

一、用机动法求支座反力和内力

为了更好地了解机动法，先讨论在固定荷载作用下如何用机动法求支座反力和内力。下

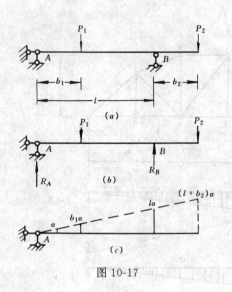

图 10-17

面以图 10-17a 所示伸臂梁为例来说明。

1. 求支座反力 R_B

为了将 R_B 暴露出来，去掉与其相应的约束——支杆 B，并以正向的反力 R_B 代替其作用（图 10-17b），则得到具有一个自由度的机构，该机构在力 P_1、P_2、R_A 和 R_B 共同作用下仍处于平衡状态。然后给机构以虚位移，即使杆 AB 绕 A 点作微小转动（图 10-17c），由于自由度等于 1，虚位移图的纵坐标由一个独立的几何参数确定，此参数可以任意选取，例如可以取转角 α 作为独立的几何参数。注意到 α 是个微量，则各力作用点沿力作用方向的虚位移如图 10-17c 所示。根据刚体虚功原理，图 10-17b 的平衡力系在图 10-17c 的虚位移上所作的虚功总和应当等于零，虚功方程为

$$R_B l\alpha - P_1 b_1 \alpha - P_2 (l + b_2)\alpha = 0$$

由此得

$$R_B = \frac{P_1 b_1 + P_2(l + b_2)}{l}$$

这与静力法（$\Sigma M_A = 0$）所得结果相同。

2. 求截面 K 的弯矩 M_K（图 10-18a）

为求 M_K，去掉与其相应的约束，即将截面 K 改为铰结（图 10-18b），这样 M_K 就暴露出来了，图中所示的两个 M_K，一个作用在铰的左面，一个作用在铰的右面，使下面受拉，为正向。给机构以虚位移，即使杆 AK 绕 A 点转动，杆 KB 绕 B 点转动，设取 α 作为独立的几何参数（图 10-18c），虚功方程为

$$M_K \alpha + M_K \beta - P_1 b_1 \alpha + P_2 b_2 \beta = 0$$

将 $\beta = \dfrac{a\alpha}{b}$ 代入上式，消去参数 α 并整理得

$$M_K = \frac{P_1 b_1 b - P_2 b_2 a}{l}$$

由上述分析可知，在用机动法求解过程中，关键在于作出相应机构的虚位移图，从虚位移图中找出各力作用点位移间的几何关系，在虚功方程中消去位移参数，即可解出未知力。这样，利用虚功原理，就把求反力或内力这个静力问题转化为几何问题。

二、用机动法作影响线

如所已知，作影响线就是在移动荷载作用下求内力。因此，也可以用机动法作影响线。

不难看出，图 10-17c 所示机构的虚位移图

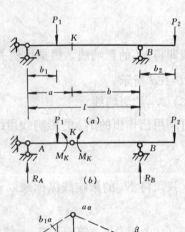

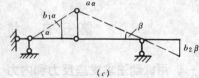

图 10-18

266

与 R_B 影响线（图 10-7c）的形状相同；图 10-18c 所示的虚位移图与 M_K 影响线（图 10-7d）的形状相同。由此可得结论：相应机构的虚位移图就是所求反力或内力影响线的形状。下面以图 10-19a 所示梁的 R_A 影响线为例加以证明。

图 10-19b 所示为求 R_A 所用的机构，图 10-19c 示其沿 R_A 正向发生的虚位移图。位移图的纵坐标设以 α 确定，当给定 α 时，与 R_A 对应的纵坐标 $l\alpha$、与 $P=1$ 对应的纵坐标 y 也就确定了。虚功方程为

$$R_A l\alpha - Py = 0$$

因 $P=1$，故得

$$R_A = \frac{y}{l\alpha} \qquad (10\text{-}5)$$

式中 $l\alpha$ 为常数，y 则随着 $P=1$ 的位置 x 而改变，因此式（10-5）可表为

$$R_A(x) = \frac{1}{l\alpha} y(x) \qquad (10\text{-}6)$$

这里 $R_A(x)$ 代表 R_A 的影响线，$y(x)$ 代表 $P=1$ 作用点的竖向位移图。

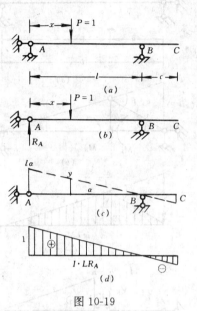

图 10-19

式（10-6）表明，R_A 的影响线与 $P=1$ 作用点的位移图成正比，比例系数为 $\frac{1}{l\alpha}$。也就是说，R_A 影响线的纵坐标等于虚位移图纵坐标除以 $l\alpha$。这就证明了 R_A 影响线与相应机构的虚位移图的形状相同。

如果要确定影响线纵坐标的数值，只需将虚位移图的纵坐标除以 $l\alpha$。除得的结果如图 10-19d 所示，在左支座处的纵坐标值等于 1。为了简便，可令 $l\alpha=1$，则式（10-6）成为

$$R_A(x) = y(x) \qquad (10\text{-}7)$$

由此可知，令 $l\alpha=1$ 时的虚位移图 $y(x)$ 就代表了 R_A 的影响线。

影响线的正负号可按下述确定：由式（10-7）知当 $P=1$ 作用于图 10-19a 所示位置时，R_A 为正，因此可以规定，虚位移图在基线上边时，R_A 影响线纵坐标为正●。

综上所述，用机动法作静定结构影响线的步骤可归纳如下：

（1）去掉与所求量值相应的约束，并代以正向的约束力；

（2）使所得机构沿约束力的正方向发生相应的单位位移，由此得到的虚位移图即为该量值的影响线；

（3）基线上边的纵坐标取正号，下边的取负号。

机动法的优点是不经计算即能很快地给出影响线的形状，这对于处理某些问题（例如，确定最不利荷载位置）显得特别方便。另外还可用来对静力法所作出的影响线进行校核。

【例 10-7】 用机动法作图 10-20a 所示伸臂梁截面 K 的弯矩和剪力影响线。

【解】 （1）M_K 的影响线

● 当 $P=1$ 在悬臂上时，位移图纵坐标 $y(x)$ 在基线下边，力 $P=1$ 作正功，则式(10-7)成为 $R_A(x)=-y(x)$，即 R_A 影响线纵坐标为负。

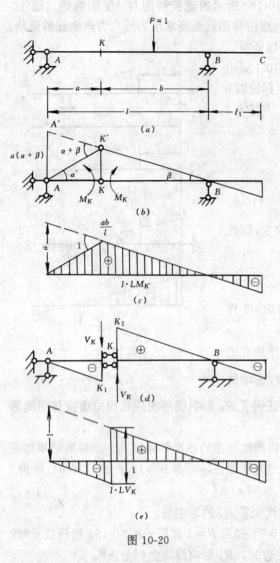

图 10-20

首先去掉与 M_K 相应的约束（即在截面 K 加铰），并代以一对正向力偶 M_K。然后使所得机构沿 M_K 的正向发生相应的位移，如图 10-20b 所示。这里与 M_K 相应的位移是铰 K 两侧截面的相对转角 $\alpha+\beta$，由于虚位移 $\alpha+\beta$ 是个微小转角，所以支座 A 处的截距 $AA'=a(\alpha+\beta)$。由此形成的虚位移图就是 M_K 影响线的形状。再令 $\alpha+\beta=1$，即得到 M_K 的影响线如图 10-20c 所示。在基线上边的纵坐标取正号，下边的取负号。

应当指出，这里所说的相对转角"1"的量纲既不是度也不是弧度，它是 $(\alpha+\beta)$ 除以 $(\alpha+\beta)$ 的结果。

（2）V_K 的影响线

去掉与 V_K 相应的约束（即将截面 K 切开，用两个与杆轴平行且等长的链杆相联结），并代以一对正向剪力 V_K，得图 10-20d 所示的机构。使机构沿 V_K 正向发生虚位移，由于截面 K 左右两边只能发生相对竖向位移，不能发生相对水平位移和相对转动，因此杆 AK 和 KB 在发生位移后应保持平行，截面 K 两侧的相对竖向位移为 KK_1+KK_2（图 10-20d），由这个位移图即可定出 V_K 影响线的形状。若令 $KK_1+KK_2=1$，则得到的位移图即为 V_K 的影响线，如图 10-20e 所示。

【例 10-8】 用机动法作图 10-21a 所示多跨静定梁的 M_1、V_1、M_2、$V_{C左}$、$V_{C右}$、M_E 和 V_D 的影响线。

【解】（1）M_1 的影响线

在截面 1 加铰，然后使所得机构沿 M_1 的正向发生单位虚位移。因铰 1 以左部分保持几何不变，故不发生虚位移，则只有铰 1 以右部分发生虚位移。因为 $1A$ 段不发生转角，所以只有 $1B$ 段绕铰 1 发生顺时针的单位转角，则 B 点发生了向下的大小为 1m 的竖向位移，因而使 BD 段绕 C 点发生转动（C 点不动），D 点产生竖向位移，从而又使 DF 段绕 E 点转动，虚位移图如图 10-21b 所示。由 B 点的纵坐标值不难根据比例关系定出其余点的纵坐标值。基线上面为正。此即 M_1 的影响线。

（2）V_1 的影响线

在截面 1 截开，加上两根平行链杆，然后使所得机构沿 V_1 正向发生单位虚位移。由于 1 以左部分保持几何不变，则只有 1 以右部分发生虚位移。$A1$ 和 $1B$ 两杆段只能相对错动，

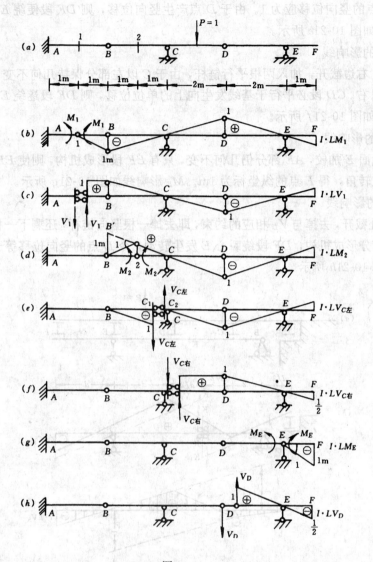

图 10-21

$A1$ 段不动，$1B$ 段必平行于 $A1$ 段发生向上的竖向单位位移，则 BD 段绕 C 点发生转动，从而使 DF 段绕 E 点转动，虚位移图如图 10-21c 所示，此即 V_1 的影响线。

(3) M_2 的影响线

在截面 2 加铰，并使机构沿 M_2 的正向发生单位虚位移。由于 B 以左不动，则虚位移图发生在 B 以右部分。$B2$ 段绕 B 点逆时针转动，$2D$ 段绕 C 点顺时针转动，由相对转角 1 定出 B 处的截距 $BB' = 1\text{m}$。由于 D 点产生竖向位移，则使 DF 段绕 E 点发生转动。M_2 的影响线如图 10-21d 所示。

(4) $V_{C左}$ 的影响线

为求支座 C 左侧截面的剪力影响线，在截面 C 左边截开，并加上两根平行链杆。使机构沿 $V_{C左}$ 正向发生单位虚位移，即使 BC_1 段与 C_2D 段发生相对错动，因 AB 段不动，则 BC_1 段绕铰 B 转动，C_2D 段必绕支点 C 发生转动，以保持与 BC_1 段平行。因支点 C 的竖向位移为零，则 C_1 点的竖向位移应为1。由于 D 点产生竖向位移，则 DF 段便绕 E 点发生转动。$V_{C左}$ 的影响线如图 10-21e 所示。

（5）$V_{C右}$ 的影响线

在截面 C 右边截开，加入两根平行链杆，由于 C 以左部分保持几何不变，故虚位移图只发生在 C 以右。CD 段必平行于基线发生向上的单位位移，则 DF 段遂绕 E 点发生转动。$V_{C右}$ 的影响线如图 10-21f 所示。

（6）M_E 的影响线

在支座截面 E 加铰，AE 部分仍几何不变，只有 EF 段形成机构，则使 EF 段绕 E 点顺时针转动单位转角，得 F 点的纵坐标为 1m。M_E 影响线如图 10-21g 所示。

（7）V_D 的影响线

在铰 D 处截开，去掉与 V_D 相应的约束，即去掉一根竖向链杆，还剩下一根水平链杆相联。D 以右部分形成机构，DF 段绕瞬心 E 发生转动，令 D 点的竖向位移等于1，即得 V_D 的影响线如图 10-21h 所示。

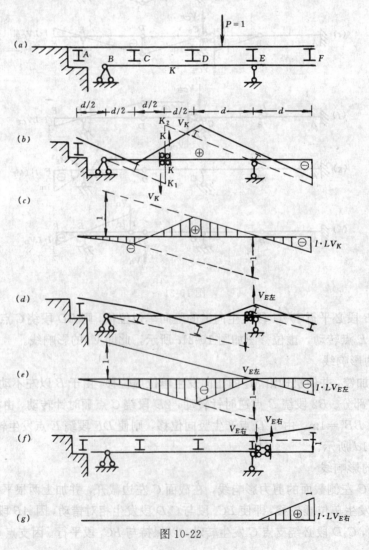

图 10-22

由本例可以看出多跨静定梁虚位移图的特点：在去掉与所求反力或内力相应的约束后，若在基本梁形成机构，则除基本梁发生位移外，还将影响到依附于它的附属梁；若在附属梁形成机构，则虚位移图仅限于附属梁。

【例 10-9】　用机动法作图 10-22a（即图 10-13a）所示主梁的 V_K、$V_{E左}$ 和 $V_{E右}$ 的影响线。

【解】　单位荷载 $P=1$ 在纵梁上移动，主梁承受结点荷载。用机动法作影响线时要注意，虚位移图应是纵梁的位移图，而不是主梁的位移图，因为在机动法中所谓虚位移图是指单位荷载 $P=1$ 作用点的竖向位移图。

（1）V_K 的影响线

首先去掉与 V_K 相应的约束，按直接荷载作用的情况作出主梁的虚位移图（图 10-22b 中虚线所示）。由于每根纵梁的位移图应为一直线，所以求出各结点在主梁位移图上的投影点，将相邻投影点用直线相连，即得纵梁的虚位移图（图 10-22b 中实线所示）。再令虚位移图中截面 K 的相对竖向位移 $KK_1+KK_2=1$，即得 V_K 的影响线如图 10-22c 所示。

（2）$V_{E左}$ 和 $V_{E右}$ 的影响线

图中给出了 $V_{E左}$、$V_{E右}$ 的影响线（图 10-22d、e 实线所示），请读者自行校核。

第六节　利用影响线计算影响量

作影响线的目的是为了求出结构在移动荷载作用下各种量值的最大值（包括最大正值和最大负值，最大负值也称为最小值）。为此，需要解决两个问题：一是当实际的移动荷载在结构上的位置已知时，如何利用某量值的影响线求出该量值的数值，称为影响量。二是如何利用影响线确定使某量值发生最大值的荷载位置。本节讨论第一个问题。

一、集中荷载的影响

设已知 R_A 的影响线，求在一组位置已知的荷载 P_1、P_2、P_3 作用下 R_A 之值（图 10-23）。设以 y_1、y_2、y_3 分别代表荷载 P_1、P_2、P_3 所对应的 R_A 影响线的纵坐标，则根据影响线的定义和叠加原理，可求得在该荷载组作用下 R_A 之值为

$$R_A = P_1 y_1 + P_2 y_2 + P_3 y_3 = \sum_{i=1}^{3} P_i y_i$$

以上所述，不仅适用于反力计算，也适用于弯矩、剪力、轴力等任何影响量的计算。因为在推导过程中只利用了影响线的定义，而未涉及是什么量值的影响线。若以 Z 表示某量值的影响量，则上式可写成一般公式

$$Z = \sum_{i=1}^{n} P_i y_i \qquad (10\text{-}8)$$

应用式（10-8）时需注意影响线纵标 y_i 的正、负号。例如，在图 10-23 中 y_1、y_2 为正号，y_3 则取负号。

为了今后的需要，下面讲述一个定理：

当一组集中荷载作用于影响线的同一直线段上时，这组集中荷载所产生的影响量等于其合力所产生的影响量。

设图 10-24 所示为某量值 Z 影响线的一部分，

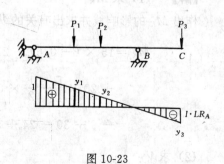

图 10-23

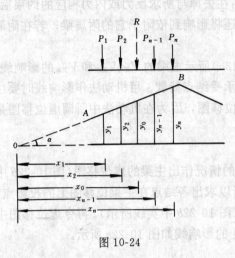

图 10-24

在其直线段 AB 上有一组集中荷载作用。将直线 AB 延长与基线相交于 O 点，以 O 点为坐标原点，则在这组荷载作用下，影响量

$$Z = P_1 y_1 + P_2 y_2 + \cdots + P_n y_n$$
$$= (P_1 x_1 + P_2 x_2 + \cdots + P_n x_n) \text{tg}\alpha$$
$$= \text{tg}\alpha \sum_{i=1}^{n} P_i x_i$$

而 $\sum_{i=1}^{n} P_i x_i$ 乃是这组力对 O 点力矩之和，它等于合力 R 对 O 点的力矩 $R x_0$，由此

$$Z = \text{tg}\alpha R x_0$$

而

$$\text{tg}\alpha x_0 = y_0$$

式中 y_0 为合力 R 所对应的影响线纵坐标，于是得

$$Z = R y_0 \tag{10-9}$$

二、均布荷载的影响

设已知 R_A 的影响线，求在位置已知的一段均布荷载作用下 R_A 之值（图 10-25）。

可将均布荷载化为无限多个微小的集中荷载来计算，在微段 dx 上的荷载 qdx 可看作一个微小的集中荷载，它引起的 R_A 值为 $qdxy$，因此，在 ab 段的均布荷载作用下 R_A 之值为

$$R_A = \int_a^b y q dx = q \int_a^b y dx = q\omega$$

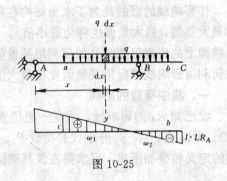

图 10-25

式中 ω 为均布荷载范围内 R_A 影响线面积的代数和（对于本例，$\omega = \omega_1 - \omega_2$）。这样，均布荷载产生的影响量等于荷载集度与其分布范围内影响线面积（代数和）的乘积。

若有若干段均布荷载作用时，应逐段计算然后求和。写成一般公式则为

$$Z = \sum_{i=1}^{n} q_i \omega_i \tag{10-10}$$

【例 10-10】 利用影响线求图 10-26a 所示伸臂梁截面 K 的弯矩和剪力值。

【解】 （1）求 M_K

作出 M_K 的影响线并求出有关的纵坐标值如图 10-26b 所示。利用叠加原理算得

$$M_K = 15 \times (-0.6) + 25 \times 1.2 + 30 \times (-0.8) +$$

$$+ 20 \times \left[-\frac{1}{2} \times 0.6 + \frac{2}{2} \times 1.2 + \frac{2}{2} \times (1.2 + 0.4) \right]$$

$$= -9 + 30 - 24 + 50 = 47 \text{kN} \cdot \text{m}$$

（2）求 V_K

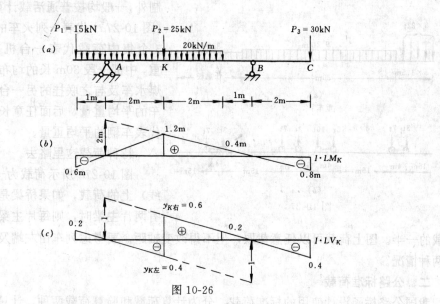

图 10-26

作出 V_K 的影响线并求出有关的纵坐标值如图 10-26c 所示。由于在截面 K 上恰好作用有集中力 P_2，所以在计算 V_K 时应分别考虑 $K_左$ 和 $K_右$ 两个截面的剪力值。而 V_K 影响线在截面 K 有两个纵坐标，应用公式（10-8）取 y_1 时要特别注意。当求 $V_{K左}$ 时，应在 P_2 左侧截取截面，P_2 在该截面右边，P_2 当落在 V_K 影响线的右支上，这时 $y_1 = y_{K右} = 0.6$；同理，求 $V_{K右}$ 时，P_2 当落在 V_K 影响线的左支上，即 $y_1 = y_{K左} = -0.4$。由此算得

$$V_{K左} = 15 \times 0.2 + 25 \times 0.6 + 30 \times (-0.4) +$$

$$+ 20 \times \left[\frac{1}{2} \times 0.2 - \frac{2}{2} \times 0.4 + \frac{2}{2} \times (0.6 + 0.2) \right]$$

$$= 3 + 15 - 12 + 10 = 16 \text{kN}$$

$$V_{K右} = 15 \times 0.2 + 25 \times (-0.4) + 30 \times (-0.4) +$$

$$+ 20 \times \left[\frac{1}{2} \times 0.2 - \frac{2}{2} \times 0.4 + \frac{2}{2} \times (0.6 + 0.2) \right]$$

$$= 3 - 10 - 12 + 10 = -9 \text{kN}$$

第七节　我国铁路和公路的标准荷载制（路、铁）❶

由于火车、汽车、拖拉机的种类繁多、载运情况复杂，设计结构时，难以一一考虑，经过统计与分析，规定统一的标准荷载，作为设计的依据。

一、铁路标准荷载

我国铁路桥涵设计使用的标准荷载称为"中华人民共和国铁路标准活载"，简称"中—活载"。它包括普通活载和特种活载两种。除跨度很小（约 7m 以下）的结构由特种活载控

---

❶ （路）系指公路与城市道路专业。
　　（铁）系指铁道工程专业。

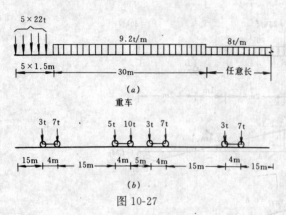

图 10-27

制外，一般均按普通活载计算。普通活载（图 10-27a）代表一列火车的重量，前面 5 个集中荷载代表一台机车的 5 个轴重，中部一段 30m 长的均布荷载代表其煤水车及与之联挂的另一台机车和煤水车的平均重量，后面任意长的均布荷载代表车辆的平均重量。

特种荷载这里略去。

图 10-27a 所示荷载为一个车道（一线）上的荷载，如果桥梁是单线的且只有两片主梁时，则每片主梁只承受图示荷载的一半。图上荷载可以任意截取，但不得改变轴距。要考虑列车由左端及右端进入桥梁两种情况。

二、公路标准荷载

我国公路桥涵设计使用的标准荷载，分为计算荷载和验算荷载两种。计算荷载以汽车车队表示，有汽车—10 级、汽车—15 级、汽车—20 级和汽车—超 20 级四个等级。作为例子，汽车—10 级示于图 10-27b，在一个车队中，重车只有一辆，主车（标准车）数目不限。各辆汽车之间的距离可任意变更但不得小于图示距离。汽车车队也要考虑调头行驶的问题。其他三级荷载这里略去。验算荷载以履带车、平板挂车表示，有履带—50、挂车—80、挂车—100 和挂车—120 等 4 种，详见有关规范[1]，这里略去。

目前我国桥涵工程中使用的标准荷载制，尚未改用国际单位制，为了与目前桥函工程使用的标准单位制相一致，这里仍用工程单位制。国际单位制的标准荷载制公布执行后，应查用新的标准荷载。

第八节　最不利荷载位置的确定

如果实际荷载移动到某个位置，使结构某量值发生最大（或最小）值，则此荷载位置就称为该量值的最不利荷载位置。若某量值的最不利荷载位置一经确定，便可按第六节所述方法算出其最大（或最小）值。下面讨论利用影响线确定最不利荷载位置的方法。

一、可动均布荷载

它是可以任意继续布置的均布荷载[2]，由式（10-10）可知，将均布荷载布满对应于量值 Z 影响线的所有正号部分时，便得到 Z_{max}；反之，将均布荷载布满对应于量值 Z 影响线的所有负号部分时，便得到 Z_{min}。例如，对于图 10-28a 所示的伸臂梁，产生 M_K 最大值与最小值的均布荷载分布情况如图 10-28c、d 所示。

二、行列荷载

行列荷载是一系列间距不变的集中荷载（也包括均布荷载），如吊车轮压、汽车车队、

---

[1] 《公路工程技术标准》（人民交通出版社，1981）
[2] 工业与民用建筑规范规定的楼面活载就是这样的荷载。

中—活载等。对于行列荷载,其最不利荷载位置单凭观察、判断是不易确定的。下面讨论在这种情况下确定最不利荷载位置的一般方法。

为了解决这个问题,从研究行列荷载移动时某一量值的改变规律入手。

为了方便,先研究由集中荷载构成的行列荷载的作用。关于含有均布荷载的铁路标准荷载的作用,后面再作说明。

先看一个简例,以便有个形象的认识。

有一行列荷载 $P_1 = 2P$,$P_2 = P$,间距 $a = l/3$(图 10-29a)在一简支梁上移动。求由 P_1 进

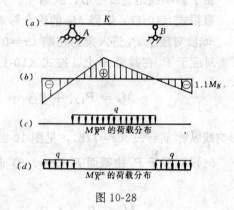

图 10-28

入梁左端到 P_2 越出梁右端这一移动过程中,截面 K 弯矩值的变化图象。

由于荷载的间距不变,行列荷载位置由其中一个荷载的坐标确定。取 P_1 坐标 x 为横坐标,取 M_K 为纵坐标,作出在该行列荷载作用下 M_K 的变化图形,称为 M_K 的"综合影响线"。

x 的变化范围为 $x = 0$(P_1 进入梁的左端)至 $x = \dfrac{4}{3}l$(P_2 到达梁的右端)。$x < 0$ 时荷载未进入梁,$x > \dfrac{4l}{3}$ 时荷载越出梁,梁不受力,$M_K = 0$。

利用 M_K 的影响线(图 10-29b),行列荷载在任一位置上 M_K 的值可以按下式计算:

$$M_K = P_1 y_1 + P_2 y_2 \tag{10-11}$$

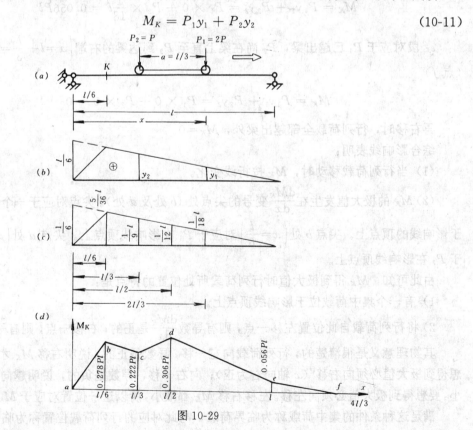

图 10-29

275

由于影响线是直线图形，纵标 y_1、y_2 是 x 的一次函数，所以 M_K 按直线规律变化。

根据式（10-11）绘得 M_K 的综合影响线如图 10-29d 所示。说明如下：

ab 段对应于 P_1 进入梁的左端（$x=0$）到 P_1 到达截面 K（$x=l/6$）。此时 P_2 尚在梁外。点 b 对应于 P_1 在截面 K 上，按式（10-11）M_K 等于

$$M_K = P_1 y_1 + P_2 y_2 = P_1 \times \frac{5l}{36} + P_2 \times 0 = 0.278 Pl$$

影响线纵标 $y_1 = \frac{5l}{36}$（$x=l/6$），见图 10-29c。

bc 段对应于 P_1 由截面 K（$x=l/6$）向右移动至 P_2 到达梁之左端（$x=l/3$）。此时（点 c）

$$M_K = P_1 y_1 + P_2 y_2 = P_1 \times l/9 + P_2 \times 0 = 0.222 Pl$$

cd 段对应于 P_1 继续右移，至 P_2 到达截面 K（$x=l/6+l/3=l/2$）。点 d 对应于 P_2 在截面 K 上，此时

$$M_K = P_1 y_1 + P_2 y_2 = P_1 \times \frac{l}{12} + P_2 \times \frac{5}{36} l = 0.306 Pl$$

de 段对应于 P_1、P_2 均在截面 K 右方向右移动，至 P_1 到达梁的右端（$x=l$）。此时（点 e）

$$M_K = P_1 y_1 + P_2 y_2 = P_1 \times 0 + P_2 \times \frac{1}{18} l = 0.056 Pl$$

ef 段对应于 P_1 已越出梁，P_2 尚在梁上直至 P_2 到达梁的右端$\left(x=l+\frac{l}{3}=\frac{4}{3}l\right)$。此时（点 f）

$$M_K = P_1 y_1 + P_2 y_2 = P_1 \times 0 + P_2 \times 0 = 0$$

再右移时，行列荷载全部越出梁外，$M_K=0$。

综合影响线表明：

（1）当行列荷载移动时，M_K 按折线变化。

（2）M_K 的极大值发生在 $\frac{\mathrm{d}M_K}{\mathrm{d}x}$ 变号的尖点处（b 处及 d 处）。尖点对应于一个集中荷载位于影响线的顶点上。尖点 b 处$\left(x=\frac{l}{6}\right)$对应于 P_1 在影响线顶点上。尖点 d 处$\left(x=\frac{l}{2}\right)$对应于 P_2 在影响线顶点上。

由此可知，M_K 得到极大值时行列荷载所处位置的特点是：

1）有一个集中荷载位于影响线顶点上。

2）将行列荷载自此位置左移一点，则有导数 $\frac{\mathrm{d}M_K}{\mathrm{d}x}$ 是正的；右移一点，则有 $\frac{\mathrm{d}M_K}{\mathrm{d}x}$ 是负的。

其物理意义是很清楚的，行列荷载向左一移，导数是正的，说明右移 M_K 才能增大，要想得到极大值必须向右移（x 轴向右为正）；向右一移，导数是负的，说明越向右移 M_K 越小，要想得到极大值必须向左移。左移右移 M_K 都减小，所以这一位置对应于 M_K 的极大值。

满足这种条件的集中荷载称为临界荷载，与此对应的行列荷载位置称为临界位置。

（3）M_K 在行列荷载移动过程中得到的极大值可能不止一个，图 10-29d 中点 b 和点 d 都是。对于点 b，P_1 是临界荷载，这时 M_K 得一极大值 $M_K=0.278Pl$。对于点 d，P_2 是临界荷载，相应的 M_K 的极大值为 0.306Pl。

在本例中 P_1、P_2 都是临界荷载，在一般情况下并非每个集中荷载都是临界荷载。

极大值中的最大者 $M_K^{\max}=0.306Pl$，是行列荷载在梁上移动全过程中载面 K 中产生的弯矩的最大值。其所对应的荷载位置即为 M_K 的最不利荷载位置。

以上是一个简例，但所得的结论是普遍适用的。下面以多边形影响线为例来说明。

设在行列荷载作用下（图 10-30a），求量值 Z 的最大值。最值 Z 的影响线为一多边形（图 10-30b）。各边的倾角 α 有正有负，与上升线对应的 α_1、α_2 是正的，与下降线对应的 α_3 是负的。前已证明在影响线的每一直线段上的各荷载，可用其合力代替（图 10-30a 中的 R_1、R_2、

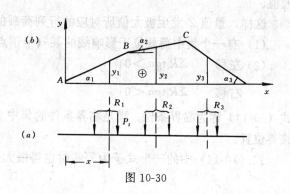

图 10-30

R_3）。行列荷载的位置可由其中任何一个力，例如合力 R_1 的横坐标 x 确定。x 轴取向右为正。

在荷载的任一位置，量值 Z 可表为

$$Z = \sum_i R_i y_i \tag{10-12}$$

若在荷载移动过程中，无一荷载越过影响线任何一个顶点，则量值 Z 的变化率为

$$\frac{\mathrm{d}Z}{\mathrm{d}x} = \sum_i R_i \frac{\mathrm{d}y_i}{\mathrm{d}x} = \sum_i R_i \mathrm{tg}\alpha_i = 常数 \tag{10-13}$$

若 $\dfrac{\mathrm{d}Z}{\mathrm{d}x}$ 得正值，则说明欲得 Z 的极大值须向右移（向 x 正向移）；若 $\dfrac{\mathrm{d}Z}{\mathrm{d}x}$ 得负值，则须向左移。

当有一个荷载越过影响线的一个顶点时，则 $\dfrac{\mathrm{d}Z}{\mathrm{d}x}$ 发生突变。例如 P_s 越过影响线顶点 B 时（图 10-30a），$\dfrac{\mathrm{d}Z}{\mathrm{d}x}$ 就发生突变：P_s 在顶点 B 之左时

$$\frac{\mathrm{d}Z}{\mathrm{d}x} = R_1 \mathrm{tg}\alpha_1 + R_2 \mathrm{tg}\alpha_2 + R_3 \mathrm{tg}\alpha_3$$

P_s 移至顶点 B 之右时

$$\frac{\mathrm{d}Z}{\mathrm{d}x} = (R_1 - P_s)\mathrm{tg}\alpha_1 + (R_2 + P_s)\mathrm{tg}\alpha_2 + R_3 \mathrm{tg}\alpha_3$$

突变量为 P_s（$\mathrm{tg}\alpha_2 - \mathrm{tg}\alpha_1$）。

$\dfrac{\mathrm{d}Z}{\mathrm{d}x}$ 为量值 Z 综合影响线（参见图 10-29d M_K 综合影响线）的斜率，斜率发生突变，综合影响线即发生转折。但转折点不全是极大值点。要想是极大值点，还必须满足

(1) 左移 $\dfrac{\mathrm{d}Z}{\mathrm{d}x}>0$，即 $\sum\limits_i R_i \mathrm{tg}\alpha_i>0$

(2) 右移 $\dfrac{\mathrm{d}Z}{\mathrm{d}x}<0$，即 $\sum\limits_i R_i \mathrm{tg}\alpha_i<0$

荷载 P_S 在影响线顶点 B 之左时 $\dfrac{\mathrm{d}Z}{\mathrm{d}x}>0$，说明欲得极大值必须右移；$P_S$ 移至影响线顶点 B 之右时 $\dfrac{\mathrm{d}Z}{\mathrm{d}x}<0$，说明欲得极大值必须左移。因此荷载 P_S 刚好在影响线顶点 B 时量值 Z 产生极大值。

这样，量值 Z 发生极大值所对应的行列荷载的位置，必须具备以下两个条件：

(1) 有一个集中荷载位于影响线的某一个顶点上。

(2) 左移 $\quad\sum\limits_i R_i \mathrm{tg}\alpha_i>0$

$\qquad$右移 $\quad\sum\limits_i R_i \mathrm{tg}\alpha_i<0$ $\qquad\qquad\qquad\qquad\qquad$ (10-14)

式（10-14）称为临界条件。满足临界条件的集中荷载为临界荷载。相应的行列荷载位置为临界位置。

式（10-14）中的一个式子为等式时也得极大值，其物理形象如图 10-31 所示。

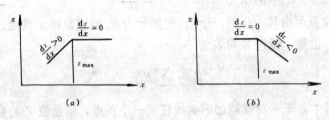

图 10-31

至于哪个荷载在影响线的哪个顶点上时满足临界条件是不知道的，需要试算。

临界荷载可能不止一个，要分别计算相应的 Z 值，取其最大者。

为了减少试算次数，使量值 Z 得到最大值的临界荷载，可按下述原则估计：

1. 使较多个荷载居于影响线范围之内（有时荷载组所占的长度大于影响线的长度）。使较多个荷载居于影响线的较大纵标处。

2. 使较大的荷载位于纵标较大的影响线顶点上。

对于公路桥和铁路桥要考虑右行、左行两种情况，按最不利情况设计。工业厂房吊车荷载则不会改变方向。

综上所述，欲求量值的最大值，就是应用数学上的极值条件，在不绘出综合影响线的前提下，先根据临界条件试算出临界位置，再算出相应的影响量，从中选出最大值。这样，计算工作就简单多了。

下面讨论三角形影响线的情况。这是最常见的情况，是本节的重点内容。

如图 10-32 所示，量值 Z 的影响线为一三角形。设 P_{cr} 为临界荷载，位于影响线的顶点上。以

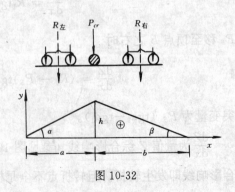

图 10-32

$R_左$ 表示 P_{cr} 以左荷载的合力，$R_右$ 表示 P_{cr} 以右荷载的合力。这时临界条件（式 10-14）可改写为另外的形式：

左移 $$\frac{\mathrm{d}Z}{\mathrm{d}x} = \sum_i R_i \mathrm{tg}\alpha_i = (R_左 + P_{cr})\mathrm{tg}\alpha + R_右\, \mathrm{tg}\beta > 0$$

右移 $$\frac{\mathrm{d}Z}{\mathrm{d}x} = \sum_i R_i \mathrm{tg}\alpha_i = R_左\, \mathrm{tg}\alpha + (P_{cr} + R_右)\mathrm{tg}\beta < 0$$

注意到 α 是正的，β 是负的，分别有 $\mathrm{tg}\alpha = h/a$，$\mathrm{tg}\beta = -h/b$，代入上两式后，得

$$\left.\begin{aligned}\frac{R_左 + P_{cr}}{a} - \frac{R_右}{b} > 0 \\[2mm] \frac{R_左}{a} - \frac{P_{cr} + R_右}{b} < 0\end{aligned}\right\} \tag{10-15}$$

或

$$\left.\begin{aligned}\frac{R_左 + P_{cr}}{a} > \frac{R_右}{b} \\[2mm] \frac{R_左}{a} < \frac{P_{cr} + R_右}{b}\end{aligned}\right\} \tag{10-16}$$

式（10-16）即为三角形影响线的临界条件。可以表述为：把临界荷载放在影响线顶点的哪一边，哪一边的"平均荷载"就大。

对于三角形影响线，求量值 Z 最大值的步骤为：

（1）按前述原则估计能产生最大值的若干个可能的临界荷载。

（2）逐个地把估计出的荷载放在影响线顶点上验算是否满足临界条件（10-16）。

如果满足临界条件，则利用影响线算出相应的 Z 值。

（3）比较这样求得的几个 Z 值，其中最大的就是行列荷载移动过程中所能产生的最大 Z 值。

【例 10-11】 在 6m 跨吊车梁上（图 10-33a）有两台吊车行驶，$P_1 = P_2 = P_3 = P_4 = 324.5\mathrm{kN}$。求截面 K（距左端 1m）的最大弯矩。

【解】 M_K 影响线示于图 10-33b。

首先可以看出，在影响线范围内最多只能有两个荷载。P_2 位于影响线顶点上时（图 10-33b）影响线范围内有两个荷载 P_2、P_3，且均对应于影响线的较大纵标，故先验算 P_2 是否是临界荷载。

左移 $$\frac{P_2}{1\mathrm{m}} > \frac{P_3}{5\mathrm{m}}$$

右移 $$\frac{O}{1\mathrm{m}} < \frac{P_2 + P_3}{5\mathrm{m}}$$

可见 P_2 是临界荷载。荷载的临界位置如图 10-33b 所示。在此临界位置上，M_K 之值可以利用影响线求出：

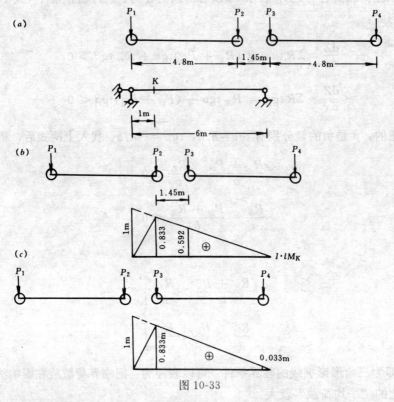

图 10-33

$$M_K = P_2 \times 0.833 + P_3 \times 0.592 = 324.5 \times 0.833 + 324.5 \times 0.592 = 462.4 \text{kN} \cdot \text{m}$$

这是 M_K 的一个极大值。

下面考察 P_3 位于影响线顶点上的情况（图 10-33c）。这时 P_2 退到梁外，P_4 进入梁内。由于 P_4 对应的影响线纵标（0.033）远小于前面情况中 P_3 所对应的纵标（0.592），而 $P_3 = P_2$，$P_4 = P_3$，所以这一情况所产生的 M_K 值一定小于前面情况中所产生的 M_K 值。因而不必验算临界条件了。

P_1 位于影响线顶点时的受力情况与 P_3 位于影响线顶点上的情况相同；P_4 在影响线顶点上时梁上只剩一个荷载，其余退出，这时产生的 M_K 值最小。这两种情况均不必考虑。

所以，在此两台吊车移动过程中截面 K 中产生的最大弯矩为

$$M_K^{\max} = 462.4 \text{kN} \cdot \text{m}$$

建议读者，逐个验算 P_3、P_1、P_4 是否为临界荷载，求出相应的 M_K 值，取其中最大者，看是否与上述结果相同。

【例 10-12】 求在汽车－10 级荷载作用下 40m 跨简支梁桥中央截面 K（图 10-34a）的最大弯矩。

【解】 作出 M_K 的影响线如图 10-34b 所示。考虑车队的两个行进方向。先考虑左行（图 10-34c）。试将重车的后轴放在影响线顶点上，这时较大的荷载位于影响线顶点上，且较多的荷载居于影响线纵标较大处。

验算临界条件：

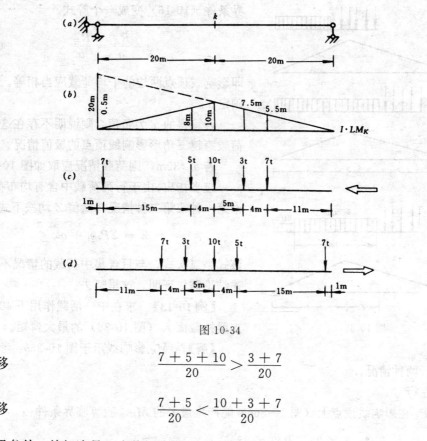

图 10-34

左移 $$\frac{7+5+10}{20} > \frac{3+7}{20}$$

右移 $$\frac{7+5}{20} < \frac{10+3+7}{20}$$

满足临界条件。故知这是一个临界位置，相应的 M_K 值为

$$M_K = 7 \times 0.5 + 5 \times 8 + 10 \times 10 + 3 \times 7.5 + 7 \times 5.5 = 204.5 \text{t} \cdot \text{m}$$

经验算与 10t 相邻的两个轮压 3t 及 5t，均不满足临界条件。显然其它各轮位于影响线顶点时不会产生 M_K 的最大值。

右行时的最不利荷载图如图 10-34d 所示。由于跨中央截面 M_K 的影响线是对称的，所以右行也得到与左行时相同的最大 M_K 值。

因此，在汽车—10 级荷载作用下所产生的 M_K（跨中央）的最大值为

$$M_K^{\max} = 204.5 \text{t} \cdot \text{m}$$

在前面的讨论中，行列荷载都是由集中荷载组成的。在铁路标准荷载（中—活载）中除集中荷载外，还含有均布荷载。均布荷载的长度按规定前一段为 30m，后一段可以任意延伸。

在中—活载作用下，量值 Z 发生极大值有两种可能情况：

1. 某一个集中荷载位于影响线顶点上（图 10-35a），量值 Z 发生极大值。可将均布荷载用其合力代替，用前面讲过的临界条件验算。

2. 均布荷载位于影响线顶点两侧的某一位置上（图 10-35b），因量值 Z 是荷载位置 x 的

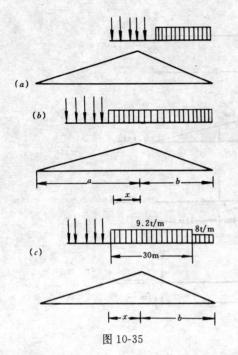

图 10-35

二次函数,故当 $\dfrac{\mathrm{d}Z}{\mathrm{d}x}=0$ 时,Z 发生极大值。这时临界条件(10-16)变成一个等式

$$\frac{R_左}{a}=\frac{R_右}{b} \qquad (10\text{-}17)$$

即影响线顶点两边的平均荷载应当相等。由此式确定 x。

若算得的 x 为负值,则说明不存在这种均布荷载跨越三角形影响线顶点的极值情况。

若 $b\geqslant30$m,则荷载情况应取如图 10-35c。

应当指出,由于行列荷载中含有均布荷载,不论第一种或第二种情况,量值 Z 均按下式计算:

$$Z=\sum_i P_iy_i+q\omega$$

该式是二次式,与只含集中荷载的情况不同,上述结论需作证明,这里略去。

【例 10-13】 求在中—活载作用下 40m 跨简支梁桥截面 K(图 10-36)的最大弯矩。

【解】 M_K 影响线示于图 10-36b。考虑列车左行、右行两种情况。

(1) 左行

估计 P_5 在影响线顶点上(图 10-36b)能产生最大的 M_K。验算临界条件:

左移 $\qquad \dfrac{5\times22}{10}>\dfrac{9.2\times28.5}{30} \qquad (11>8.74)$

右移 $\qquad \dfrac{4\times22}{10}<\dfrac{22+9.2\times28.5}{30} \qquad (8.8<9.47)$

P_5 是临界荷载。与此相应的 M_K 为

$$M_K=110\times5.25+\left(\frac{1}{2}\times7.125\times28.5\right)\times9.2=1512\mathrm{t\cdot m}$$

再看均布荷载跨越影响线顶点时能否产生 M_K 的极大值(图 10-36b 下)。x 由式(10-17)计算:

$$\frac{110+9.2x}{10}=\frac{9.2\times(30-x)+8x}{30}$$

算得

$$x=-1.875\mathrm{m}$$

这说明均布荷载跨越影响线顶点的荷载位置,M_K 不产生极值。

其它集中荷载在影响线顶点上时均不满足临界条件。

(2) 右行(图 10-36c)

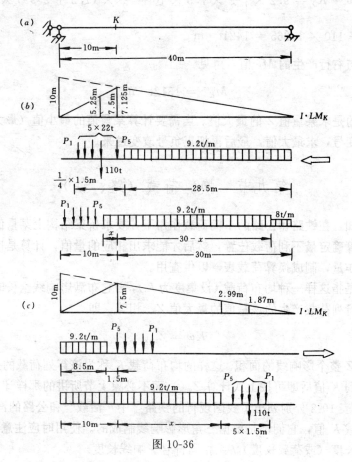

图 10-36

试 P_5 是否是临界荷载。

左移
$$\frac{8.5 \times 9.2 + 22}{10} > \frac{4 \times 22}{30}$$

即左移之 $\frac{\mathrm{d}M_K}{\mathrm{d}x} > 0$ [参见式 (10-15)]

右移
$$\frac{8.5 \times 9.2}{10} > \frac{5 \times 22}{30}$$

即右移仍然有 $\frac{\mathrm{d}M_K}{\mathrm{d}x} > 0$ [参看式 (10-15)]

这说明 P_5 不是临界荷载,且欲使 M_K 值增加须向右移。

向右移动时均布荷载即跨越影响线顶点(影响线顶点上无荷载时不会产生极值)。x 值按式 (10-17) 确定:

$$\frac{9.2 \times 10}{10} = \frac{9.2 \times x + 110}{30}$$

由此得 $x=18.04\text{m}$。均布荷载长度 $10+18.04\text{m}<30\text{m}$,与所设相符。与此荷载位置相应的 M_K 值为

$$M_K = q\omega + Ry = 9.2 \times \left[\frac{1}{2} \times 7.5 \times 10 + \frac{1}{2} \times (7.5 + 2.99) \times 18.04 \right]$$

$$+ 110 \times 1.865 = 1421 \text{t} \cdot \text{m}$$

比较左行与右行产生的 M_K 值，可见

$$M_K^{\max} = 1512 \text{t} \cdot \text{m}$$

以上讨论的是求某量值 Z 的最大值。当需要计算某量值的最小值（最大负值）时，可将影响线纵标变号，求最大值，最后再把正负号改变过来。

第九节　换算荷载（路、铁）

由上节可知，在铁路和公路的车辆荷载作用下，要求桥梁结构上某量值的最大值，一般先要经过试算确定最不利荷载位置，然后才能求出相应的量值，计算是比较麻烦的。为了减少计算工作量，制成换算荷载表，以供查用。

换算荷载是指这样一种均布荷载（设集度为 K），当它布满影响线全长时所产生的某一量值，与所给行列荷载产生的该量值的最大值 $Z_{\max}$ 相等，即

$$K\omega = Z_{\max}$$

式中 ω 是量值 Z 整个影响线的面积。这样的均布荷载 K 称为该行列荷载的换算荷载。设计人员在表中查到 K 值后即可按上式计算 $Z_{\max}$，而不必象上节所讲的那样计算。

表 10-1 和表 10-2 分别列出了我国现行的铁路"中—活载"和公路的汽车—10 级标准荷载的换算荷载 K 值，它们都是根据三角形影响线制成的。使用时应注意以下几点：

（1）加载长度（或荷载长度）l 系指同符号影响线长度。

（2）α 是影响线顶点至边端的最小距离 a 与加载长度的比值，故 α 值为 0～0.5。

（3）当 l 或 α 值在表列数值之间时，K 值可按表 10-1、表 10-2 由直线内插法求得。

中—活载的换算荷载(t/m、每线)　　　　　　　　　　　表 10-1

加载长度 l (m)	影响线最大纵坐标位置 α				
	端部	1/8 处	1/4 处	3/8 处	1/2 处
	K_0	$K_{0.125}$	$K_{0.25}$	$K_{0.375}$	$K_{0.5}$
1	50.00	50.00	50.00	50.00	50.00
2	31.25	28.57	25.00	25.00	25.00
3	25.00	23.81	22.22	20.00	18.75
4	23.44	21.43	18.75	17.50	18.75
5	21.00	19.71	18.00	17.20	18.00
6	18.75	17.86	16.67	16.11	16.67
7	17.96	16.18	15.31	15.09	15.31
8	17.22	15.71	15.13	14.85	15.13
9	16.55	15.15	14.75	14.45	14.67

加载长度 l (m)	影响线最大纵坐标位置 α				
	端部	1/8 处	1/4 处	3/8 处	1/2 处
	K_0	$K_{0.125}$	$K_{0.25}$	$K_{0.375}$	$K_{0.5}$
10	15.98	14.62	14.36	14.00	14.13
12	15.04	13.75	13.60	13.39	13.12
14	14.33	13.08	12.94	12.76	12.50
16	13.77	12.55	12.38	12.19	11.94
18	13.32	12.28	12.03	11.73	11.42
20	12.94	12.03	11.74	11.42	11.02
24	12.37	11.57	11.22	10.83	10.40
25	12.25	11.47	11.10	10.70	10.25
30	11.78	11.03	10.66	10.24	9.92
32	11.62	10.89	10.53	10.08	9.84
35	11.43	10.69	10.33	9.91	9.73
40	11.16	10.48	10.08	9.74	9.61
45	10.92	10.29	9.88	9.62	9.51
48	10.79	10.18	9.76	9.55	9.45
50	10.71	10.11	9.68	9.50	9.41
60	10.36	9.78	9.42	9.28	9.19
64	10.24	9.68	9.34	9.20	9.11
70	10.08	9.54	9.22	9.09	8.99
80	9.86	9.33	9.06	8.93	8.82
90	9.69	9.16	8.92	8.80	8.68
100	9.54	9.02	8.81	8.69	8.55
110	9.41	8.90	8.72	8.59	8.46
120	9.31	8.81	8.64	8.51	8.38
140	9.14	8.67	8.51	8.38	8.28
160	9.00	8.57	8.42	8.29	8.22
180	8.90	8.49	8.34	8.23	8.17
200	8.81	8.42	8.28	8.18	8.14

汽车—10 级的换算荷载 (t/m、每车列)　　　　表 10-2

跨径或荷载长度 (m)	影响线顶点位置 α									
	标准车列					无加重车车例				
	端部	1/8 处	1/4 处	3/8 处	跨中	端部	1/8 处	1/4 处	3/8 处	跨中
1	20.00	20.00	20.00	20.00	20.00	14.00	14.00	14.00	14.00	14.00
2	10.00	10.00	10.00	10.00	10.00	7.00	7.00	7.00	7.00	7.00
3	6.67	6.67	6.67	6.67	6.67	4.67	4.67	4.67	4.67	4.67
4	5.00	5.00	5.00	5.00	5.00	3.50	3.50	3.50	3.50	3.50
6	3.89	3.73	3.52	3.33	3.33	2.67	2.57	2.44	2.33	2.33
8	3.13	3.04	2.92	2.75	2.50	2.13	2.07	2.00	1.90	1.75
10	2.60	2.54	2.47	2.36	2.20	1.76	1.73	1.68	1.62	1.52
13	2.15	2.04	1.99	1.93	1.94	1.40	1.37	1.35	1.31	1.25
16	1.89	1.80	1.69	1.73	1.70	1.16	1.14	1.13	1.10	1.06
20	1.71	1.60	1.58	1.61	1.52	0.98	0.93	0.92	0.90	0.88
26	1.46	1.39	1.38	1.40	1.34	0.91	0.82	0.74	0.71	0.70
30	1.33	1.27	1.26	1.27	1.23	0.86	0.79	0.70	0.64	0.61
35	1.25	1.15	1.14	1.14	1.11	0.79	0.74	0.68	0.63	0.56
40	1.18	1.08	1.07	1.05	1.02	0.75	0.69	0.64	0.60	0.54
45	1.10	1.03	1.02	1.00	0.97	0.73	0.66	0.61	0.58	0.56
50	1.05	0.97	0.97	0.95	0.93	0.73	0.65	0.58	0.55	0.51
60	0.98	0.90	0.87	0.87	0.87	0.67	0.62	0.57	0.55	0.56

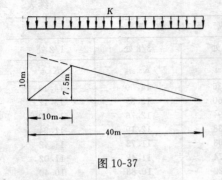

图 10-37

【例 10-14】 试用换算荷载表重算例题 10-13。

【解】 将 M_K 的影响线重绘于图 10-37 中。算得

$$\alpha = \frac{a}{l} = \frac{10\text{m}}{40\text{m}} = \frac{1}{4}$$

式中 l 为影响线长度，a 为影响线顶点到边端的最小距离。

根据中—活载，$l=40\text{m}$ 及 $\alpha=1/4$ 由表 10-1 中查得 $K=10.08\text{t/m}$。

影响线的面积

$$\omega = \frac{1}{2} \times 40 \times 7.5 = 150\text{m}^2$$

故 M_K 的最大值为

$$M_K^{\max} = K\omega = 10.08 \times 150 = 1512\text{t} \cdot \text{m}$$

与例题 10-13 中直接计算结果相同。

对于汽车—15 级、20 级，也有换算荷载表。

仅对于三角形影响线有换算荷载表，对于其他形状的影响线，需按前节所讲方法计算。

第十节　简支梁的内力包络图

在设计承受移动荷载的结构时，通常需要求出各个截面内力的最大值和最小值，作为设计的依据。连接各截面内力最大值和最小值的曲线称为内力包络图。

以图 10-38a 所示承受两台吊车作用的 6m 跨吊车梁为例来说明。

先作弯矩包络图。将梁分为若干等分（这里分为六等分），按第八节所述方法求出各等分点处截面的最大弯矩（本题由于对称，只需计算半跨的截面），将各分点截面的最大弯矩纵标用曲线相连，即得到弯矩包络图如图 10-38b 所示。

这样得到的弯矩包络图不是完全准确的，它丢掉了在梁中央附近发生的比梁中央截面最大弯矩更大的弯矩（图 10-38c 中虚线所示）。这个弯矩是荷载移动过程中梁中所可能产生的最大弯矩，称为绝对最大弯矩，它的求法在下节中讲述。

上述弯矩包络图中所示的各截面中的最大弯矩值（包括绝对最大弯矩）是按静力计算得到的（未考虑惯性力）。实际上荷载移动时，结构发生振动，会产生惯性力，是一个动力计算问题。通常用把按静力计算的结果乘以大于 1 的动力（扩大）系数来近似处理。

乘以动力系数后与静荷载（如自重）引起的弯矩相组合即得据以设计的弯矩包络图。

同理，可作出剪力包络图如图 10-38d 所示。由于每一截面都将产生最大剪力和最小剪力，因此剪力包络图有两条曲线。

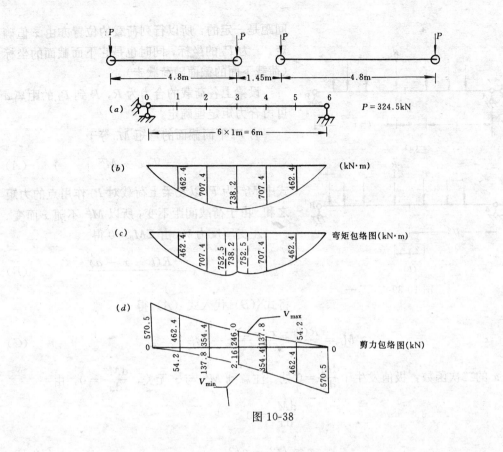

图 10-38

第十一节　简支梁的绝对最大弯矩

如前所述，在行列荷载移动过程中，简支梁中所产生的最大弯矩，称为简支梁的绝对最大弯矩。

这里有两个问题：（1）绝对最大弯矩发生在哪个截面上；（2）行列荷载位于什么位置时发生绝对最大弯矩。

与前面讲过的最不利荷载位置问题不同，那里截面 K 的位置是给定的，而这里发生绝对最大弯矩的截面的位置则是待求的。

这里只考虑由集中荷载组成的行列荷载。

注意到不论荷载在什么位置，其所产生的弯矩图总是折线图形，最大弯矩总是发生在某一集中荷载下面的截面内，因此绝对最大弯矩也必发生在某一集中荷载下面的截面内。只是不知道发生在哪个荷载下面的截面内，以及这个荷载（连同荷载下面的截面）位于什么位置。

解决的途径是：任取行列荷载中的一个荷载，记为 P_i，求行列荷载移动过程中 P_i 下面截面产生的弯矩的最大值 M_i。利用这个 M_i 的通式求出每个荷载下面截面产生的弯矩的最大值，其中最大的就是行列荷载移动过程中梁中所可能产生的最大弯矩，即绝对最大弯矩。

下面推导行列荷载移动过程中荷载 P_i 下面截面弯矩最大值的计算公式。

令荷载 P_i 的坐标为 x（图 10-39a）。P_i 的位置由 x 值确定。由于行列荷载中各荷载的

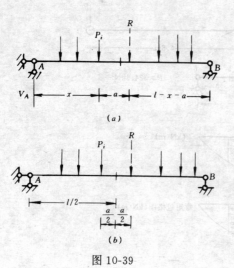

图 10-39

间距是一定的，所以行列荷载的位置亦由 x 值确定。x 为 P_i 的坐标，同时也是它下面截面的坐标（荷载下面的截面随荷载走）。

设梁上各荷载的合力为 R，R 到 P_i 的距离 a 可由合力矩定理确定。

力 P_i 下面截面的弯矩 M_i 等于

$$M_i = V_A x - M_i^{左} \qquad (A)$$

式中 $M_i^{左}$ 为 P_i 以左梁上荷载对 P_i 作用点的力矩之和。由于荷载间距不变，所以 $M_i^{左}$ 不随 x 而变。

左支座反力 V_A 由 $\Sigma M_B = 0$ 得

$$V_A = \frac{R(l - x - a)}{l} \qquad (B)$$

将式 (B) 代入式 (A) 得

$$M_i = \frac{R(l - x - a)}{l} x - M_i^{左} \qquad (C)$$

M_i 是 x 的二次函数，极值发生于 $\dfrac{\mathrm{d}M_i}{\mathrm{d}x} = 0$ 处。注意到 $M_i^{左}$ 与 x 无关，$\dfrac{\mathrm{d}M_i^{左}}{\mathrm{d}x} = 0$，由

$$\frac{\mathrm{d}M_i}{\mathrm{d}x} = 0$$

得

$$x = l/2 - a/2 \qquad (10\text{-}18)$$

式 (10-18) 表明，当 P_i 在跨中央之左 $a/2$ 处，P_i 下面截面弯矩得最大值。

当 P_i 在梁中央之左 $a/2$ 处时，合力 R 即在梁中央之右 $a/2$ 处，因为 R 与 P_i 的间距为 a。

这样，当行列荷载移至 P_i 与梁上合力 R 对称于梁中央时，P_i 下面截面的弯矩达到最大值 $M_i^{\max}$。

将式 (10-18) 代入式 (C)，整理得

$$M_i^{\max} = \frac{R(l - a)^2}{4l} - M_i^{左} \qquad (10\text{-}19)$$

式中 R 为梁上实有荷载（不包括尚未进入梁和已越出梁的各荷载）的合力。R 在 P_i 之右时 a 取正号，在 P_i 之左时 a 取负号。

计算过程中还会遇到以下情况：在安排 P_i 与 R 对称于梁中央位置时，可能有些荷载越出梁或有新的荷载进入梁。这时应重新计算合力 R 的数值和位置。

按上述两式求出各个荷载下面截面的最大弯矩，选出其中最大的一个，就是绝对最大弯矩。这是一般方法，但当荷载较多时仍很麻烦。实际上不必算出每个荷载下面截面的最大弯矩，因为绝对最大弯矩总是发生在梁中央附近截面内。经验表明，绝对最大弯矩通常发生在使梁中央截面弯矩取得最大值的临界荷载下面的截面。这样，求简支梁绝对最大弯矩的实际步骤为：

(1) 确定使梁中央截面发生最大弯矩的临界荷载 P_i；

(2) 按式 (10-19) 求 P_i 下面截面的最大弯矩，即得绝对最大弯矩。

这样，P_i 是梁中央截面弯矩取得最大值的临界荷载，当 P_i 居于梁中央时梁中央截面弯矩达到最大值，当 P_i 位于上述距梁中央 $a/2$ 处时，在此处截面产生一个更大的弯矩——梁中绝对最大弯矩。

梁中绝对最大弯矩是设计等截面梁的依据。

具体计算步骤见例题。

【例 10-15】 求两台吊车作用下，6m 跨吊车梁的绝对最大弯矩（图 10-40a）。

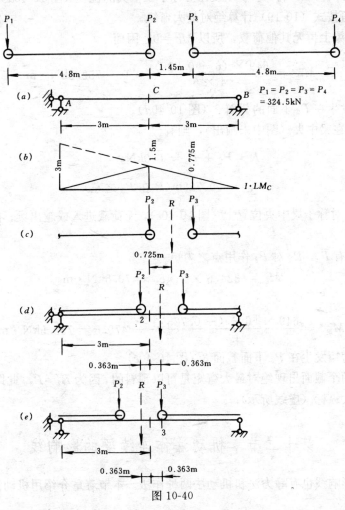

图 10-40

【解】 (1) 确定使梁中央截面 C 弯矩发生最大值的临界荷载。

为此绘出梁中央截面弯矩影响线如图 10-40b 所示。估计 P_2 是临界荷载。验算临界条件：

左移
$$\frac{P_2}{3} = \frac{P_3}{3}$$

右移
$$\frac{0}{3} < \frac{P_2 + P_3}{3}$$

289

满足临界条件，所以 P_2 是使梁中央截面弯矩发生最大值的临界荷载。

同样，可以验证 P_3 也是临界荷载。

(2) 将 P_2 放在梁中央，求梁上荷载的合力 R 及 a（图 10-40c）

梁上实有两个轮压 P_2 和 P_3，求得

$$R = P_2 + P_3 = 649\text{kN}$$

$$a = \frac{1}{2} \times 1.45 = 0.725\text{m}(R \text{ 在 } P_2 \text{ 之右})$$

(3) 移动行列荷载，将 P_2 与 R 放在对称于梁中央的位置（图 10-40d）。没有荷载进入或越出梁，故可按式（10-19）计算绝对最大弯矩。

由于在 P_2 之左梁上再无其他荷载，所以 $M_i^{左} = 0$，因而

$$M_{绝}^{\max} = \frac{649 \times (6 - 0.725)^2}{4 \times 6} - 0 = 752.5\text{kN} \cdot \text{m}$$

绝对最大弯矩发生在 P_2 下面的截面 2（图 10-40d）。

若将 P_3 放在梁中央（图中未画出），则有

$$R = P_2 + P_3 = 649\text{kN},$$

$$a = -0.725\text{m}(R \text{ 在 } P_3 \text{ 之左})$$

将 P_3 与 R 放在对称于梁中央位置上（图 10-40e），无荷载进入或越出梁，按式（10-19）计算绝对最大弯矩。

在 P_3 之左有 P_2，P_2 对 P_3 作用点之力矩

$$M_i^{左} = 324.5 \times 1.45 = 470.5\text{kN} \cdot \text{m}$$

由此得

$$M_{绝}^{\max} = \frac{649 \times [6 - (-0.725)]^2}{4 \times 6} - 470.5 = 752.5\text{kN} \cdot \text{m}$$

这个绝对最大弯矩发生在 P_3 下面截面 3（图 10-40e）。

本题中有两个截面出现绝对最大弯矩是可以预料的，因为 $P_2 = P_3$。此即图 10-38c 弯矩包络图中的最大纵标（虚线所示）。

第十二节　机动法作连续梁的影响线

连续梁的影响线也有静力法和机动法两种作法。本节着重介绍用机动法确定连续梁影响线的形状。

用机动法作连续梁影响线的方法与作静定梁的相似。设欲作图 10-41a 所示连续梁支座截面 2 的弯矩影响线，首先去掉与 M_2 相应的约束，即把支座 2 改为铰结，然后在铰两侧沿 M_2 的正向加上一对相等相反的力偶 M，其大小刚好使铰两侧截面产生单位相对转角 $\theta = 1$，由此引起的位移图（弹性曲线）就是 M_2 的影响线，基线上面的纵坐标为正（图 10-41c）。

现用功的互等定理证明如下。

为了暴露出 M_2，将图 10-41a 改画一下，在支座截面 2 加铰，并代以支座弯矩 M_2，如

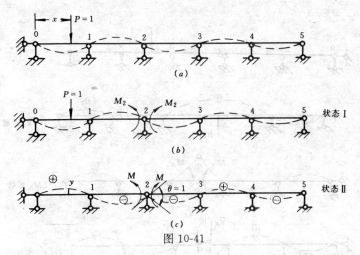

图 10-41

图 10-41b 所示。由于图 10-41b 与图 10-41a 等价，所以铰 2 两侧截面相对转角仍然等于零。
设以图 10-41b 为状态 I，图 10-41c 为状态 II。状态 I 的外力在状态 II 的位移上所作的虚功
为

$$T_{12} = M_2\theta - Py = M_2 - y$$

状态 II 的外力在状态 I 的位移上所作的虚功为

$$T_{21} = M \times 0 = 0$$

根据功的互等定理

$$T_{12} = T_{21}$$

有

$$M_2 = y \tag{10-20}$$

上式中 M_2 和 y 均随 $P=1$ 的移动而变化，即它们都是 $P=1$ 位置 x 的函数，因此可表为

$$M_2(x) = y(x) \tag{10-21}$$

上式中当 x 变化时，$M_2(x)$ 的变化图形就是 M_2 的影响线；而 $y(x)$ 的变化图形就是图 10-41c
所示由 $\theta=1$ 引起的位移图。又式（10-20）表明，当 $P=1$ 在图 10-41a 所示位置时，M_2 得
正值，所以位移图的纵坐标取基线上面为正。由于图 10-41a 中 $P=1$ 的位置是任意指定的，
所以上式对全梁都成立。这就证明了前述用机动法作 M_2 影响线的正确性。

机动法的突出优点是很快地给出影响线的大致形状，这对于确定连续梁均布活载的最
不利位置就够用了，而不必计算影响线的纵坐标值。如果只用机动法确定影响线形状时，去
掉约束后所加的相应力可取任意值，因为不必限制使其引起的位移为单位位移。

现将用机动法确定连续梁影响线形状的步骤归纳如下：

（1）去掉与所求量值 Z 相应的约束，并代以约束力 Z'；

（2）使所得体系沿 Z' 的正方向发生相应的位移，由此引起的位移图（弹性曲线）就是
影响线的形状；

（3）按基线上面为正，下面为负的规定标出影响线的正负号。

可见，这与作静定梁影响线的机动法是类似的。所不同的是，静定梁去掉一个约束后
便成为几何可变体系，其位移图是折线图形；而连续梁去掉一个多余约束后仍为几何不变

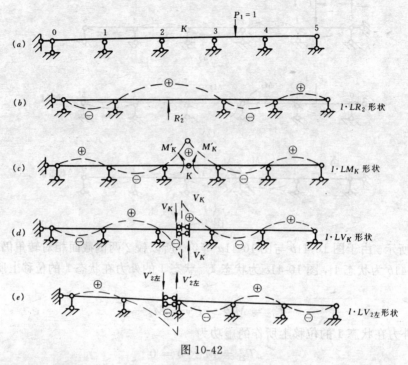

图 10-42

体系，位移图是曲线图形。

图 10-42 中用机动法作出了五跨连续梁的 R_2、M_K、V_K 及 $V_{2左}$ 的影响线形状，读者试自行分析。

第十三节 连续梁的内力包络图

连续梁承受的荷载通常分为恒载和活载两部分。恒载经常作用且布满全梁，活载有时作用，有时不作用。在活载作用下，内力将随活载分布的不同而改变。设计时必须求出各截面在各种活载作用下内力的最大值和最小值，这就需要利用影响线来确定荷载的最不利位置。本节仅就可动均布活载讨论连续梁各量值的最不利荷载位置的确定及其内力包络图的作法。

一、可动均布活载的最不利分布

对于可动均布活载，欲确定某量值的最不利荷载位置，只需绘出该量值的影响线形状，根据它来布置荷载即可。由公式 $Z=\Sigma q\omega$（式 10-10）可知，在对应影响线的所有正号部分都布满均布活载，而所有负号部分都不布置时，该量值即产生最大值；反之，在对应影响线的所有负号部分都布满均布活载，所有正号部分都不布置时，该量值产生最小值。图 10-43 中给出了求五跨连续梁的 M_K^{max}、M_K^{min}、M_2^{max}、M_2^{min}、V_K^{max} 和 V_K^{min} 的均布活载分布图。

由图可见，活载布满全梁各跨时并不是最不利情况。最不利的情况是：

（1）对跨中截面，在截面所在跨和其余每隔一跨布满均布活载时产生最大弯矩。

（2）对支座截面，在支座左右两邻跨和其余每隔一跨布满均布活载时，产生最小弯矩

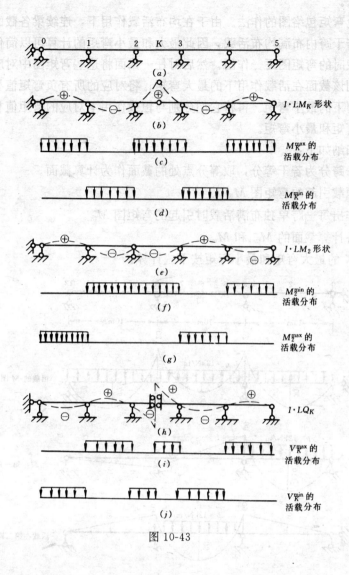

図 10-43

（最大負弯矩）。

当某量值的均布活载最不利位置确定之后，可用力矩分配法（或其它方法）算出该量值的最大值或最小值。等跨连续梁在各种荷载作用下的内力值已制成表[1]，可供查阅。

二、连续梁的内力包络图

这个课题是：求在恒载及活载共同作用下，连续梁各截面所可能产生的最大内力和最小内力。

通常对恒载和活载的影响分别进行计算。由于恒载经常作用，所产生的内力固定不变。按最不利荷载位置求出活载作用下各截面的最大和最小内力后，与恒载产生的相应内力相加，即得到在恒载与活载共同作用下各截面的最大内力和最小内力。把它们用图形表示出来就是连续梁的内力包络图。很明显，用这种方法作内力包络图计算量是很大的。通常采

❶ 见《建筑结构静力计算手册》（中国建筑工业出版社，1975）

用下述简化作法。

　　现在来讨论弯矩包络图的作法。由于在均布活载作用下，连续梁各截面弯矩的最不利荷载位置是在若干跨内布满均布活载，因此最大和最小弯矩的计算可以简化。只要把每一跨单独布满活载时的弯矩图逐一作出，然后对任一截面将这些弯矩图中对应的所有正弯矩值相加，就得到该截面在活载作用下的最大弯矩；将对应的所有负弯矩值相加，就得到该截面在活载作用下的最小弯矩。再将它们分别与恒载作用下对应的弯矩值相加，便得到该截面总的最大弯矩和最小弯矩。

　　具体作法归纳如下：

　　（1）把每一跨分为若干等分，取等分点处的截面作为计算截面。

　　（2）作出恒载引起的弯矩图 $M_{恒}$。

　　（3）逐个作出每一跨单独布满活载时引起的弯矩图 $M_{活}$。

　　（4）求出各计算截面的 M_{max} 和 M_{min}。

　　任一截面 K 的最大弯矩和最小弯矩按下式计算：

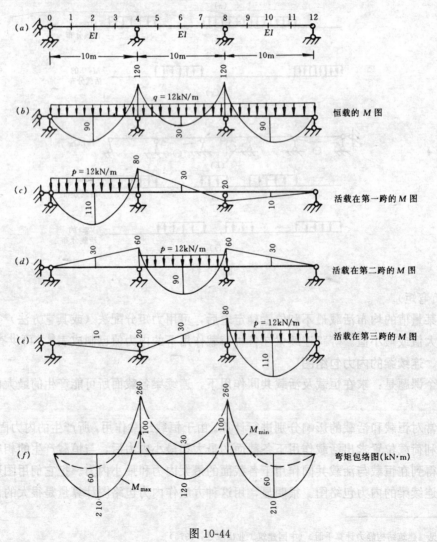

图 10-44

$$M_K^{max} = M_K^{恒} + \underset{(+)}{\Sigma M_K^{活}}$$
$$M_K^{min} = M_K^{恒} + \underset{(-)}{\Sigma M_K^{活}}$$

(10-22)

（5）将各截面的 M_{max} 值用曲线连起来得 M_{max} 曲线，将 M_{min} 值连起来得 M_{min} 曲线。这两条曲线即形成弯矩包络图。

采用类似方法，可以作出剪力包络图。

内力包络图表示连续梁上各截面内力变化的极限值，可以根据它合理地选择截面尺寸，并在钢筋混凝土梁中合理地布置钢筋。

【例 10-16】 作图 10-44a 所示三跨等截面连续梁的弯矩包络图和剪力包络图。恒载集度 $q=12$kN/m，活载集度 $p=12$kN/m。

【解】 （1）弯矩包络图

用力矩分配法（或查表）作出恒载作用下的弯矩图（图 10-44b）及各跨单独承受活载时的弯矩图（图 10-44c、d、e）。将每跨分为四等分，算出各弯矩图中等分点处的纵坐标值（为了简单，这里只计算了支座截面和跨中央截面的纵坐标值）。然后按式（10-22）把图 10-

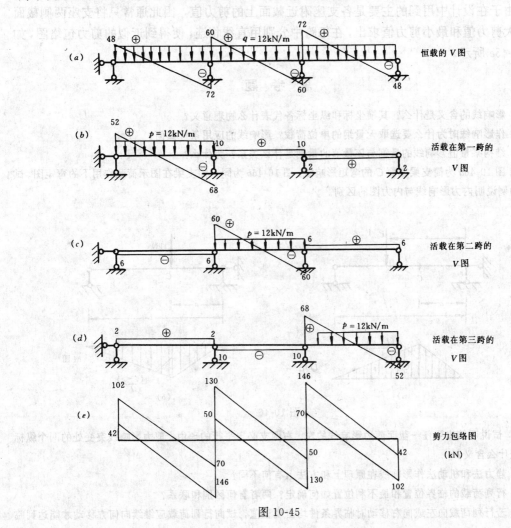

图 10-45

295

44b 中的纵坐标与图 10-44c、d、e 中对应的正（负）纵坐标相加，即得最大（最小）弯矩值。例如，在截面 2 处：

$$M_2^{max} = 90 + 110 + 10 = 210 \text{kN} \cdot \text{m}$$

$$M_2^{min} = 90 + (-30) = 60 \text{kN} \cdot \text{m}$$

将各等分点的最大弯矩和最小弯矩的纵坐标分别用两条曲线相连，即得弯矩包络图，如图 10-44f 所示。

(2) 剪力包络图

先分别作出恒载作用下的剪力图（图 10-45a）及各跨单独承受活载时的剪力图（图 10-45b、c、d）。然后象作弯矩包络图那样，进行剪力的最不利组合，便得到剪力包络图。例如，支座 1 左侧截面处：

$$V_{1左}^{max} = (-72) + 2 = -70 \text{kN}$$

$$V_{1左}^{min} = (-72) + (-68) + (-6) = -146 \text{kN}$$

由于在设计中用到的主要是各支座附近截面上的剪力值，因此通常只将支座两侧截面的最大剪力值和最小剪力值求出，在每跨中分别用直线相连，便得到近似的剪力包络图，如图 10-45e 所示。

思 考 题

1. 影响线的含义是什么？其横坐标和纵坐标各代表什么物理意义？

2. 作影响线时为什么要选取无量纲的单位荷载？影响线的应用条件如何？

3. 结构某量值影响线的量纲与该量值的量纲是什么关系？为什么？

4. 图 10-46a 为简支梁截面 C 的弯矩影响线。图 10-46b 为同一简支梁在图示荷载作用下的弯矩图。试以此为例说明内力影响线与内力图的区别。

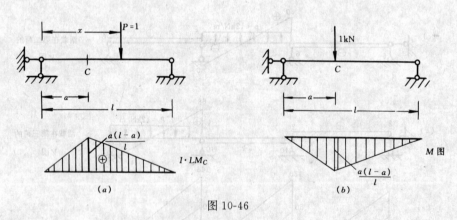

图 10-46

5. 试说明简支梁任一截面剪力影响线的左、右两支必定平行的理由。剪力影响线突变处的两个纵标各代表什么含义？

6. 静力法和机动法作影响线在原理上和方法上有何不同？

7. 行列荷载的临界位置和最不利位置如何确定？两者有何区别和联系？

8. 若行列荷载向左或向右移动时临界条件均出现正值，试向行列荷载应继续向何方移动才能达到临界位置?

9. 能否利用式（10-16）来判别剪力的临界荷载？为什么？

10. 试述内力包络图与内力影响线、内力图的区别？

11. 简支梁的绝对最大弯矩与跨中截面的最大弯矩有何区别？在什么情况下二者相等？

习　　题

10-1　用静力法作图示梁的 R_A、M_A、M_K、V_K 的影响线。并总结作悬臂梁影响线的规律。

10-2　用静力法作图示伸臂梁的 R_B、M_K、M_B、$V_{A左}$ 和 $V_{A右}$ 的影响线。

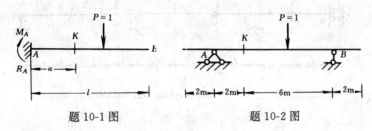

題 10-1 图　　　　　題 10-2 图

10-3　用静力法作图示梁的支杆反力 R_1、R_2、R_3 及内力 M_K、V_K、N_K 的影响线。

提示：求 R_3 时宜对 R_1 与 R_2 的交点写力矩方程。求 M_K、V_K、N_K 时，无论左支或右支，均以取截面以右为隔离体简单。

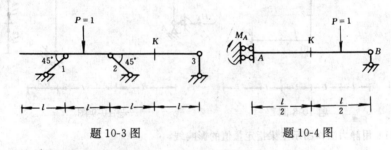

題 10-3 图　　　　　題 10-4 图

10-4　用静力法作图示梁的 R_B、M_A、M_K 和 V_K 的影响线。

10-5　用静力法作图示斜梁的 V_A、H_A、R_B、M_C、V_C 和 N_C 的影响线。

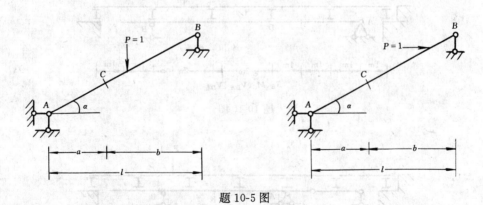

題 10-5 图

10-6～10-7　用静力法作图示多跨静定梁指定量值的影响线。

10-8　用静力法作图示刚架的 V_1、M_2（设以左侧受拉为正）、N_2、M_3 和 V_3 的影响线。$P=1$ 在 BC 上移动。

10-9　用静力法作图示刚架的 H_A、V_B、$V_{E右}$ 和 $V_{E左}$ 的影响线。$P=1$ 在 DF 上移动。

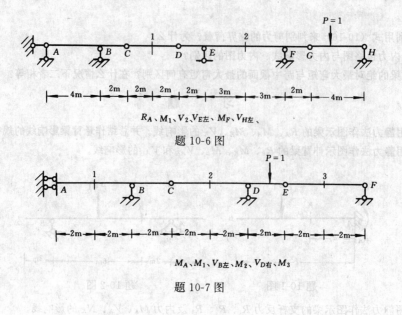

$$R_A、M_1、V_2、V_{E左}、M_F、V_{H左}、$$

题 10-6 图

$$M_A、M_1、V_{B左}、M_2、V_{D右}、M_3$$

题 10-7 图

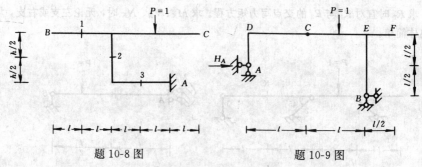

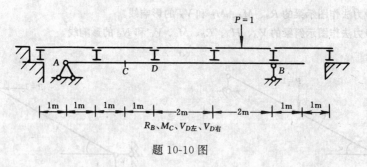

题 10-8 图   题 10-9 图

10-10~10-11　用静力法作图示主梁指定量值的影响线。

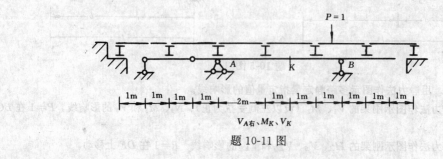

$$R_B、M_C、V_{D左}、V_{D右}$$

题 10-10 图

$$V_{A右}、M_K、V_K$$

题 10-11 图

10-12~10-13　作图示桁架指定杆件的内力影响线。

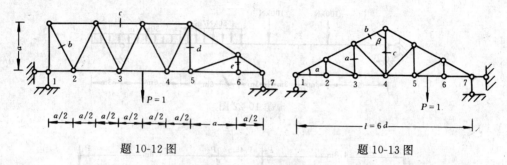

題 10-12 图　　　　　　　　題 10-13 图

10-14~10-15　分别就 $P=1$ 在上弦和下弦移动作图示桁架指定杆件的内力影响线。

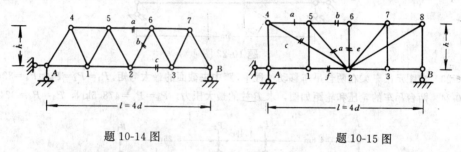

題 10-14 图　　　　　　　　題 10-15 图

10-16~10-17　用静力法作图示组合结构的指定量值的影响线。

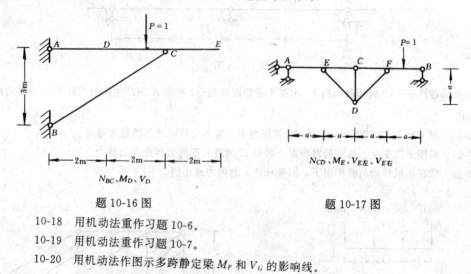

N_{BC}、M_D、V_D　　　　　　　　N_{CD}、M_E、$V_{E左}$、$V_{E右}$

題 10-16 图　　　　　　　　題 10-17 图

10-18　用机动法重作习题 10-6。

10-19　用机动法重作习题 10-7。

10-20　用机动法作图示多跨静定梁 M_F 和 V_G 的影响线。

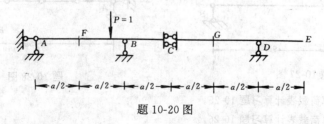

題 10-20 图

10-21　用机动法重作习题 10-10。

10-22 利用影响线求截面 K 的弯矩，并用平衡方程验算。

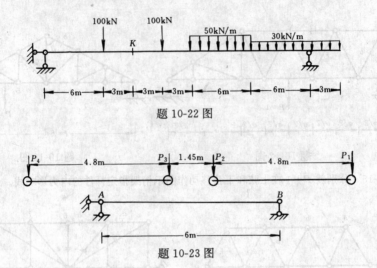

题 10-22 图

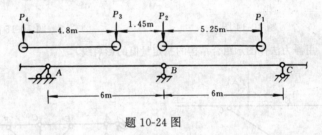

题 10-23 图

10-23 求图示吊车梁在两台吊车移动过程中，跨中央截面的最大弯矩。$P_1 = P_2 = P_3 = P_4 = 324.5$kN。

10-24 两台吊车的轮压和轮距如图，求 B 柱的最大压力。$P_1 = P_2 = 478.5$kN，$P_3 = P_4 = 324.5$kN。

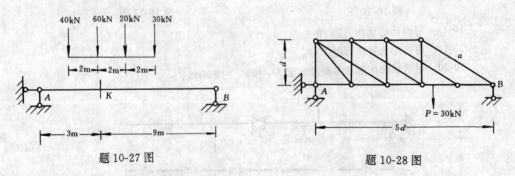

题 10-24 图

10-25 在汽车—10 级荷载作用下，求简支梁桥距左端 $\frac{3}{8}l$ 截面 K 内产生的最大弯矩。l 为梁的跨长，等于 40m。

10-26 求 40m 跨简支梁桥，在中—活载作用下，跨中央截面产生的最大弯矩。

10-27 求图示简支梁在移动荷载作用下截面 K 的最大正剪力和最大负剪力。

10-28 求在图示移动荷载作用下，桁架杆件 a 的内力最小值。

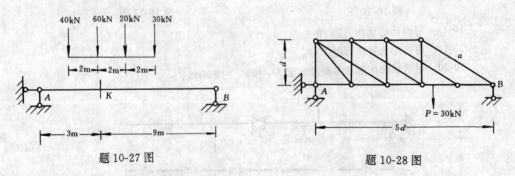

题 10-27 图

题 10-28 图

10-29 利用换算荷载表计算习题 10-25。

10-30 利用换算荷载表计算习题 10-26。

10-31 求汽车—10 级荷载作用下 40m 跨简支梁的弯矩包络图（将梁八等分）。

10-32 移动荷载如图，求简支梁的绝对最大弯矩。

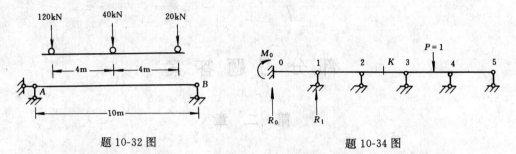

题 10-32 图   题 10-34 图

10-33 求 40m 跨简支梁在汽车—10 级荷载作用下的绝对最大弯矩。

10-34 试绘出图示连续梁的 R_0、M_0、R_1、M_K、V_K、$V_{2左}$和 $V_{2右}$影响线的形状。

10-35 作图示连续梁的弯矩包络图（每跨三等分）。恒载集度 $q=10$kN/m，活载集度 $p=20$kN/m。$EI=$常数。

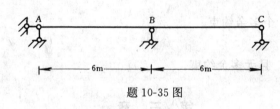

题 10-35 图

部 分 习 题 答 案

第 二 章

2-2*a* 几何不变

2-3*b* 瞬变

2-5*a* 几何不变，2个多余约束

2-5*b* 几何不变，3个多余约束

2-6*b* 瞬变

2-7*a* 瞬变

2-8*a* 几何不变，1个多余约束

2-9*a* 几何可变

其余均为几何不变，且无多余约束。

第 三 章

3-2 (*a*) $V_C = -0.5\text{kN}$，$M_{CB} = 9.5\text{kN} \cdot \text{m}$（下侧受拉）

(*b*) $V_C = 1\text{kN}$，$M_C = 8\text{kN} \cdot \text{m}$（下侧受拉）

(*c*) $N_{BA} = \dfrac{3\sqrt{5}}{5}\text{kN}$，$V_{BA} = -\dfrac{6\sqrt{5}}{5}\text{kN}$

(*d*) $N_{DC} = \dfrac{4\sqrt{5}}{25}\text{kN}$，$V_{DC} = -\dfrac{8\sqrt{5}}{25}\text{kN}$

3-3 (*a*) 剪力 V 和弯矩 M 与 α 有关而与 β 无关，轴力 N 与 α 和 β 均有关

(*b*) 为 (*a*) 中 $\alpha = 0$ 时的特例

3-4 (*a*) $M_C = 120\text{kN} \cdot \text{m}$（上侧受拉）

(*b*) $M_C = \dfrac{3}{8}ql^2$（上侧受拉）

3-5 $x = \dfrac{2-\sqrt{2}}{4}l$

3-7 (*a*) $M_{AB} = 0$

(*b*) $M_{BA} = 40\text{kN} \cdot \text{m}$（内侧受拉），$V_{BC} = -15\text{kN}$

(*c*) $M_{BA} = \dfrac{1}{2}ql^2$（内侧受拉）

(*d*) $M_{BA} = M_{DE} = 80\text{kN} \cdot \text{m}$（外侧受拉）

(*e*) $M_{AC} = 40\text{kN} \cdot \text{m}$（内侧受拉），$V_{AC} = N_{AC} = -20\text{kN}$

(*f*) $M_{AC} = 3.5\text{kN} \cdot \text{m}$（内侧受拉）

(g) $M_{CA} = 90$kN・m（内侧受拉）

(h) $M_{CA} = 60$kN・m（左侧受拉）

3-6 (a) $M_A = \frac{1}{2}ql^2$（外侧受拉）

(d) $M_A = 40$kN・m（外侧受拉）

(f) 利用对称性

(i) $M_{DF} = pl$（右侧受拉）

(k) $M_{BA} = 80$kN・m（下侧受拉）

3-8 (a) $M_{CA} = 42.67$kN・m（左侧受拉）

(b) $M_{EA} = 20$kN・m（上侧受拉）

3-9 (c) 正确，其余有误

3-10 (c) 正确，其余有误

3-11 (a) $M_{yAB} = 4$kN・m（上侧受拉）

(b) $M_{yBA} = 20$kN・m（上侧受拉），$M_{zBC} = M_{xBC} = 0$

第 四 章

4-1 $M_{DC} = 77.5$kN・m（下侧受拉），$V_D = -5.852$kN

$N_D = -29.846$kN

4-2 $M_K = 0$，$N_K = 20$kN，$V_K = 5.858$kN

4-3 $M_K = 45$kN（下侧受拉）

4-4 $N_{AE} = H = 8$kN，$M_D = 32$kN・m（外侧受拉）

$V_{DC} = -28.62$kN，$N_{DC} = -23.26$kN

4-5 $y = \begin{cases} \dfrac{2f}{l}x & 0 \leqslant x < \dfrac{l}{2} \\ \dfrac{4f}{l^2}x\ (l-x) & \dfrac{l}{2} \leqslant x \leqslant l \end{cases}$

4-6 $M_D = 1.1818$kN・m（上侧受拉）

4-7 $y = \dfrac{x}{27}\left(21 - \dfrac{2x}{a}\right)$

4-9 $N_{AC} = \dfrac{P}{4}\sqrt{9 + \left(\dfrac{l}{a}\right)^2}$

4-10 (1) 按悬链线 $N_{max} = 478.0$kN

(2) 按抛物线 $N_{max} = 477.6$kN

(3) 略去索重 $N_{max} = 474.3$kN

第 五 章

5-1 (a) 21 根零杆；(b) 13 根；(c) 5 根；(d) 21 根

5-2 (a) $N_{DE} = 40$kN；(b) $N_{24} = -30$kN，$N_{14} = 20\sqrt{5}$kN

(c) $N_{57} = -10\sqrt{2}$ kN, $N_{37} = 5\sqrt{5}$ kN

(d) $N_{25} = 6.25$ kN, $N_{45} = 6.6667$ kN

(e) $N_{67} = 4.5$ kN, $N_{26} = -1.5$ kN

(f) $N_{24} = 5\sqrt{2}$ kN, $N_{53} = -20\sqrt{2}$ kN, $N_{46} = 10$ kN

5-3　(a) $N_a = -2P$, $N_b = -\sqrt{2}P$, $N_c = \dfrac{3\sqrt{5}}{2}P$

　　(b) $N_a = 4.5$ kN, $N_b = -3$ kN, $N_c = -7.9$ kN

　　(c) $N_a = \dfrac{\sqrt{3}}{3}P$, $N_b = 0$, $N_c = 0$, $N_d = -1.555P$

　　(d) $N_a = \dfrac{1}{2}P$, $N_b = \sqrt{2}P$, $N_c = -\dfrac{1}{2}P$

5-4　(a) $N_a = 5$ kN, $N_b = 12.5$ kN, $N_c = -3.75$ kN

　　(b) $N_1 = -N_5 = 3.6667$ kN, $N_4 = -N_2 = 0.7454$ kN, $N_3 = \dfrac{4}{3}\sqrt{2}$ kN

　　(c) $N_1 = 135$ kN, $N_2 = 22.5\sqrt{2}$ kN, $N_3 = -52.5\sqrt{10}$ kN

　　(d) $N_a = P$, $N_b = \dfrac{1}{2}P$, $N_c = P$, $N_d = -\sqrt{2}P$

5-5　(a) $N_{CB} = 5$ kN, $N_{EB} = -10$ kN

　　(b) $N_{AB} = -N_{DF} = P$, $N_{BC} = -\dfrac{\sqrt{2}}{2}P$, $N_{DG} = -\dfrac{\sqrt{2}}{6}P$

　　(c) $N_{AB} = 20$ kN, $N_{DF} = 4\sqrt{2}$ kN, $N_{EH} = -40$ kN

　　(d) $N_{AE} = -\dfrac{3}{4}P$, $N_{CF} = \dfrac{\sqrt{13}}{8}P$

5-6　(a) $N_{BD} = -40$ kN, (b) $M_{BC} = 20$ kN・m （上侧受拉）

　　(c) $N_{CD} = -16qa$, $M_{CA} = 10qa^2$ （左侧受拉）

　　(d) $N_{BF} = 8\sqrt{5}$ kN, $M_{BA} = 8$ kN・m （上侧受拉）

5-7　(a) $N_{26} = N_{34} = \dfrac{200}{3}$ kN, $N_{36} = N_{25} = -\dfrac{200}{3}$ kN

　　(b) $N_{AE} = -N_{ED} = \dfrac{ap}{h\sqrt{1 + \dfrac{1}{2}\left(\dfrac{a}{h}\right)^2}}$

5-9　$N_{12} = -1.3437$ kN, $N_{23} = 3.2778$ kN, $N_{39} = -1.8481$ kN

5-10　$N_{24} = -10$ kN

第　六　章

6-1　$0.414\dfrac{P}{EA}$ （夹角减小）

6-2　$\dfrac{Pr^3}{2EI}$ （↑）

6-3　$\dfrac{11ql^4}{24EI}$ （↓）

6-4 $\dfrac{5ql^3}{48EI}$ （↖ ↗）

6-5 5.69mm（↓）

6-6 $\dfrac{ql^4}{48EI}$（↓）

6-7 $\dfrac{25ql^3}{192EI}$（↓）

6-8 $\dfrac{ql^4}{64EI}$（← →），$\dfrac{ql^3}{8EI}$

6-9 $\Delta_{AB}^v=0$

它表明：对称图形与反对称图形图乘结果等于零（称为相互正交）。其所代表的物理意义为：对称（反对称）荷载不产生反对称（对称）的位移。

$$\Delta_{AB}^H=\frac{ql^4}{6EI}=4mm\ (\to\ \leftarrow)$$

$$\Delta\varphi_{AB}=\frac{ql^3}{3EI}=1.6\times10^{-3}弧度\ (\downarrow\quad\downarrow)$$

6-10 $\dfrac{61ql^4}{48EI}=5.49mm$（↓）

6-11 $\dfrac{Pl^3}{3EI}$（→）

6-12 $\Delta_A^H=0$，$\Delta_A^v=0$

6-14 $\dfrac{ql^4}{60EI}$（→←）

6-15 $\dfrac{Pa}{4EI}$（↓）

6-16 2mm（←）

6-17 $\dfrac{35}{8}\alpha tl$（↑）

6-18 αta（↑）

6-19 2mm（←）

6-20 3.535mm（→）

6-21 $-d_1+\dfrac{a}{2}d_3$

6-22 $\Delta_1+l\varphi$（→）

6-23 $\dfrac{7}{384}\dfrac{ql^4}{EI}$（↓）

6-24 $\dfrac{3}{4}\dfrac{ql^4}{EI}$（→）

6-25 $\dfrac{ql^4}{4EI}$（→）

6-26 $\dfrac{P_2}{P_1}\Delta_B$

第 七 章

7-3 $M_B=-3Pl/32$

7-5 $H_A = 19P/232$ (→)

7-6 $H_B = P/3$ (←)

7-7 $M_A = M_B = ql^2/12$ (上边受拉)

    $N = 0$

7-8 $N_1 = 96P/103$

    $N_2 = 15P/103$

7-9 $M_{AB} = 34.5$ kN·m，$M_{ED} = 97.5$ kN·m （外侧受拉）

7-11 $R_B = 453.75\alpha EI/l^2$ （↓）

7-12 低温侧纤维受拉

7-14 $M_A = 4i\varphi_A$ （下边受拉）

    $M_B = 2i\varphi_A$ （上边受拉）

    $V_A = -6i\varphi_A/l$

    $V_B = -6i\varphi_A/l$

7-15 $5\alpha tl/16$ （↓）

7-16 $11\Delta/16$ （↓）

7-17 集中力下面截面 $M = 0.1945Pl$

7-18 杆端弯矩为 $Pl/12$

7-22 $N_{12} = 0$

    $N_{23} = -0.293\alpha tEA$

    $N_{14} = 0.414\alpha tEA$

    $N_{25} = -0.293\alpha tEA$

    $N_{15} = 0$

7-23 $N_{12} = 0$

    $N_{23} = 0.0293EA$

    $N_{24} = -0.0414EA$

    $N_{25} = 0.0293EA$

    $N_{15} = 0$

7-24 $N_1 = -0.313P$

7-25 $M_C = 0.231qa^2$ （下面受拉）

7-26 柱底弯矩等于 $2tEI$ （内侧受拉）

7-27 柱底弯矩等于 $0.125EI\Delta$ （外侧受拉）

7-28 $N_C = 62.5$ kN，$V_C = 25$ kN，

    $M_C = 0$，$N_D = -67.8$ kN，$V_D = 0.5$ kN，$M_D = 62.5$ kN·m

7-29 $N_{AB} = 99.8$ kN，$M_K = 125.7$ kN·m

    $V_K = 0.089$ kN，$N_K = 111.623$ kN （压力）

第 八 章

8-1 (a) 3；(b) 2；(c) 3；(d) 2；

(e) 8；(f) 3

8-2 (a) $M_{BA}=13.0\text{kN} \cdot \text{m}$

(b) $M_{CB}=72.0\text{kN} \cdot \text{m}$, $N_{DC}=-120\text{kN}$

(c) $M_{AD}=0.4Pl$, $N_{AC}=-1.6P$

(d) $M_{AB}=2.45\text{kN} \cdot \text{m}$, $M_{EC}=-28.07\text{kN} \cdot \text{m}$
$N_{CD}=-75.39\text{kN}$

8-3 (a) $M_{AB}=22.1\text{kN} \cdot \text{m}$, $M_{DB}=101.8\text{kN} \cdot \text{m}$

(b) $M_{BA}=-55.9\text{kN} \cdot \text{m}$

(c) $M_{AB}=-44.0\text{kN} \cdot \text{m}$, $M_{CD}=-36.3\text{kN} \cdot \text{m}$

(d) $M_{AB}=-102.9\text{kN} \cdot \text{m}$, $M_{EF}=-52.5\text{kN} \cdot \text{m}$

8-5 (a) $M_{ED}=-14.5\text{kN} \cdot \text{m}$, $M_{DA}=58.1\text{kN} \cdot \text{m}$

(b) $M_{FC}=15.0\text{kN} \cdot \text{m}$, $M_{DG}=-30.0\text{kN} \cdot \text{m}$

(c) $M_{BA}=\dfrac{3}{13}Pa$, $M_{EB}=-\dfrac{7}{13}Pa$

(d) $M_{CD}=\dfrac{\sqrt{2}}{2}Pa$

8-6 (a) $N_{AB}=-135.7\text{kN}$

(b) $N_{AB}=-65.6\text{kN}$

8-7 $\varphi_D=0.00165\text{rad}$

8-8 $m=727.2\text{kN} \cdot \text{m}$, $\Delta_{Dv}=0.182\text{cm}$ （↑）。

8-9 $M_{AB}=-105.7\text{kN} \cdot \text{m}$, $M_{CB}=86.6\text{kN} \cdot \text{m}$。

8-10 (a) $N_{AB}=\dfrac{2}{3}P$

(b) $M_{BA}=-90\text{kN} \cdot \text{m}$, $V_{AB}=15\text{kN}$, $N_{AB}=24\text{kN}$

(c) $M_{AB}=-80\text{kN} \cdot \text{m}$, $V_{BA}=10\text{kN}$

(d) $M_{AB}=-200\text{kN} \cdot \text{m}$, $V_{BA}=-15\text{kN}$

第 九 章

9-1 (a) $M_{BA}=45.87\text{kN} \cdot \text{m}$

(b) $M_{BC}=-50\text{kN} \cdot \text{m}$

(c) $M_{BA}=26\text{kN} \cdot \text{m}$

(d) $M_{BA}=15.7\text{kN} \cdot \text{m}$, $M_{AB}=-7.14\text{kN} \cdot \text{m}$

9-2 (a) $M_{BA}=50.93\text{kN} \cdot \text{m}$, $M_{CB}=68.28\text{kN} \cdot \text{m}$

(b) $M_{AB}=43.48\text{kN} \cdot \text{m}$, $M_{CB}=30.87\text{kN} \cdot \text{m}$

(c) $M_{AB}=14.68\text{kN} \cdot \text{m}$, $M_{CD}=5.32\text{kN} \cdot \text{m}$

9-3 (a) $M_{BA}=45\text{kN} \cdot \text{m}$, $M_{BC}=57\text{kN} \cdot \text{m}$

(b) $M_{CA}=7.2\text{kN} \cdot \text{m}$, $M_{CE}=5.5\text{kN} \cdot \text{m}$

(c) $M_{BC}=-30\text{kN} \cdot \text{m}$, $M_{BE}=15\text{kN} \cdot \text{m}$

(d) $M_{CB}=8.5\text{kN} \cdot \text{m}$, $M_{GC}=-0.5\text{kN} \cdot \text{m}$

(e) $M_{BC} = -48.5\text{kN} \cdot \text{m}$, $M_{CF} = -37.5\text{kN} \cdot \text{m}$

(f) $M_{BA} = 58.63\text{kN} \cdot \text{m}$, $M_{CB} = 46.88\text{kN} \cdot \text{m}$

(g) $M_{BA} = 4.357\text{kN} \cdot \text{m}$, $M_{CD} = -0.81\text{kN} \cdot \text{m}$

(h) $M_{BA} = 0.649\text{kN} \cdot \text{m}$, $M_{CD} = -41.908\text{kN} \cdot \text{m}$

(i) $M_{BA} = 35.21\text{kN} \cdot \text{m}$, $M_{EB} = 0.198\text{kN} \cdot \text{m}$

(j) $M_{DC} = 3.94\text{kN} \cdot \text{m}$, $M_{ED} = 4.98\text{kN} \cdot \text{m}$

9-4 (a) $M_{EF} = -33.17\text{kN} \cdot \text{m}$, $M_{AC} = 5.85\text{kN} \cdot \text{m}$

(b) $M_{EC} = 14.78\text{kN} \cdot \text{m}$, $M_{CA} = 16.98\text{kN} \cdot \text{m}$

(c) $M_{BA} = 30.05\text{kN} \cdot \text{m}$, $M_{BC} = -31.1\text{kN} \cdot \text{m}$

(d) $M_{AC} = \dfrac{q}{24}$ (m²)

9-5 $M_{AB} = -144.44\text{kN} \cdot \text{m}$, $M_{DC} = 11.11\text{kN} \cdot \text{m}$

9-6 $M_{AC} = 3.5 \dfrac{EI}{l}\theta$, $M_{CA} = 0.95 \dfrac{EI}{l}\theta$

9-7 $M_A = 1557.8\text{kN} \cdot \text{m}$

9-8 $M_{BA} = 37.57\text{kN} \cdot \text{m}$, $M_{DC} = 30.43\text{kN} \cdot \text{m}$

9-9 (a) $M_{AC} = -4.26\text{kN} \cdot \text{m}$, $M_{CE} = -32.59\text{kN} \cdot \text{m}$

(b) $M_{DC} = 4.95\text{kN} \cdot \text{m}$, $M_{EF} = 0.9\text{kN} \cdot \text{m}$

9-10 $M_{GH} = -19.4\text{kN} \cdot \text{m}$, $M_{AD} = 11.4\text{kN} \cdot \text{m}$

9-11 (a) $M_{AD} = -50\text{kN} \cdot \text{m}$, $M_{DG} = -150\text{kN} \cdot \text{m}$

(b) $M_{AE} = -\dfrac{1}{12}Pl$, $M_{BF} = -\dfrac{1}{6}Pl$

(c) $M_{AE} = -70\text{kN} \cdot \text{m}$, $M_{BF} = -65.99\text{kN} \cdot \text{m}$

第 十 章

10-22 $1935\text{kN} \cdot \text{m}$

10-23 $738.2\text{kN} \cdot \text{m}$

10-24 784.3kN

10-25 $196.1\text{t} \cdot \text{m}$

10-26 $1921.3\text{t} \cdot \text{m}$

10-27 $V_K^{\max} = 80.83\text{kN}$, $V_K^{\min} = -9.17\text{kN}$

10-28 -53.67kN

10-31

10-32 $324\text{kN} \cdot \text{m}$

10-33 $205.6\text{t} \cdot \text{m}$

10-35

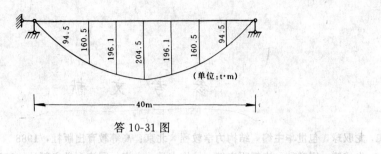

答 10-31 图

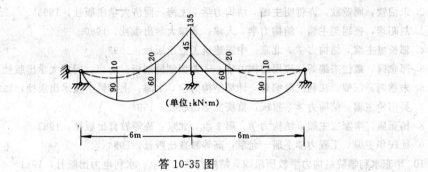

答 10-35 图

参 考 文 献

1. 龙驭球，包世华主编．结构力学教程．北京：高等教育出版社，1988
2. 朱伯钦，周竞欧，许哲明主编．结构力学．上海：同济大学出版社，1993
3. 刘昭培，张韫美主编．结构力学．天津：天津大学出版社，1989
4. 郭长城主编．结构力学．北京：中国建筑工业出版社，1993
5. 郑念国，戴仁杰编著．应用结构力学——典型例题剖析．上海：同济大学出版社，1993
6. 朱慈勉，汪榴，江利仁等编著．计算结构力学．上海：上海科学技术出版社，1992
7. 吴德伦主编．结构力学．重庆：重庆大学出版社，1994
8. 杨弗康，李家宝主编．结构力学．第 2 版．北京：高等教育出版社，1983
9. 杜庆华主编．工程力学手册．北京：高等教育出版社，1994
10. 华东水利学院结构力学教研组编．结构力学．北京：水利电力出版社，1981
11. 刘郁馨，吕志涛．伪可变复杂体系的计算机识别方法．计算结构力学及其应用，1995（3）：289～
    299
12. 刘郁馨．伪可变体系的几何构造分析．计算结构力学及其应用，1994（1）：55～62
13. 李廉锟主编．结构力学．北京：高等教育出版社，1996
14. R. C. Coates al. Structural Analysis. Van Nostrand Reinhold (UK) CO. Ltd，1980
15. P. Bhatt. Problems in structural Analysis by Matrix Metheod. The Construction Press，1981
16. H. Iyenger et al. Broadgate Exchange Housee：Structural Systems. The Structural Engineer，1993
    （9）
17. W. R. Spillers. Introduction to Structures. John Wiley & Sons Ltd，1985